TRANSFORMER OIL CHROMATOGRAPHIC ANALYSIS
AND FAULT DIAGNOSIS CASES

变压器油色谱分析与故障诊断案例

华北电力科学研究院有限责任公司　编著

中国电力出版社
CHINA ELECTRIC POWER PRESS

内 容 提 要

本书系统地介绍了气相色谱分析技术基础和油中溶解气体的脱出及检测方法，以及利用分析结果诊断设备潜伏性故障的方法，在此基础上对常见的过热、低能放电、电弧放电、局部放电、气体组分异常等类型的设备故障案例进行详细分析。

本书可作为电力用油、气分析检验人员的专业岗位培训教材和自学参考书，也可作为大专院校电厂化学专业师生的教学参考书。

图书在版编目（CIP）数据

变压器油色谱分析与故障诊断案例/华北电力科学研究院有限责任公司编著 . —北京：中国电力出版社，2021.10（2023.3重印）

ISBN 978-7-5198-5870-4

Ⅰ.①变… Ⅱ.①华… Ⅲ.①变压器油—色谱法—化学分析 ②变压器故障—故障诊断 Ⅳ.①TE626.3 ②TM407

中国版本图书馆 CIP 数据核字（2021）第 155465 号

出版发行：中国电力出版社

地　　址：北京市东城区北京站西街 19 号（邮政编码 100005）

网　　址：http://www.cepp.sgcc.com.cn

责任编辑：赵鸣志（010-63412385） 马雪倩

责任校对：黄 蓓 朱丽芳

装帧设计：赵珊珊

责任印制：吴 迪

印　　刷：三河市万龙印装有限公司

版　　次：2021 年 10 月第一版

印　　次：2023 年 3 月北京第二次印刷

开　　本：787 毫米×1092 毫米 16 开本

印　　张：17.5

字　　数：388 千字

印　　数：1001—2000 册

定　　价：88.00 元

前　言

　　变压器等充油电气设备是电力系统重要的组成部分，随着电力系统的迅速发展，变压器等设备的数量急剧增多，容量和电压等级大幅度提高，因此变压器等设备的运行状态直接关系到电力系统的安全稳定，及时准确地检测和诊断变压器等设备的内部故障具有极其重要的意义。

　　通过对油中溶解气体的色谱分析是诊断变压器等充油电气设备内部故障的有效手段，在绝缘监督和油务监督中具有不可替代的作用。为帮助相关专业技术人员更清晰地了解变压器等充油电气设备的故障诊断技术，我们组织编写了这本《变压器油色谱分析与故障诊断案例》，书中收集和整理了国内近年来发生的变压器等充油电气设备的典型故障案例，并进行了深入分析，给出解决措施，以供读者在工作中借鉴。全书共收集故障148例，分为过热、低能放电、电弧放电、局部放电等类型，基本涵盖了日常技术监督的主要内容。

　　本书第一章由王应高、李志成整理编写，第二章由李师圆、胡远翔整理编写，第三章由郑朝辉、余安国整理编写，第四章由底广辉、张洪江、王京翔整理编写，第五章由李志成、王熙俊整理编写，第六、七章由李师圆、底广辉、杨敏祥、涂孝飞整理编写。全书由王应高、李志成、李师圆统稿。本书在编写过程中，得到很多专家及同行的支持和帮助，在此一并表示感谢。

　　由于编者水平有限，书中难免存在疏漏与不足之处，恳请广大读者批评指正。

编　者

2021 年 6 月

目 录

第一章

充油电气设备的故障诊断及注意事项

早期预测充油电气设备故障，对于电力系统安全运行是极为重要的。目前，利用油中溶解气体分析技术是发现充油电气设备内部潜伏性故障非常有效的手段。充油设备在运行过程中，油/纸绝缘材料在温度、电场和催化剂等多种因素作用下，会分解产生某些特定的气体（称特征气体）。溶解于油中的这些特征气体含量的变化，与电气设备内部故障发展程度、故障类型有着密切关系。正基于此，使溶解气体分析法对充油电气设备内部故障的诊断得以实现。利用油中溶解气体分析技术诊断充油电气设备故障的方法在国内外已经普遍开展起来并已制定了相应的标准，国际电工委员会制定了专门的油中溶解气体分析导则 IEC 60567—2005《充油电气设备游离气体和溶解气体分析用气体和油的取样指南》和 IEC 60599—2015《运行中的浸渍矿物绝缘油的电气设备矿物绝缘油中溶解和游离气体分析结果的解释导则》，我国也制定了 DL/T 722—2014《变压器油中溶解气体分析和判断导则》等相关标准。

🔄 油中溶解气体的产生

油中溶解气体是指变压器内以分子状态溶解在油中的气体，油中含气量为油中所有溶解气体含量的总和。在正常情况下，充油电气设备内部的油/纸绝缘材料，在热和电的作用下，会逐渐老化和分解，产生少量的各种低分子烃类及一氧化碳、二氧化碳等气体。若存在过热或放电缺陷时，就会加快这些气体的产生速度，当产气速度慢、产气量少时，气体大部分溶解于油中；随着故障的进一步发展，产气速度大于溶解速度时，便有一部分气态分子以气态的形态释放出来。油中溶解气体产生的原理，是利用油中溶解气体分析判断充油电气设备内部故障类型和发展趋势的技术基础。

一、绝缘油的分解

绝缘油（也称矿物绝缘油）是天然石油经过蒸馏、精炼、调和得到的一种矿物油，它是由各种不同相对分子质量的碳氢化合物所组成的混合物，其中碳、氢元素占其全部质量的 95%~99%，其他为氮、氧、硫及极少量的金属元素等。绝缘油的产气过程即为碳氢化合物的热解过程，这一过程与油的化学结构及热动力学有关。分子中含有

CH^{3-}（甲基）、—CH^{2-}（亚甲基）和≡CH（次甲基），并由 C—C 键结合在一起。由于电应力或热故障的结果可以使某些 C—H 键和 C—C 键断裂，伴随生成少量活泼的氢原子和不稳定的碳氢化合物的自由基，如 CH_3·（其中包括许多更复杂的形式）。这些氢原子或自由基通过复杂的化学反应迅速重新化合，形成氢气和低分子烃类气体，如甲烷、乙烷、乙烯、乙炔等，也可能生成碳的固体颗粒及碳氢聚合物（X 蜡）。故障初期，产生的气体分子少且慢，主要溶解于油中；当故障发展到一定程度后，产生的气体分子多且快，大部分气体分子来不及溶解便以游离气体的形式从油中逸出；而碳的固体颗粒及碳氢聚合物可沉积在设备的内部。日本电气学会会员山冈道彦将绝缘油在无氧条件下，局部加热到 230～600℃，10min 后其分解产气的结果见表 1-1。

表 1-1　　　　　230～600℃局部加热时绝缘油分解产气结果（mL/g）

气体	230℃	300℃	400℃	500℃	600℃
H_2	—	—	—	0.152	0.320
CH_4			0.42	4.258	5.848
C_2H_6				0.45	2.601
C_2H_4				0.17	3.247
C_3H_8			0.42	0.118	0.208
C_4H_{10}			0.55	0.326	0.97
CO_2	0.17	0.22	0.219	0.67	0.28
其他	—		—	0.96	0.225

当油承受较大的电应力（如电弧），绝缘油裂解产生的气体见表 1-2，在绝缘油中含有 2800 多种碳氢化合物，但在此情况下主要产生这几种气体。绝缘油在不同的热和电的作用下产生不同含量的特征气体，这就是利用油中溶解气体分析和判断充油电气设备内部故障的基础。

表 1-2　　　　　　　　　电应力下绝缘油油裂解产物

成分	H_2	C_2H_2	CH_4	C_2H_4
含量（%）	60～80	10～25	1.5～3.5	1.0～2.9

变压器油的产气特征与分子结构有关，因为不同的分子结构有不同类型的化学键，从而具有不同的键能，部分化学键的键能见表 1-3。键能反映了化学键原子间结合的强度，即在标准状态下，1 摩尔气态分子某一化学键断开和合成需要的能量。变压器油热解时的产气种类取决于具有不同化学键结构的碳氢化合物的分子热裂解时所需的能量，一般规律是：产生烃类气体的不饱和度随热裂解能量密度（温度）的增大而增加；例如，随着热裂解温度的上升，烃类裂解产物出现的顺序是烷烃、烯烃、炔烃、碳，这是由于 C—C、C＝C、C≡C 化学键具有不同键能的缘故。

表 1-3　　　　　　　　　　有关化学键能数据 （kJ/mol）

化学键	键能	化学键	键能
H—H	436	C≡C	837
C—H	414	C—O	326
C—C	332	C=O	727
C=C	611	O—H	464

变压器油的热裂解实质上是以自由基链式反应的形式进行的，一个链式反应由链的引发、链的转移和链的终止组成。通过链式反应过程，油分子的长链发生断裂，最终产生低分子烃类和氢等气体及其他一些分解产物。链式反应过程的开始，即链的引发与自由基的产生总是需要一定能量的，这种能量就叫活化能。不同分子具有不同的活化能，同一种分子在不同温度的活化能也不相同，变压器油热裂解时的平均活化能约为210kJ/mol。低能量故障（如局部放电）情况下，通过自由基反应促使 C—H 和 C—C 键断裂，大部分氢自由基（H·）将重新化合成氢气或与甲基自由基（CH$_3$·）形成甲烷，其余的碳自由基则重新聚合成新的碳链；随着故障点温度的升高，使同一个分子中有更多 C—H 键和 C—C 键断裂，长碳链分子逐渐被裂解为小碳链，处于碳链末端的两个碳原子则容易形成乙烯，温度 800℃时便可以生成乙炔。甲烷在 1500℃电弧中经过极短的时间（0.1～0.01s）加热，便会裂解成乙炔（2CH$_4$→C$_2$H$_2$＋3H$_2$），而乙炔在高温下也很快分解为碳。以辛烷为例的热裂解示意图如图 1-1 所示。

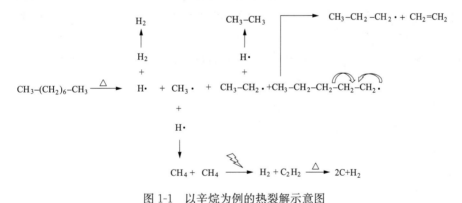

图 1-1　以辛烷为例的热裂解示意图

变压器油热裂解时，任何一种特征气体的产气速率都依赖于故障点温度。随着热裂解温度的变化，所产生的气体组分的比例是不同的。一般来说，当故障点温度较低时，油分解的气体组分主要是甲烷 CH$_4$；随着温度升高，出现最大产气率的气体依次是甲烷CH$_4$、乙烷 C$_2$H$_6$、乙烯 C$_2$H$_4$、乙炔 C$_2$H$_2$。由于乙烷 C$_2$H$_6$ 不稳定，在一定的温度下容易进一步分解为甲烷 C$_2$H$_4$ 和乙炔 C$_2$H$_2$，因此，通常油中的乙烷 C$_2$H$_6$ 含量小于甲烷C$_2$H$_4$ 和乙炔 C$_2$H$_2$。乙烯 C$_2$H$_4$ 是在约 500℃（高于甲烷和乙烷的生成温度）下生成的，在较低的温度时仅有少量生成。乙炔的生成一般在 800～1200℃温度下，而且当温度降低时，反应迅速被抑制，作为重新化合的稳定产物而积累，因此大量乙炔是在电弧的弧道中产生的，当然在较低的温度下（低于 $800\,^\circ\!C$），也会有少量的乙炔生成；另外，油起氧化反应时伴随生成少量的 CO 和 CO_2。CO 和 CO_2 能长期积累，成为数量显著的特征气体。油碳化生成碳粒的温度在 $500\sim800\,^\circ\!C$。

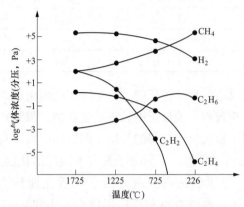

图 1-2　哈斯特气体分压-温度关系图

烃类气体的产气速率和油裂解的程度依赖于故障温度（故障所释放出的能量）。哈斯特（Halsterd）根据热力动力学原理，对矿物绝缘油在故障下裂解产气的规律进行模拟试验研究，在模拟试验中，假定每种生成物与其他产物处于平衡状态，应用相关分解反应的平衡常数，用热力动力学模拟可计算出每种气体产物的分压与温度的函数的关系，如图 1-2 所示。

从图 1-2 中可见：

（1）氢生成的量多，但与温度相关性不太明显。

（2）明显可见的乙炔 C_2H_2 仅在接近 $1000\,^\circ\!C$ 时才生成。

（3）甲烷 CH_4、乙烷 C_2H_6 和乙烯 C_2H_4 有各自唯一依赖温度。

首先应该说明的是，热力动力学建立的是一种理想化的极限情况，即平衡状态下。在实际故障情况下，故障周围并不存在等温线式的平衡，而是存在着很大的温度梯度。然而图 1-2 揭示了设备故障与热力动力学模拟的某些相关性，对利用某些气体组分或某些组分的比值作为某种故障的特征来估计设备内部故障的温度是有价值的。

其次，还可以根据热力动力学原理，得出油热解时产气速率与温度的关系式，可用于诊断变压器产气故障的严重程度，即

$$\lg(K)=\alpha-\beta/T \tag{1-1}$$

式中　K——油热解时的总产气速率常数，$\mathrm{mL/(cm^2 \cdot h)}$；

　　　　T——绝对温度；

　　　　α、β——常数与温度有关，由实验求出。

其实测数据为：

$T=200\sim300\,^\circ\!C$，$\lg(K)=1.20-2460/T$；

$T=400\sim500\,^\circ\!C$，$\lg(K)=5.50-930/T$；

$T=500\sim600\,^\circ\!C$，$\lg(K)=14.40-11800/T$。

二、固体绝缘材料的分解

固体绝缘材料指的是纸、层压纸板、木块等，属于纤维素绝缘材料。纤维素是由很多葡萄糖单体组成的长链状高聚合碳氢化物 $(C_6H_{10}O_5)_n$，结构式如图 1-3 所示。n 表示长链并连的个数，称为聚合度，一般新的绝缘纸 $n\approx1300$，极度老化寿命终止的绝缘纸 n 为 $150\sim200$。纤维素分子呈链状，是主链中含有六节环的线型高分子化合物，每

个链节中含有 3 个羟基（—OH），每根长链间由羟基生成氢键。氢键是指当氢原子与电负性大的原子 X 以共价键结合后，若再与电负性大、半径小的原子 Y(O、F、N 等) 接近，在 X 与 Y 之间以氢为媒介，生成 $X—H\cdots Y$ 形式的一种特殊的分子间或分子内相互作用。由于受氢键长期互相之间的引力和摩擦力作用，纤维素有很大的强度和弹性，因此机械性能良好。

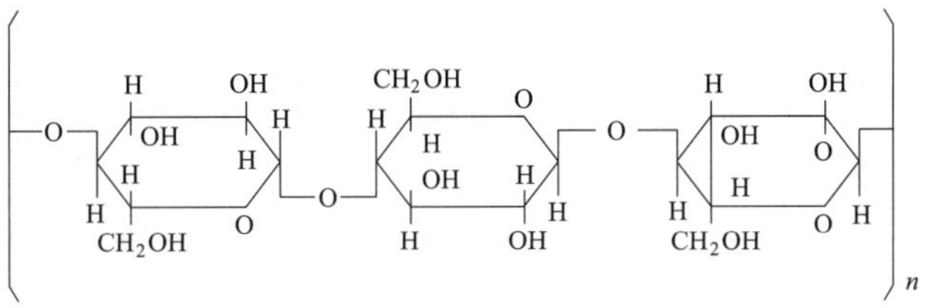

图 1-3 纤维素分子结构

纸、层压纸板或木块等固体绝缘材料分子内含有大量的无水右旋糖环和弱的 C—O 键及葡萄糖苷键，它们的热稳定性比油中的碳氢键要弱，并能在较低的温度下重新化合。当受到电、热和机械应力及氧、水分等作用时，聚合物发生氧化分解、裂解（解聚）、水解化学反应，使 C—O、C—H、C—C 键断裂，生成 CO、CO_2、少量的烃类气体和水、醛类（糖醛等）。一般情况下，聚合物裂解的有效温度高于 105℃，完全裂解和碳化的温度高于 300℃，在生成水的同时生成大量的 CO 和 CO_2、少量低分子烃类气体，以及糠醛及其系列化合物。CO 和 CO_2 的形成不仅随温度升高而增加，而且随油中氧的含量和纸的湿度增加而增加。纤维素热分解的模拟实验结果见表1-4，固体绝缘材料热解气体组成见表 1-5。由表 1-4 可知，纤维素热分解的气体主要成分是 CO 和 CO_2。

表 1-4　　　　　　　　　纤维素热分解产物（470℃）

热解产物	质量分数（%）	热解产物	质量分数（%）
水	35.5	CO	4.20
醋酸	1.40	CO_2	10.40
丙酮	0.7	CH_4	0.27
焦油	4.20	C_2H_4	0.17
其他有机物质	5.20	焦炭	39.59

表 1-5　　　　　　　　　固体绝缘材料热解气体组成

气体组成（%）	绝缘漆			胶木（L-131）	层连接片
	Ω-10	Ω-25	环氧树脂		
H_2	0.10	0.50	0.85	0.6	0.2
CO	83.40	69.00	72.10	95.00	97.40
CO_2	1.20	0.80	4.40	—	0.5

气体组成（%）	绝缘漆			胶木（L-131）	层连接片
	Ω-10	Ω-25	环氧树脂		
CH_4	14.20	20.10	17.70	3.70	2.20
C_2H_6	0.80	2.00	0.20	0.20	0.3
C_2H_4	0.10	0.60	0.2	0.2	0.5
C_2H_2	0.4	1.70	1.20	0.10	—
C_4H_{10}	0.10	0.6	2.10	0.1	—
C_4H_8	0.4	0.20	1.00	0.1	—
其他	0.2	0.5	0.4	0.91	0.15

三、气体的其他来源

正常运行的变压器，由于某些原因也会导致油中有一定数量的故障特征气体，在某些情况下，有些气体可能不是设备故障造成的，例如油中含有的水可以与铁作用生成 H_2，过热的铁芯层间油膜裂解可生成 H_2，不锈钢与油的催化反应也可生成大量的 H_2，新的不锈钢部件中可能在加工过程中吸附 H_2 或焊接时产生 H_2，特别是在温度较高、油中有溶解氧时，设备中某些油漆（醇酸树脂）在某些不锈钢的催化下，甚至可能生成大量的 H_2。某些改性的聚酰亚胺型绝缘材料也可生成某些气体而溶解于油中，油在阳光照射下也可以生成某些气体，设备检修时暴露在空气中的油可吸收空气中的 CO_2 等，这时，如果未进行真空注油，则油中 CO_2 的含量与周围环境的空气有关，约为 $300\mu L/L$。

气体还可能来自某些操作，也可生成故障气体。例如，注入的油本身就含有某些气体；有载调压变压器中切换开关油室的油向变压器主油箱渗漏；选择开关在某个位置动作时（如极性转换时）形成电火花，会造成变压器本体油中出现 C_2H_2；设备曾经有过故障。而故障排除后绝缘油未经彻底脱气，部分残余气体仍留在油中，或留在经油浸渍的固体绝缘中；冷却系统附属设备（如潜油泵）故障产生的气体也会进入到变压器本体油中；设备油箱带油补焊会导致油分解产气等。

这些非故障气体与故障气体一样溶解于油中，这些气体的存在一般不会影响设备的正常运行，但当利用气体分析结果确定内部是否存在故障及其严重程度时，应特别注意这些非故障产气的干扰。

四、气体在油中的溶解和扩散

油、纸绝缘材料分解产生的气体在油里经对流和扩散不断地溶解在油中，包括气体分子的扩散、对流、交换、释放与向外逸散过程。当气体在油中的溶解速度等于气体从油中析出的速度时，则气—油液两相处于动态平衡，此时一定量的油中溶解的气体即为气体在油中的溶解度；当产气速率大于溶解速率时，会有一部分聚集成游离气体进入气体继电器或储油柜中。

1. 气体在油中的溶解与平衡

各种气体在矿物绝缘油中的溶解能力（或溶解度）是不同的，油中气体溶解度常用奥斯特瓦尔德系数（亦称分配系数）k_i 来表示（i 为组分），k_i 值大的组分在油中的溶解力要大于 k_i 值小的组分。各种气体在变压器油中的近似溶解度见表1-6。

表1-6　　　各种气体在变压器油中的近似溶解度（25℃，101.325kPa）

气体种类	近似溶解度（%）	气体种类	近似溶解度（%）	气体种类	近似溶解度（%）
H_2	7	C_2H_2	400	N_2	8.6
CO	9	C_3H_6	1200	Ar	15
CH_4	30	C_2H_8	1000	O_2	16
C_2H_6	230	C_4H_{10}	72000	CO_2	120
C_2H_4	280	C_4H_8	72000	空气	10

各种气体在油中的溶解度服从亨利（Henry）定律，由亨利定律可知，气体组分在油中的浓度与该气体的平衡分压及亨利常数成正比，而亨利常数又与温度、该气体的性质及液体的性质有关。由此可见，气体在变压器油中的溶解能力与该气体的性质、油的化学组成以及温度、压力等因素有密切关系，如烃类气体的溶解度随分子量的增加而增加。溶解度较低的气体（如 k_i 值小的氢、氮、一氧化碳等），其溶解度随温度上升而增加，低分子烃类气体及二氧化碳在油中的溶解度则随温度升高而下降。在1个标准大气压下，各种气体对绝缘油饱和溶解度与温度的关系如图1-4所示。

充油电力设备内部的油、纸等绝缘材料在正常情况下分解所产生的气体，一般都能在油中达到溶解平衡。对于开放式变压器，空气中的氧气和氮气就会溶解于油中，最终将达到溶解饱和或接近饱和状态，此时油中溶解的空气量约占油体

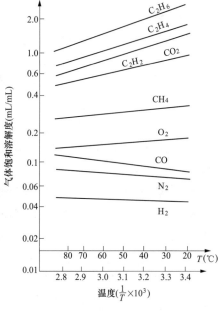

图1-4　各种气体对绝缘油饱和溶解度与温度关系

积的10%。当变压器内部存在潜伏性故障时，热分解产生的气体是气体分子的形态，如果产气速率很慢，则仍以分子的形态扩散并溶解于周围的油中，所以即使油中气体含量很高，只要尚未过饱和，就不会有游离气体释放出来。如果故障存在的时间较长，油中溶解气体已接近或达饱和状态，就会释放出游离气体，进入气体继电器中。当变压器发生突发性故障时，由于气泡大，上升快，与油接触时间短，溶解和置换过程来不及充分进行时，分解气体就以气泡的形态进入气体继电器中，导致气体继电器中积存的故障特征气体往往比油中含量高很多。

气体在油中的溶解度与压力和温度相关。在一定的压力和温度下，气体在油中的溶解达到饱和后，如果压力或温度发生变化，气体组分在油中的溶解度也会发生变化。例如对于空气溶解饱和的油，若温度降低，将会有空气释放出来；当设备负荷或环境温度突然下降时，油中溶解的空气也会释放出来。所以运行中即使是正常的变压器，有时压力和温度下降时（如凌晨），油中空气也会达到过饱和而逸出，严重时甚至会引起气体继电器报警。此外，其他一些因素也会影响气体在油中的溶解或释放，例如机械振动将使饱和溶解度降低而释放出气体；强迫油循环系统常会产生湍流而引起空穴并析出气泡。

2. 气体在变压器中的扩散与损失

充油电气设备内部故障产气通过扩散和对流而达到均匀溶解于油中。气体在单位时间内和单位表面上的扩散量与浓度成正比，其比例系数即为扩散系数。扩散系数是浓度和压力的函数，并且随温度的增加和黏度的降低而增大。

充油电气设备各部位油温的差别导致油的连续自然循环，即对流。通过对流，溶解于油中的气体可转移到充油电气设备的各个部位。对于强迫油循环的变压器，这种对流的速度更快，因此故障点周围高浓度的气体仅仅是瞬间存在。同样，由于储油柜的温度低于变压器本体油箱的温度，这也会引起两者间油的对流。这种对流速率取决于变压器油箱与连接储柜管道的尺寸以及环境温度。对流促使气体从变压器本体向储油箱及油面气相连续转移，从而造成气体损失。此外，变压器的油温会随负载和环境温度变化而变化，从而引起油的体积发生膨胀或收缩，造成油在储油柜与本体油箱之间来回流动，这就是变压器的呼吸作用，若在开放式变压器中，呼吸过程中油与空气的接触就会造成油溶解气体的损失。

充油电气设备内部固体材料的吸附作用也能造成使油中溶解气体减少，这是因为固体材料表面的原子和分子能够吸附外界分子，吸附的容量取决于被吸附物质的化学组成和表面结构。某些故障气体，特别是碳的氧化物，如 CO、CO_2，结构类似于纤维素，易被绝缘纸吸附；某些金属材料，如碳素钢和奥氏体不锈钢易吸附氢气。因此，对于新投入运行的充油设备中的某些气体，如 CO、CO_2 或 H_2 的含量较高，应考虑制造过程中干燥工艺或电气和温升试验时所产生的气体被固体绝缘材料吸附或不锈钢吸附，在运行中可能重新释放于油中的情况；另一种情况是对于运行中充油电气设备在故障初期，油中某些气体浓度绝对值仍然很低，甚至计算得到的产气速率也不太高，其原因也应考虑可能是固体绝缘材料吸附作用导致油中气体含量的降低。

充油电气设备内部故障的判据

正常运行下，充油电气设备内部的绝缘油和有机绝缘材料，在热和电的作用下会逐渐老化和分解，产生少量的各种低分子烃类气体及一氧化碳、二氧化碳等气体。在热和电故障的情况下也会产生这些气体，这两种气体来源在技术上不能区分，在数值上也没有严格的界限，而且依赖于负载、温度、油中的含水量、油的保护系统和循环系统，以及与取样和测试的许多可变因素有关。因此在判断设备是否存在故障及其故障的严重程度时，要根据设备运行的历史状况和设备的结构特点以及外部环境等因素进行综合判断。有时设备内并不存在故障，而由于其他原因在油中也会出现上述气体，要注意这些可能引起错误判断的气体来源。此外，还应注意油冷却系统附属设备（如潜油泵）故障产生的气体也会进到电气设备本体的油中。

一、故障类型及产气特征

造成充油电气设备故障的因素有很多，如变压器长期过负荷运行，绕组中油流被阻塞，铁轭夹件中的漏磁，引线与套管的连接不良，磁屏蔽的不良焊接或不良接地导致环流，铁芯多点接地，矽钢片之间短路，维护管理不善造成本体受潮，运行中过电压、近区短路冲击造成部件松动和绝缘损伤。充油电气设备的故障主要有热故障和电故障两大类。对国内变压器故障类型的不完全统计分析发现，过热性故障占 63%，高能量放电故障占 18%，过热兼高能量放电故障占 10%，火花放电占 7%，其余 2% 为受潮或局部放电故障。

（一）过热性故障

过热性故障按过热的材料主要分为裸金属过热和固体绝缘材料过热两类；按照过热故障的严重程度可分为低温过热故障（$t < 300℃$）、中温过热故障（$300℃ < t < 700℃$）、高温过热故障（$t > 700℃$）三种类型。过热性故障一般为潜伏性故障，发展速度较慢，油色谱试验和在线监测装置能及时有效发现该类型故障。

1. 低温过热故障

低温过热故障可分为 150℃ 以下的低温过热故障和 150～300℃ 的低温过热故障。低温过热故障时，油中烃类气体主要成分为甲烷 CH_4 和乙烷 C_2H_6，甲烷 CH_4 在总烃中所占的比例较大，乙烯 C_2H_4 含量较低，不会产生乙炔 C_2H_2。低温过热故障一般是纸包绝缘导线过热、油道堵塞大电流低压侧绕组发出的热量不能及时散出等原因造成的。尽管油中总烃含量不高，短时间内不会造成设备损坏，但长期运行将加速绝缘材料的老化，产生较多的 CO 和 CO_2，缩短设备的寿命。

2. 中温过热故障

中温过热故障时，油中氢气 H_2 和总烃均会出现明显的增长，且含量很大，可能超过 DL/T 722—2014《变压器油中溶解气体分析和判断导则》规定的气体含量注意值，当故障涉及固体绝缘材料时，一氧化碳 CO 和二氧化碳 CO_2 的含量也会出现较大增长。油中气体成分以乙烯 C_2H_4、甲烷 CH_4、二氧化碳 CO_2 为主，乙烷 C_2H_6、氢气 H_2、一氧化碳 CO 含量次之，氢气 H_2 通常占氢烃总量的 27% 以下，乙烯 C_2H_4 的产气速率明显要高于甲烷 CH_4。造成中温过热故障的主要原因有分接开关接触不良、引线连接不良、导线接头焊接不良、铁芯多点接地等。

3. 高温过热故障

高温过热故障时，油急剧地分解，其中烯烃和氢气 H_2 增加的速度较快，乙烯 C_2H_4 尤为明显，在温度更高（800℃ 以上）时，还会产生少量的乙炔 C_2H_2，当故障涉及固体绝缘时，一氧化碳 CO 和二氧化碳 CO_2 也会明显增加。高温过热气体成分主要以乙烯 C_2H_4、甲烷 CH_4、H_2 为主，乙烷 C_2H_6、二氧化碳 CO_2、一氧化碳 CO 含量次之，总烃含量较高，甲烷 CH_4 的含量小于乙烯 C_2H_4，乙炔 C_2H_2 占总烃的 5.5％以下。高温过热故障和中温过热故障的故障原因类似，主要是矽钢片间局部短路、涡流引起铜过热等问题引起的。高温过热故障容易发展扩大，对充油电气设备的安全运行有较大的威胁。

（二）电故障

电故障按能量密度的不同分为高能量放电（约 10^{-6}C，即电弧放电）和低能量放电（小于 10^{-6}C 即火花放电和局部放电）。电故障会破坏充油电气设备的绝缘，放电能量越高对设备的安全性威胁越大，严重时可引起气体继电器动作，设备跳闸。

1. 电弧放电故障

电弧放电故障特征气体主要是乙炔 C_2H_2 和氢气 H_2，其次是大量的甲烷 CH_4 和乙烯 C_2H_4。由于电弧放电故障的速度很快，往往油分解产生的气体还来不及溶解在油中就聚集到气体继电器内。这类故障多是突发性的，从故障的产生到设备事故，时间较短，预兆不明显，难以分析预测。油中溶解气体组分含量往往与故障点位置、油流速度和故障持续时间有很大的关系。一般电弧放电油中总烃类含量较高，乙炔 C_2H_2 占总烃的 18％～65％；氢气 H_2 占氢烃总量的 27％以下。电弧放电故障多以绕组匝间和层间放电、相间闪络、分接引线间油隙闪络、选择开关拉弧、引线对箱壳或其他接地体放电等为主要故障模式。

2. 火花放电故障

火花放电故障是一种间歇性放电故障，特征气体主要是乙炔 C_2H_2 和氢气 H_2。由于火花放电故障能量较低，总烃含量不高，乙炔 C_2H_2 含量大于 10μL/L，并且一般占总烃的 25％以上，氢气 H_2 一般占氢烃总量的 27％以上，乙烯 C_2H_4 占总烃含量的 18％以下。火花放电故障常发生于不同电位的导体与导体、绝缘体与绝缘体之间以及不固定电位的悬浮体，在电场极不均匀或者畸变以及感应电位下，都可能引起火花放电故障。

3. 局部放电故障

局部放电故障时油中主要成分是氢气 H_2，其次是甲烷 CH_4，总烃含量不高，氢气 H_2 含量大于 100μL/L，并且占氢烃总量的 90％以上，甲烷 CH_4 占总烃含量的 75％以上。局部放电故障是油-纸绝缘结构中的气隙（泡）和尖端，因绝缘薄弱、电场集中而发生局部和重复性击穿现象，主要是绝缘受潮、油中含有气隙或气泡、金属毛刺、漆瘤、杂质等引起的一种低能放电故障。

二、检测周期

（一）投运前的检测

对于新安装或大修后的设备，投运前应至少做一次检测；如果在现场进行感应耐压和局部放电试验，则应在试验前后各做一次检测，试验后取油样时间至少应在试验完毕24h后；对于制造厂规定不取样的全密封互感器和套管可不做检测。

新安装或大修后的设备若存在缺陷或金属毛刺，在电气试验时将产生小的火花放电而使得油中出现乙炔 C_2H_2；注油时未正确使用滤油机也可能使得设备油中气体异常。投运前开展检测，既可以找出设备内部存在的缺陷，又可以检验安装和大修的工作质量，同时可以建立色谱基准数据，对后期的设备运行具有很大的参考价值。

（二）新投运时的检测

新的或大修后的 66kV 及以上的变压器和电抗器至少应在投运后 1、4、10、30 天各做一次检测；新的或大修后的 66kV 及以上的互感器，宜在投运后 3 个月内做一次检测；制造厂规定不取样的全密封互感器可不做检测。充油电气设备投运后的一段时间内按规定开展检测，这是很必要的，因为不少设备的事故是在投运后不长时间内发生的。若检测结果无异常，可转为定期检测。

（三）运行中的定期检测

为了分析、监测充油电气设备内部油中各溶解气体组分含量，各类型设备的油色谱检测周期见表 1-7。对于运行中的设备，确定定期检测的周期主要是依据该设备的重要程度。对变压器来说，一般电压等级高的、容量大的，重要性更突出；对于同容量的变压器来说，一般发电厂主变压器的重要性高于变电站的变压器，而且发电厂的变压器一般负荷较重，出现异常的可能性也高一些。考虑到这些因素，对不同电压等级、不同容量的电力变压器（电抗器）和互感器检测周期分别做了规定，既适宜大部分地区的实际工作能力，又保障了重大设备的安全运行。

表 1-7 运行中设备的定期检测周期

设备名称	设备电压等级和容量	检测周期
变压器和电抗器	电压 330kV 及以上 容量 240MVA 及以上的发电厂升压变压器	3 个月
	电压 220kV 容量 120MVA 及以上	6 个月
	电压 66kV 及以上 容量 8MVA 及以上	1 年
互感器	电压 66kV 及以上	1～3 年
套管	—	必要时

注 其他电压等级变压器、电抗器和互感器的检测周期自行规定。制造厂规定不取样的全密封互感器和套管，一般在保证期内可不做检测；在超过保证期后，可视情况而定，但不宜在负压情况下取样。

（四）特殊情况下的检测

特殊情况下应按以下要求进行检测：

（1）当设备出现异常情况时（如变压器气体继电器动作、差动保护动作、压力释放阀门动作以及经受大电流冲击、过励磁或过负荷，互感器膨胀器动作等），应取油样进行检测。当气体继电器中有集气时需要取气样进行检测。

（2）当怀疑设备内部有异常时，应根据情况缩短检测周期进行监测或退出运行。在监测过程中，若增长趋势明显，须采取其他相应措施；若在相近运行工况下，检测三次后含量稳定，可适当延长检测周期，直至恢复正常检测周期：

1）过热性故障，怀疑主磁回路或漏磁回路存在故障时，可缩短到每周一次；当怀疑导电回路存在故障时，宜缩短到至少每天一次。

2）放电性故障，怀疑存在低能量放电时，宜缩短到每天一次；当怀疑存在高能量放电时，应进一步检查或退出运行。

三、出厂和新投运设备的分析诊断

新设备出厂及投运前油中溶解气体含量要求见表1-8。出厂试验前、后两次分析结果以及投运前、后两次检测结果不应有明显的区别。

表1-8　　　　　　　　　新设备投运前油中溶解气体含量要求（μL/L）

设备	气体组分	含　量	
		330kV 及以上	220kV 及以下
变压器和电抗器	氢气	<10	<30
	乙炔	<0.1	<0.1
	总烃	<10	<20
互感器	氢气	<50	<100
	乙炔	<0.1	<0.1
	总烃	<10	<10
套管	氢气	<50	<150
	乙炔	<0.1	<0.1
	总烃	<10	<10

随着实践经验的积累，DL/T 722—2014《变压器油中溶解气体分析和判断导则》对出厂和新设备投运前的气体含量要求也进行了修订。对不同充油电气设备均按照电压等级进行了分类。

（1）330kV 及以上设备按照超高压设备对待，安全性要求更高。基于设备的现场运行情况，220kV 及以下变压器和电抗器的氢气 H_2 含量要求由原来的"小于 10μL/L"放宽至"小于 30μL/L"。

（2）由于超高压设备的高安全性要求，同时伴随着安装技术的进步、抽真空、热油循环技术的提升及滤油时间的延长，对油中总烃值要求更严格，330kV 及以上变压器和电抗器总烃含量由"20μL/L"修改为"小于 10μL/L"。

（3）互感器的金属膨胀器吸附了一定量的 H_2，经过扩散会造成互感器中 H_2 升高，220kV 及以下互感器 H_2 含量要求由"小于 50μL/L"修改为"小于 100μL/L"；330kV 及以上套管的 H_2 注意值由"小于 150μL/L"修改为"小于 50μL/L"。

以上修订内容是生产工艺和安装工艺不断进步与超高压设备安全可靠性要求不断提

高共同推动的结果。在 DL/T 722—2000《变压器油中溶解气体分析和判断导则》制定中，乙炔含量"0"表示"未检出数据"，是因为当乙炔含量低于 0.5μL/L、基线不稳时很难判断。随着色谱测试技术的发展和色谱仪检测精度的不断提高，根据经验在 DL/T 722—2014《变压器油中溶解气体分析和判断导则》的修订中，将此类含量要求统一表示为"小于 0.1μL/L"，不再采用"0"表示。

出厂和新投运设备经滤油机真空脱气注入新油，油中各溶解气体的含量都很小甚至检测不出，并符合表 1-8 的要求；但在制造和安装过程中，进行带油焊接作业、使用不合格的滤油机、未按规程操作滤油机等外部原因，以及设备局部放电试验和耐压试验时发生放电的内部缺陷，都可能导致出厂和新设备油中溶解气体含量超过表 1-8 的规定值。对此类问题要综合分析找到根源、消除故障，设备使用单位可通过出厂试验见证、现场安装注油前的残油试验、工程交接验收来完成出厂和新设备投运前的油质监督。

大修后的设备也应符合表 1-8 的要求。这里存在的问题是，大修后的设备用的一般仍是原来的旧油（添加少量新油），油中的含气量可能比较高甚至可能存在故障气体，因此要注意油的严格脱气，特别是对判断设备故障有重要意义的各气体组分。但也要考虑到固体绝缘材料和其吸附的残油存在一定的故障气体，在投运后会释放出来，在投运后的检测中可能会发现故障气体增加明显，造成错误判断。因此大修后的设备应对设备内部绝缘材料中残油溶解的残气进行估算，注意投运前、后的检测对比，以投运后气体稳定的检测值作为运行中连续检测的基数。

四、运行中设备油中溶解气体组分含量注意值

（一）运行中设备油中溶解气体含量注意值

固体绝缘材料和绝缘油受电场、电磁、温度、老化、故障作用，油中含有一定量的溶解气体组分。经过多年的设备运行经验和油中溶解气体含量的统计分析，统计出了充油电气设备油中溶解气体的正常允许含量，形成了"注意值"概念。运行中设备油中气体含量超过表 1-9 所列数值时，应引起注意。

表 1-9　　　　　　　　　运行中设备油中溶解气体含量注意值（μL/L）

设备	气体组分	含量	
		330kV 及以上	220kV 及以下
变压器和电抗器	氢气	150	150
	乙炔	1	5
	总烃	150	150
	一氧化碳	见 DL/T 722—2014《变压器油中溶解气体分析和判断导则》中的10.2.3.1	见 DL/T 722—2014《变压器油中溶解气体分析和判断导则》中的10.2.3.1
	二氧化碳	见 DL/T 722—2014《变压器油中溶解气体分析和判断导则》中的10.2.3.1	见 DL/T 722—2014《变压器油中溶解气体分析和判断导则》中的10.2.3.1

续表

设备	气体组分	含量	
		330kV 及以上	220kV 及以下
电流互感器	氢气	150	300
	乙炔	1	2
	总烃	100	100
电压互感器	氢气	150	150
	乙炔	2	3
	总烃	100	100
套管	氢气	500	500
	乙炔	1	2
	总烃	150	150

注 该表所列数值不适用于从气体继电器放气嘴取出的气样。

（二）油中溶解气体含量注意值的确定

利用色谱分析技术对设备的故障进行判断要靠科学性和经验性的密切结合，两者缺一不可。实践证明，很难把判断有无故障这样一个很复杂的具体问题简单化为用油中溶解气体含量一个确定的数值（界限）来判别。在汇集了大量试验数据后，将统计数据汇总形成表1-8和表1-9。统计时所取的实际监视率：变压器为5％～6％，互感器为3％，套管为4.7％。根据近十几年来的使用经验，对油中溶解气体含量注意值进行了部分增删和改进：

（1）电压互感器和电流互感器修改为330kV及以上和220kV及以下两个电压等级的气体含量注意值，与变压器、电抗器、套管保持一致。对新投运的互感器注意值统计结果见表1-10；对运行中电流互感器和电压互感器油中溶解气体含量统计情况，分别见表1-11和表1-12，供参考。

表1-10   **新投运的互感器（电压、电流）注意值统计结果**

气体组分	含量（μL/L）	台数（台）	所占比例（％）	监视率（％）
H_2	<50	252	63.8	36.2
	<100	342	86.6	13.4
	<150	370	93.7	6.3
	<200	385	97.5	2.5
C_2H_2	0	379	95.7	4.3
总烃	<10	279	70.6	29.4
	<50	371	93.9	6.1
	<100	386	97.7	2.3

表 1-11   运行中电流互感器油中溶解气体含量统计

电压等级	总台数（台）	气体组分	含量（μL/L）	台数（台）	所占比例（%）	监视率（%）
220kV	289	H₂	<150	248	85.8	14.2
			<200	272	94.1	5.9
			<250	279	96.5	3.5
		C₂H₂	<1	282	97.6	2.4
		总烃	<100	286	99.0	1.0
110kV	851	H₂	<150	751	88.2	11.8
			<200	792	93.1	6.9
			<250	810	95.2	4.8
		GH₂	<2	832	97.8	2.2
		总烃	<100	835	98.1	1.9

表 1-12   运行中电压互感器油中溶解气体含量统计

电压等级	总台数（台）	气体组分	含量（μL/L）	台数（台）	所占比例（%）	监视率（%）
220kV	99	H₂	<150	87	87.9	12.1
			<200	92	92.9	7.1
			<250	96	97.0	3.0
		C₂H₂	<2	99	100	0
		总烃	<100	90	90.9	9.1
			<150	98	99.0	1.0
110kV	252	H₂	<150	221	87.7	12.3
			<200	230	91.3	8.7
			<250	238	94.4	5.6
			<300	243	96.4	3.6
		C₂H₂	<3	236	93.6	6.4
		总烃	<100	240	95.2	4.8

（2）对 330kV 及以上的设备，由于其容量大，影响面广，一旦发生故障会造成严重的后果，普遍认为对 330kV 及以上的设备气体含量值要严格些，尤其是对乙炔。因此把 330kV 及以上的变压器和电抗器、套管、电流互感器油中的乙炔含量注意值规定为 $1\mu L/L$；330kV 及以上电压互感器油中的乙炔含量注意值规定为 $2\mu L/L$。

（3）220kV 及以下电流互感器 H_2 注意值由"小于 $150\mu L/L$"修改为"小于 $300\mu L/L$"，主要是因为金属膨胀器导致 H_2 超过注意值的情况比较多，但是 H_2 稳定后不会大幅增长，电流互感器仍可以正常运行。

（4）在实际运行中套管也可能发生过热性故障，油除了分解产生 CH_4，还会产生 C_2H_4 等其他烃类气体，因此对于套管，由 CH_4 注意值"小于 $100\mu L/L$"改为总烃注意值"小于 $150\mu L/L$,更符合运行中套管的故障判断。

(5) 对 220kV 及以下的套管中乙炔的含量注意值定为 $2\mu L/L$,这是由于套管在正常运行中极少出现乙炔,而且乙炔是放电性故障的特征气体,应尽可能提前发出警报。因此一旦发现,必须给予足够重视。

IEC 60599—2015《运行中的浸渍矿物绝缘油的电气设备矿物绝缘油中溶解和游离气体分析结果的解释导则》对充油电气设备油中溶解气体组分含量也进行了大量数据统计分析工作,对不同设备中的气体含量注意值分别给予归纳总结,最常用的是 90％置信区间的典型值,套管取 95％。为方便使用者,现摘要如下:

(1) 所有型式变压器在 90％置信范围内的典型值见表 1-13。

表 1-13　　　　　所有型式变压器在 90％置信范围内的典型值 （$\mu L/L$）

变压器类型	C_2H_2	H_2	CH_4	C_2H_4	C_2H_6	CO	CO_2
无有载调压	2～20	50～150	30～130	60～280	20～90	400～600	3800～14000
连接有载调压	60～280	50～150	30～130	60～280	20～90	400～600	3800～14000

表 1-13 适用于开放式和密封式变压器,主要适用于芯式变压器、壳式变压器的值可能更高。在有些国家, C_2H_6 的含量较高;在一个变压器低于额定负荷的国家, CH_4 和 CO,特别是 C_2H_4 的含量较低;在某些国家 C_2H_2 的典型值为 $0.5\mu L/L$,对 C_2H_4 为 $10\mu L/L$ 。在油和变压器部件(油漆、金属)之间发生反应的变压器中, H_2 的值可能更高。经常脱气的变压器油中气体含量的典型值不适用表 1-13。

(2) 不同类型变压器 90％置信范围内的典型值见表 1-14。

表 1-14　　　　　不同类型变压器在 90％置信范围内的典型值 （$\mu L/L$）

变压器类型	H_2	CO	CO_2	CH_4	C_2H_6	C_2H_4	C_2H_2
电炉供能变压器	200	800	6000	150	150	200	*
配电变压器	100	200	5000	50	50	50	5
电动潜油泵用变压器	86	628	6295	21	4	6	＜S**

注　本表的数据来自个别电网,其他电网可能有所不同。

* 　设计和安装有载调压的设备,对这些数据有影响。C_2H_2 没有统计学意义上的数值提出。

** 　S 表示检测限,小于 S 表示低于检测限,未能检测出。

(3) 互感器 90％置信范围内的典型值见表 1-15。

表 1-15　　　　　互感器 90％置信范围内的典型值 （$\mu L/L$）

互感器类型	H_2	CO	CO_2	CH_4	C_2H_6	C_2H_4	C_2H
电流互感器	6～300	250～1100	800～4000	11～120	7～130	3～40	1～5
电压互感器	7～1000	—	—	—	—	20～30	4～16

注　1. 表中的数值来自个别电网,其他电网的数值可以有不同。

　　2. 这里 H_2 的数值来自橡胶密封的 （$\pm 20\mu L/L$）,比金属密封的要低得多（$\pm 300\mu L/L$）。

密封互感器允许的极大值见表 1-16,而且没有对互感器采取任何措施。

表 1-16 密封互感器允许的极大值（µL/L）

气体组分	H_2	CH_4	C_2H_6	C_2H_4	C_2H_2	CO	CO_2
含量	300.0	30.0	50.0	10.0	2.0	300.0	900.0

（4）套管中 95％置信范围内的典型值见表 1-17。

表 1-17 套管中 95％置信范围内的典型值（µL/L）

气体组分	H_2	CH_4	C_2H_6	C_2H_4	C_2H_2	CO	CO_2
含量	140.0	40.0	70.0	30.0	2.0	1000.0	3400.0

（5）CO 和 CO_2 的气体含量注意值无一个明确的规定值，推荐 CO_2/CO 的比值法。CO 和 CO_2 是绝缘过热的特征气体，不仅在老旧设备中普遍存在，而且受大气环境的影响大，不容易掌握，又必须给予足够的重视。用 CO_2 和 CO 的增量进行计算认为当故障涉及固体绝缘材料时，可能 CO_2/CO 小于 3；当固体绝缘材料老化时，一般 CO_2/CO 大于 7。也有单位汇集了国内的使用经验，统计出油中 CO 和 CO_2 含量的注意值作为参考，见表 1-18。IEC 60599—2015《运行中的浸渍矿物绝缘油的电气设备矿物绝缘油中溶解和游离气体分析结果的解释导则》的统计资料见表 1-19。

表 1-18 油中 CO 和 CO_2 含量的注意值（µL/L）

油保护方式	CO	CO_2（N 为运行年限）	
		运行 15 年以下	运行 15 年以上
开放式	400	4500	$200N+2000$
隔膜式	1100	7000	$300N+3000$
充氮式	800	10000	$400N+4500$

表 1-19 国外有关变压器油中 CO 和 CO_2 的统计资料（µL/L）

IEC 60599—2015《运行中的浸渍矿物绝缘油的电气设备矿物绝缘油中溶解和游离气体分析结果的解释导则》	90％置信范围的典型值		说明	
	CO	CO_2	故障涉及固体绝缘	固体绝缘材料过度老化
	400～600	3800～14000	CO 高达 1000，$CO_2/CO<3$	CO_2 高达 10000，$CO_2/CO>10$

（三）利用油中溶解气体含量注意值判断设备故障的注意事项

"注意值"表示当油中溶解气体含量达到这一注意值水平时应引起注意，也是对设备正常或有怀疑的一个粗略的筛选指标。这是因为油中溶解气体的来源很多，仅仅根据气体浓度的绝对值对设备下"正常"或"故障"的结论是很不全面的。IEC 60599—2015《运行中的浸渍矿物绝缘油的电气设备矿物绝缘油中溶解和游离气体分析结果的解释导则》中注意值称为典型值，并认为注意值取决于设备的类型、运行情况、制造商、气候等条件，因此注意值并不作为确定故障的界限，也不是评定设备等级的唯一标准。这样做有利于发挥现场的作用，也有利于有关领导对异常设备在安全与经济因素之间进行决策，尽量防止故障设备的遗漏或盲目停运，造成浪费。气体含量注意值不是划分设备内部有无故障的唯一判断依据。当气体含量超过注意值时，应注意监视气体的增长情况并查找气体来源，因为这种情况下故障概率很高，同时应按本书检测周期（第一章第二节）增加检测频率，结合产气速率进行判断。若气体含量超过注意值但长期稳定，可在超过注意值的情况下运行；当油中首次检测到 C_2H_2（大于或等于 $0.1\mu L/L$）时应引起注意，跟踪乙炔的增长情况；影响油中 H_2 含量的因素较多，若仅 H_2 含量超过注意值，但无明显增长趋势，也可判断为正常；注意区别非故障情况下的气体来源，结合其他手段进行综合分析。

气体含量的绝对值与变压器的容量、电压等级、调压方式、绝缘材料、结构特点、运行年限和运行条件等密切相关。一般说来，油中溶解气体超过"注意值"时，应怀疑设备有异常；相反，气体含量虽然低于"注意值"，但增长急剧时，也应怀疑设备有异常。因此最终判断设备有无故障，主要应在气体含量绝对值的基础上，追踪分析考察特征气体的增长速度。

五、设备中气体增长率注意值

计算设备中气体增长速率是故障判断的重要内容，仅仅根据油中溶解气体含量的绝对值很难对故障的严重性做出正确判断。因为故障常常以低能量的潜伏性故障开始，若不及时采取相应的措施，可能会发展成较严重的高能量的故障。气体的增长率（产气速率）与故障能量大小、故障点的温度以及故障涉及的范围等情况有直接关系，产气速率还与设备类型、负荷情况和所用绝缘材料的体积及其老化程度有关。因此，必须考虑故障的发展趋势，也就是故障点的气体增长率（产气速率）是判断故障的又一重要依据。判断设备故障严重状况时，还应考虑到气体的逸散损失。值得注意的是，气体的产生时间可能仅在两次检测周期内的某一时间段，因此产气速率的计算值可能小于实际值。产气速率以下列两种方式计算（未考虑气体损失）。

（一）绝对产气速率

绝对产气速率即每运行日产生某种气体的平均值，按式（1-2）计算：

$$\gamma_a = \frac{C_{i,2} - C_{i,1}}{\Delta t} \times \frac{m}{\rho} \tag{1-2}$$

式中　γ_a——绝对产气速率，mL/d；

　　　$C_{i,2}$——气体 i 第二次取样测得油中某气体浓度，$\mu L/L$；

　　　$C_{i,1}$——气体 i 第一次取样测得油中某气体浓度，$\mu L/L$；

　　　Δt——二次取样时间间隔中的实际运行时间，d；

　　　m——设备总油量，t；

　　　ρ——油的密度，t/m^3。

变压器和电抗器的绝对产气速率的注意值见表1-20。

表 1-20 运行中设备油中溶解气体绝对产气速率注意值（mL/d）

气体组分	密封式	开放式
总烃	12	6
乙炔	0.2	0.1
氢气	10	5
一氧化碳	100	50
二氧化碳	200	100

注 1. 对乙炔小于 0.1μL/L、总烃小于新设备投运要求时，总烃的绝对产气率可不做分析（判断）。

2. 新设备投运初期，一氧化碳和二氧化碳的产气速率可能会超过表中的注意值。

（二）相对产气速率

相对产气速率，即每运行月（或折算到月）某种气体含量增加值相对于原有值的百分数，按式（1-3）计算：

$$\gamma_r = \frac{C_{i,2} - C_{i,1}}{C_{i,1}} \times \frac{1}{\Delta t} \times 100\% \tag{1-3}$$

式中 γ_r——相对产气速率，%/月；

$C_{i,2}$——第二次取样测得油中某气体浓度，μL/L；

$C_{i,1}$——第一次取样测得油中某气体浓度，μL/L；

Δt——二次取样时间间隔中的实际运行时间，月。

当总烃的相对产气速率大于 10%/月时，应引起注意（对总烃起始含量很低的设备，不宜采用此判据）。

（三）利用产气速率判断设备的注意事项

上述所推荐的计算式中，未考虑变压器通过呼吸作用由扩散和对流所造成的气体损失。变压器的密封情况对产气速率测试值的影响，开放式变压器与隔膜式变压器在气体逸出、扩散上有很大的差别，统计数据见表 1-21。考虑到乙炔对判断故障的重要性，特别对乙炔的产气速率进行了统计，见表 1-22。对不同密封型式的变压器做了不同规定，以便提醒使用者，对不同型式的设备应有不同的考虑。IEC 60599—2015《运行中的浸渍矿物绝缘油的电气设备矿物绝缘油中溶解和游离气体分析结果的解释导则》也做了大量的统计工作，这些统计数据摘录于表 1-23，供参考。

表 1-21 变压器总烃产气速率的统计值（mL/d）

变压器油的保护方式	省区	总烃绝对产气速率的最小值
开放式	贵州	5.52
	东北	7.2
	安徽	5.52
	湖南	7.2
	湖北	6
隔膜式	贵州	14.88
	内蒙古	9.84
	湖北	12

表 1-22   变压器乙炔产气速率的经验数据（mL/d）

变压器油的保护方式	省 区	乙炔产气速率的注意值
开放式	湖南	0.24
	湖北	0.24
隔膜式	山东	0.48
	湖北	0.48

表 1-23   电力变压器 90％置信范围气体典型增长率

（IEC 60599—2015《运行中的浸渍矿物绝缘油的电气设备矿物绝缘油中溶解和游
离气体分析结果的解释导则》）（μL/L/year）

变压器类型	C_2H_2	H_2	CH_4	C_2H_4	C_2H_6	CO	CO_2
无有载调压	0～4	35～132	10～120	32～146	5～90	260～1060	1700～10000
连接有载调压	21～37	35～132	10～120	32～146	5～90	260～1060	1700～10000

标准只推荐了各组分绝对产气速率的注意值，没有规定故障值。这是因为故障的情况是多种多样的，其危害性也依故障的部位不同而不同，不可能简单地划一个界限。对于超过注意值的设备，一方面应继续考察产气速率的增长趋势；另一方面应分析该设备运行的历史状况、负荷情况、附属设备运行情况，查找气体来源。根据某单位的经验，总烃绝对产气速率达到注意值 2 倍以上时，一般可以明确判定设备存在内部故障。

相对产气速率也可以用来判断充油电气设备内部状况，总烃的相对产气速率大于10％时应引起注意。相对产气速率比较直观，使用方便，但相对产气速率只是一个比较粗略的衡量手段，没有考虑到油量的影响。在设备运行的初期，气体含量的基值较低，相对产气速率计算值就比较大，随着基值的增大，如果存在同样的产气源，相对增量就会减少。也就是说，油量少，或气体浓度基值较低的设备，反映比较敏感；对于大油量设备，同样的故障，相对产气量就要小得多。但由于这个判据使用比较方便，仍可作为大型变压器或气体浓度基值很高的设备的辅助判据，而总烃起始含量很低的设备，则不宜采用此判据。

产气速率在很大程度上依赖于设备类型、负荷情况、故障类型和所用绝缘材料的体积其老化程度，应结合这些情况进行综合分析。判断设备状况时，还应考虑到呼吸系统对气体的逸散作用。对于发现气体含量有缓慢增长趋势的设备，应适当缩短检测周期，考察产气速率，便于监视故障发展趋势，也可使用气体在线监测装置随时监视设备的气体增长情况。

考察产气速率时必须注意：

（1）产气速率与测试误差有一定的关系。如果两次测试结果的测试误差大于或小于10％，增长也在同样的数量级，则以这样的测试结果来考察产气速率是没有意义的，计算出的绝对产气速率也不可能反映出真实的故障情况；只有当气体含量增长的量超过测试误差 1 倍时，才能认为"增长"是可信的。因此在追踪分析和计算产气速率时，更应注意减少测试误差，提高整个操作过程和试验系统的重复性，必要时应重复取样分析，取平均值来减少误差，这样求得的产气速率才是有意义的。

（2）由于在产气速率的计算中没有考虑气体损失，而这种损失又与设备的温度、负荷大小及变化的幅度、变压器的结构型式等因素有关，因此在考察产气速率期间，负荷应尽可能保持稳定。如欲考察产气速率与负荷的相互关系时，则可以有计划地改变负荷，同时取样进行分析。

（3）考察绝对产气速率时，追踪的时间间隔应适中。时间间隔太长，计算值为这一长时间内的平均值，如该故障是在发展中，该平均值会比实际的最大值偏低；反之，时间间隔太短，增长量就不明显，计算值受测试误差的影响较大。另外，故障发展往往并不是均匀的，而多为加速的，考察产气速率的时间间隔应根据所观察到的故障发展趋势而定。经验证明，起初以 1～3 个月的时间间隔为宜；当故障逐渐加剧时，就要缩短测试周期；当故障平息或消失时，可逐渐减少取样次数或转入正常定期监测。

（4）对于油中气体浓度很高的开放式变压器，由于随着油中气体浓度的增加，油与油面上空间的气体组分的分压差越来越大，气体的损失也越来越大，这时考察产气速率会有降低的趋势，或明显出现越来越低的现象。因此，对于气体浓度很高的变压器，为可靠地判断其产气状况，可将油进行脱气处理。但要注意，由于残油及油浸纤维材料所吸附的故障特征气体会逐渐向已脱气的油中释放，在脱气后的投运初期，特征气体增长明显不一定是故障的象征，应待这种释放达到平衡后（有时可能长达 2～3 个月），才能考察出真正的产气速率。

对设备内部残油中所溶解的残气，可以进行估算。估算公式和步骤如下：

1）估算绝缘纸中浸渍的油量 V_1(L)：

$$V_1 = V_p\left(1 - \frac{d_1}{d}\right) \tag{1-4}$$

2）估算绝缘纸板中浸渍的油量 V_2(L)：

$$V_2 = V_b\left(1 - \frac{d_2}{d}\right) \tag{1-5}$$

式中　d_1——绝缘纸的密度，取 0.8g/cm³；

$\quad\ \ d_2$——纸板的密度，取 1.3g/cm³；

$\quad\ \ \ d$——纤维素的密度，取 1.5g/cm³；

$\quad\ \ V_p$——设备中绝缘纸的体积，L；

$\quad\ \ V_b$——设备中纸板的体积，L。

3）计算设备内部绝缘纸和纸板中浸渍的总油量 V_0(L)：

$$V_0 = V_1 + V_2 \tag{1-6}$$

4）设脱气前设备油中 r 组分的浓度为 c_i(μL/L)，则纸和纸板中残油所残存的 i 组分气体量：

$$G_i = V_0 c_i \times 10^{-6}(L) \tag{1-7}$$

5）设备的总油量为 V(L)，则脱气并运行一段时间后，上述残气均匀扩散至体积为 V 的油中，此时 i 组分的体积分数为：

$$c'_i = \frac{G_i}{V} \times 10^6 = \frac{V_0 C_i}{V} \tag{1-8}$$

因此，此时分析所得的气体 i 组分体积分数减去 c'_i 值，才是设备油中新产生的气体 i 的真实值，其他各组分以此类推，然后求得总烃含量及总烃的增长率。

⚙ 充油电气设备故障类型判断方法

采用油中溶解气体分析法分析诊断变压器的内部状况，根据油中溶解气体成分、特征气体含量和变化趋势判断故障的性质、状态时，常用的判断方法有特征气体法、三比值法等方法。

一、特征气体法

正常情况下，变压器内部的绝缘油及固定绝缘材料，在热和电的作用下逐渐老化和受热分解，会缓慢地产生少量的氢和低分子烃类，以及 CO 和 CO_2 气体。当变压器内部存在潜伏性的局部过热和局部放电故障时，这种分解作用就会显著加强。一般来说，对于不同性质的故障，绝缘材料和绝缘油分解产生的气体不同；而对于同一性质的故障，由于故障程度不同，所产生的气体的性质和数量也不同。所以，根据变压器油中气体的组分和含量可以判断故障的性质和严重程度，利用油中特征气体诊断故障的方法，又称特征气体法。

从大量统计数据中可以看出，变压器内部故障发生时产生的总烃中，各种气体的比例在不断变化，随着故障点温度的升高，CH_4 所占比例逐渐减少，而 C_2H_4、C_2H_6 所占比例逐渐增加，严重过热时将产生适量数量的 C_2H_2；当达到电弧温度时，C_2H_2 将成为主要成分。故障点局部能量密度越高产生碳氢化合物的不饱和度越高，即故障点产生烃类气体的不饱和度与故障源的能量密度之间有密切关系，因此，可以用特征气体特点来判断故障的性质见表1-24。该诊断法对故障性质有较强的针对性，比较直观、方便，不足是没有明确量化。

表 1-24　　　　　　　　不同故障类型产生的气体

故障类型	主要气体组分	次要气体组分
油过热	CH_4，C_2H_4	H_2，C_2H_6
油和纸过热	CH_4，C_2H_4，CO	H_2，C_2H_6，CO_2
油纸绝缘中局部放电	H_2，CH_4，CO	C_2H_4，C_2H_6，C_2H_2
油中火花放电	H_2，C_2H_2	
油中电弧	H_2，C_2H_2，C_2H_4	CH_4，C_2H_6
油和纸中电弧	H_2，C_2H_2，C_2H_4，CO	CH_4，C_2H_6，CO_2

二、三比值法

（一）三比值法（改良三比值法）的原理

在热动力学和实践的基础上，国际电工委员会（International Electrotechnical

Commission，IEC）相继推荐了三比值法和改良三比值法，DL/T 722—2014《变压器油中溶解气体分析和判断导则》推荐的是改良三比值法，本书下文中的三比值法均指的是改良三比值法。充油电气设备故障诊断不能只依赖于油中溶解气体的组分含量，还应取决于气体的相对含量。根据充油设备内油、绝缘纸在故障下裂解产生气体组分含量的相对浓度与温度的依赖关系，利用五种气体（CH_4、C_2H_4、C_2H_6、C_2H_2、H_2）的三对比值（C_2H_2/C_2H_4、CH_4/H_2、C_2H_4/C_2H_6）的编码组合来进行故障类型判断的方法，一般在特征气体含量超过注意值后使用。三比值法是判断充油电气设备故障类型的主要方法，可以得出对故障状态较为可靠的诊断，编码规则和故障类型判断方法见表 1-25 和表 1-26。

表 1-25　　　　　　　　　　　　三比值法编码规则

气体 比值范围	比值范围的编码		
	C_2H_2/C_2H_4	CH_4/H_2	C_2H_4/C_2H_6
<0.1	0	1	0
0.1~1	1	0	0
1~3	1	2	1
≥3	2	2	2

表 1-26　　　　　　　　　　　　故障类型判断方法

编码组合			故障类型 判断	典型故障 （参考）
C_2H_2/C_2H_4	CH_4/H_2	C_2H_4/C_2H_6		
0		0	低温过热（低于150℃）	纸包绝缘导线过热，注意 CO 和 CO_2 的增量和 CO_2/CO 值
	2	0	低温过热（150~300℃）	分接开关接触不良；引线连接不良；导线接头焊接不良，股间短路引起过热；铁芯多点接地，矽钢片间局部短路等
	2	1	中温过热（300~700℃）	
	0，1，2	2	高温过热（高于700℃）	
	1	0	局部放电	高湿、气隙、毛刺、漆瘤、杂质等所引起的低能量密度的放电
2	0，1	0，1，2	低能放电	不同电位之间的火花放电，引线与穿缆套管（或引线屏蔽管）之间的环流
	2	0，1，2	低能放电兼过热	
1	0，1	0，1，2	电弧放电	绕组匝间、层间放电，相间闪络；分接引线间油隙闪络，选择开关拉弧；引线对箱壳或其他接地体放电
	2	0，1，2	电弧放电兼过热	

这里需要说明的是：当发生电弧放电时，由于电弧周围的温度很高，在产生 C_2H_2 的同时，还产生大量的 C_2H_4，因此 C_2H_2/C_2H_4 反而比低能放电要小一些。

利用三对比值的另一种判断故障类型的方法是溶解气体分析解释表和解释简表，在应用三比值法不能给出确切诊断结论时，推荐采用溶解气体分析解释表（见 1-27）和解释简表（见表 1-28）来进行故障诊断。表 1-27 溶解气体分析解释表是将所有故障类型分为六种情况，这六种情况适合于所有类型的充油电气设备，气体比值的极限根据设备的具体类型，可稍有不同。表 1-27 中显示了 D1 和 D2 两种故障类型之间的某些重叠，而又有区别，这说明放电的能量有所不同，因而必须对设备采取不同的措施。表 1-28 溶解气体分析解释简表给出了粗略的解释，对局部放电、低能量或高能量放电以及热故障，可有一个简便、粗略的区别。

表 1-27 溶解气体分析解释表

代码	故障类型	C_2H_2/C_2H_4	CH_4/H_2	C_2H_4/C_2H_6
PD	局部放电（见注 3 和注 4）	NS*	<0.1	<0.2
D1	低能量放电	>1	0.1~0.5	>1
D2	高能量放电	0.6~2.5	0.1~1	>2
T1	热故障 $t<300℃$	NS*	>1 但 NS*	<1
T2	热故障 $300℃<t<700℃$	<0.1	>1	1~4
T3	热故障 $t>700℃$	<0.2**	>1	>4

注 1. 在某些国家，使用比值 C_2H_2/C_2H_6 而不是 CH_4/H_2。而其他一些国家，使用的比值极限值会有所不同。

2. 以上比值在至少有一种特征气体超过正常值并超过正常增长率时计算才有意义。

3. 在互感器中 $CH_4/H_2<0.2$ 为局部放电，在套管中 $CH_4/H_2<0.7$ 为局部放电。

4. 有报告称，过热的铁芯叠片中的薄油膜在 140℃ 及以上发生分解产生气体的组分类似于局部放电所产生的气体。

* NS 无论什么数值均不重要。

** C_2H_2 含量的增加，表明热点温度超过了 1000℃。

表 1-28 溶解气体分析解释简表

代码	故障类型	C_2H_2/C_2H_4	CH_4/H_2	C_2H_4/C_2H_6
PD	局部放电		<0.2	
D	放电	>0.2		
T	热故障	<0.2		

（二）三比值法诊断故障的步骤

出厂和新投运的设备油中气体含量应满足出厂和投运前的要求，当根据试验结果怀疑有故障时，应结合其他检查性试验进行综合诊断。对运行中的设备首先要根据试验结果判断油中各溶解气体含量是否超过注意值，同时计算产气速率。短期内各种气体含量迅速增加，虽然溶解气体含量未超过注意值，也可诊断为内部有异常状况；有的设备因某种原因使气体含量超过注意值，但产气速率较小，仍可认为是正常设备。当认为设备内部存在故障时，可用三比值法，对故障的类型进行进一步诊断。

（三）三比值法的应用原则

（1）只有根据气体各组分含量的注意值或气体增长率的注意值有理由判断设备可能存在故障时，用气体比值进行判断才是有效的。对气体含量正常，且无增长趋势的设备，比值没有意义。

（2）假如气体的比值与以前的不同，可能有新的故障重叠在老故障或正常老化上。为了得到仅仅相应于新故障的气体比值，要从最后一次的检测结果中减去上一次的检测数据，并重新计算比值。

（3）应注意由于检测本身存在的试验误差，导致气体比值也存在某些不确定性。例如，按GB/T 17623—2017《绝缘油中溶解气体组分含量的气相色谱测定法》要求对气体浓度大于$10\mu L/L$的气体，两次的测试误差不应大于平均值的10%，这样气体比值计算时误差将达到20%；当气体浓度低于$10\mu L/L$时，误差会更大，使比值的精确度迅速降低。因此在使用比值法判断设备故障性质时，应注意各种可能降低精确度的因素。

（四）三比值法的不足

（1）由于充油电气设备内部故障非常复杂，部分故障利用三比值法可能会做出错误的判断，例如有载调压变压器切换开关油室和变压器本体油箱之间发生串油，生搬硬套三比值法可能误判断变压器内部存在的低能放电故障。

（2）在实际应用中，当有多种故障联合作用时，可能出现在三比值法编码边界模糊的比值区间内的故障，在表1-26中找不到相对应的比值组合，往往容易误判。

（3）三比值法不适用于气体继电器里收集到的气体分析诊断故障类型。

（4）当故障涉及固体绝缘的正常老化过程与故障情况下的劣化分解时，将引起CO和CO_2含量明显增长，三比值法无此编码组合。此时要利用比值CO_2/CO配合诊断。

三、判断故障类型的其他方法

（一）CO_2/CO比值

当故障涉及固体绝缘时，会引起CO和CO_2的明显增长。固体绝缘的正常老化过程与故障情况下的劣化分解，表现在油中CO和CO_2含量上，一般没有严格的界限，规律也不明显，这主要是由于从空气中吸收的CO_2、固体绝缘老化及油的长期氧化形成CO和CO_2的基值过高造成的。开放式变压器溶解空气的饱和量为10%，设备里可以含有来自空气中的$300\mu L/L$的CO_2。在密封设备里空气也可能经泄漏而进入设备油中，这样，油中的CO_2浓度将以空气的比率存在。经验表明，当怀疑设备固体绝缘材料老化时，一般$CO_2/CO>7$；当怀疑故障涉及固体绝缘材料时（高于200℃），可能$CO_2/CO<3$。但要注意，CO_2/CO比值在判断中存在较大的不确定性，对CO_2的判断还要考虑到设备在注油、运行及油样采集或实验过程中来自空气中CO_2的影响；必要时，应从最后一次的测试结果中减去上一次的测试数据，重新计算比值，以确定故障是否涉及了固体绝缘。

对运行中的设备，随着油和固体绝缘材料的老化，CO和CO_2会呈现有规律的增长。当这一增长趋势发生突变时，应与其他气体（CH_4、C_2H_2及总烃）的变化情况进行综合分析，以判断故障是否涉及了固体绝缘。

一氧化碳和二氧化碳的产生速率还与固体材料的含湿量有关。温度一定，含湿量越高，分解出的二氧化碳就越多；反之，含湿量越低，分解出的一氧化碳就越多。因而，固体材料含湿量不同时，CO_2/CO值也有差异。因此在判断固体材料热分解时，应结合

CO 和 CO_2 的绝对值、CO_2/CO 比值以及固体材料的含湿量（可由油中含水量推测或直接测量）进行判断。同时由于 CO 容易逸散，有时当设备出现涉及固体材料分解的突发性故障时，油中溶解气体中 CO 的绝对值并不高，从 CO_2/CO 比值上得不到反映；但此时如果轻瓦斯动作，收集的气体中 CO 的含量就会较高，这是判断故障的重要线索。

对 CO 和 CO_2，与运行年限、油的保护之间的关系做了大量的统计工作，结果表明：

（1）CO 的含量按隔膜式、充氮式和开放式的顺序依次递减，而且 CO 的含量随变压器的运行年限的延长而增长，增长的速率也随油的保护方式不同而异。一般大约运行 10 年以后，CO 的含量趋于稳定［如图 1-5（a）所示］。这是由于 CO 容易扩散造成的，当 CO 浓度增加时，油中 CO 的扩散也就越来越明显了。

（2）CO_2 的含量按充氮式、隔膜式和开放式的顺序也依次递减，并随运行年限的延长而增加，且无稳定趋势［如图 1-5（b）所示］。

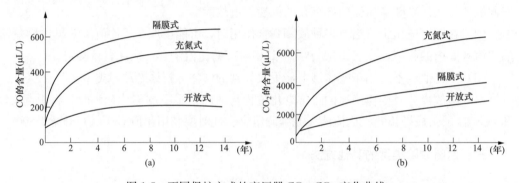

图 1-5　不同保护方式的变压器 CO、CO_2 变化曲线

（a）CO 随运行年限的变化；（b）CO_2 随运行年限的变化

（3）根据统计结果，对不同的油保护方式和不同运行年限的变压器，推荐所列的参考比值见表 1-29。

（4）CO_2/CO 的变化规律。在投运初期无论哪种保护方式的变压器，CO_2/CO 都比较小（这和 IEC 60599《运行中的浸渍矿物绝缘油的电气设备矿物绝缘油中溶解和游离气体分析结果的解释导则》所述的相同），运行 2～3 年以后，不同的油保护方式表现出不同的变化趋势。若出现如表 1-29 所列的情况，应引起注意。

表 1-29	CO 和 CO_2 的参考比值
油保护方式	CO_2/CO 值
隔膜式	<2
充氮式	<5
开放式	<3

对隔膜密封变压器中的 CO、CO_2 含量与绝缘老化、运行年限之间的关系也进行了数据统计工作，分析结果认为：

（1）CO 的含量随运行年限的增长而增长，其增长率随运行年限呈减缓倾向。这是由于随着 CO 浓度增加，逸散量也增加造成的。

（2）CO_2 含量也随运行年限的增长而增长，其增长速率基本上是呈线性关系。如果油中 CO、CO_2 是以正常速率缓慢增长，则表明运行中变压器的绝缘是以正常速度在逐渐老化。

（3）一旦发生长期低温过热，CO、CO_2 含量的增长速率曲线会呈指数关系上升，如图 1-6 所示。这种曲线变化表明变压器内部存在大面积的低温过热性故障，而且故障部位的温度会随着运行时间延长而逐渐升高，也就是说 CO、CO_2 的生成速率会越来越大，即故障趋于严重化。因此，油中 CO、CO_2 随运行年限增长的这种关系曲线可以作为绝缘老化倾向及低温过热的一种判断方法。

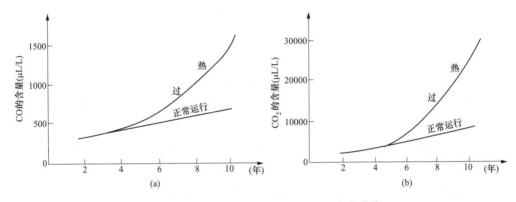

图 1-6　隔膜密封式变压器 CO、CO_2 变化曲线
（a）CO 随运行年限的变化；（b）CO_2 随运行年限的变化

总之，以上所介绍的不同单位、不同时期的资料表明了相同的统计规律。这里还应该说明，这些判断方法仅适用于慢性故障。而且，由于 CO、CO_2 分析结果的分散性较大，以一年测试几次的平均值为基础进行统计分析，可以消除一些测试误差和其他一些外界的影响因素，有助于找出 CO、CO_2 含量与运行年限的关系。

（二）C_2H_2/H_2 比值

在电力变压器中，有载分接开关操作时产生的气体与低能量放电的情况相似，假如某些油或气体在有载分接开关油箱与主油箱之间相通，或各自的储油柜之间相通，这些气体可能污染主油箱的油，并导致错误判断，测定 C_2H_2/H_2 比值有助于对这种情况的判断。

当特征气体超过注意值时，若 C_2H_2/H_2 大于 2（最好用增量进行计算），认为是有载分接开关油（气）污染造成的，这种情况可利用比较主油箱和储油柜的油中气体含量来确定。由于氢气容易逸散，乙炔则容易溶于油中而不易散掉，这时会造成乙炔的含量大于氢气的含量。气体比值和 C_2H_2 含量决定于有载分接开关的操作次数和产生污染的方式（通过油或气）。

（三）O_2/N_2 比值

通常油中溶解一定量的空气，空气的含量与油的保护方式有关。在开放式变压器中，油被空气所饱和，含气量约占油总体积的 10%，由于溶解度的影响，其中氧的含量约为 30%，氮的含量约为 70%；经真空滤油的新密封式变压器中，一般含气量在

1‰～3‰，也以这个比例存在于油中。在设备内，考虑到 O_2 和 N_2 的相对溶解度，空气溶解在油中，O_2/N_2 比值接近 0.5；变压器设备运行中由于油的氧化或纸的老化会造成 O_2 的消耗，这个比值可能降低，因为 O_2 的消耗比扩散更迅速；负荷和保护系统也可影响这个比值；对开放式设备，当 $O_2/N_2 < 0.3$ 时，一般认为是氧被极度消耗的迹象；对密封良好的设备，由于 O_2 的消耗，O_2/N_2 的比值会低于 0.5 或更低。变压器设备运行中可能发生：

(1) 总含气量增长，氧的含量也随之增高。如果不是取样或分析过程中引进的误差，则可能是隔膜或附件泄漏所致。一段时间后有可能导致油中溶解空气过饱和，当负荷、温度变化时，就会释放出气体，有可能引起气体继电器动作而报警。

(2) 如果总含气量增长，而氧的含量却很低，甚至有时因氩气的影响而出现负峰时，则设备内部可能存在故障。

对充氮式变压器，当负荷和环境温度变化而使油温变化时，不会使油中氧的含量有明显的变化。当总含气量和氧含量明显增加时，可能是充氮系统密封不良或防爆膜龟裂，应查明原因。

无论哪种保护方式，当设备内部存在热点时，分解气体不仅使油中总含气量增加，而且由于氧化作用加速消耗氧，使油中氧的含量不断降低。随着故障的严重化，高浓度的故障特征气体还会将油中的部分氧置换出来，氧很难通过油来得到补充，就会导致油中的氧不断降低。实践证明，故障持续的时间越长，油中总含气量就越高，氧的含量就会越低。

（四）气体比值图示法

利用气体的三对比值，在立体坐标图上建立的立体图，该法可方便直观地看出不同类型故障的发展趋势，如图 1-7 所示。利用 CH_4、C_2H_2 和 C_2H_4 的相对含量，在三角形坐标图上判断故障类型的方法也可辅助这种判断，如图 1-8 所示。气体比值图示法对在三比值法或溶解气体解释表中给不出诊断的情况下是很有用的，因为它们在气体比值的极限之外。使用如图 1-7 所示的最接近未诊断情况的区域，容易直观地注意这种情况

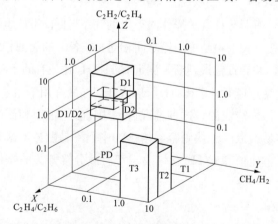

图 1-7　立体图示法

PD—局部放电；D1—低能放电；D2—高能放电；T1—热故障，$t < 300℃$；
T2—热故障，$300℃ < t < 700℃$；T3—热故障，$t > 700℃$

的变化趋势，而且在这种情况下，大卫三角法总能提供一种诊断，如图 1-8 所示。

（五）油中糠醛含量检测分析法

当怀疑纸绝缘纸或纸板过度老化时，应参照 DL/T 984—2018《油浸式变压器绝缘老化判断导则》适当测试油中糠醛含量，或在可能的情况下测试纸的聚合度。研究表明，纤维素纸或纸板热降解时，纤维素分子链断裂，其聚合度降低。测试纸聚合度降低的程度可以判断纤维素材料的老化程度，这是从 20 世纪 60 年代就开始应用的经典方法，然而取纸或纸板样品并不总是可能的。从 80 年代初开始，进一步研究表明，当纤维素分子链断裂时，除了

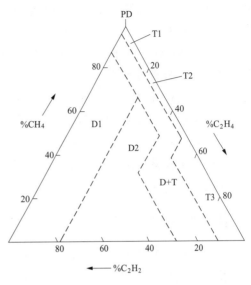

图 1-8　大卫三角形法

生成 CO 和 CO_2 并使其聚合度降低以外，同时还生成呋喃及其衍生物。糠醛即呋喃甲醛，是其衍生物之一。根据国内外今年来的研究表明，油中的糠醛含量与代表绝缘纸老化的聚合度之间有较好的线性关系，关系式为

$$\log(F_a) = 1.51 - 0.0035D \tag{1-9}$$

式中　F_a——糠醛含量，mg/L；

　　　D——纸的聚合度。

油中糠醛含量随着变压器运行时间的增加而上升，存在如下关系式：

$$\log(F_a) = -1.31 + 0.05T \tag{1-10}$$

式中　F_a——糠醛含量，mg/L；

　　　T——运行年限。

油中糠醛含量超过此关系式的极限值为非正常值，应引起注意。

糠醛含量结合气相色谱分析可以在已知变压器内部故障时进一步判断是否涉及固体绝缘。油中糠醛含量虽能反映绝缘老化状况，但是测试结果会受多种因素影响，因此，设备在运行过程中可能出现糠醛含量波动。主要有以下影响因素：

（1）糠醛在油和纸之间的平衡关系受温度影响。变压器运行温度变化时，油中糠醛含量会随之波动。

（2）变压器进行真空滤油处理时，随着脱气系统真空度的提高、滤油温度的升高、脱气时间的增加，油中糠醛含量相应下降。变压器油经过某些吸附剂处理后，油中糠醛全部消失。

（3）变压器油中放置硅胶（或其他吸附剂）后，由于硅胶的吸附作用，油中糠醛含量明显下降。装有净油器的变压器，油中糠醛含量随吸附剂量和吸附剂更换时间的不同而有不同程度的下降，每次更换吸附剂后可能出现一个较大降幅。

（4）变压器更换新油或油经处理后，纸绝缘中仍然吸附有原变压器油。这时，油中

糠醛含量先大幅度降低，然后由于纸绝缘中的糠醛向油中扩散，油中糠醛含量逐渐回升，最后达到平衡。

针对上述情况，为了弥补由于更换新油或油处理造成变压器油中糠醛含量降低，影响连续监测变压器的绝缘老化状况，应当在更换新油或油处理前以及之后数周各取六个油样品，以便获得油中糠醛的变化数据；对于非强油循环冷却的变压器，油处理后可适当推迟取样时间，以便使糠醛在油纸之间达到充分的平衡，并将换油或油处理前后的糠醛变化差值计算进去；对于需要重点监视的变压器应当定期测定糠醛含量，观察变化趋势，一旦发现糠醛含量高，就应引起重视。在连续监测中，测到糠醛含量高而后又降低，往往是受干扰所致。

四、故障状况的评估

油中溶解气体分析的目的是：①了解设备的现状；②了解发生异常的原因；③预测设备未来的状态。如能做到这些，就可以将设备维修方式由传统的定期预防性维修改变为针对设备状态的有目的的检修。因此在判断出有故障之后，进一步的工作是对设备状况进行评估，提供故障严重程度和发展趋势的信息；根据产气速率可以初步了解故障的严重程度，还可以进行热点的温度、故障的功率以及油中气体的饱和程度的估算等。这些信息可作为制定合理的维护措施的重要依据，以便综合考虑安全和经济两方面的因素，做到既防患于未然，又不致盲目停电检修或盲目地对油进行脱气，造成人力、物力的浪费。

（一）故障源热点温度的估算

油裂解后的产物与温度有关，温度不同产生的特征气体也不同，反之，知道了故障下油中产生的有关各组分气体的浓度，就可估算故障源的温度。关于热点的推定，国内外已有不少研究报道，但要准确判定热点温度是困难的。对于有绝缘纸存在的绝缘油，当热点温度高于 400℃ 时，日本月冈淑郎等人推荐了下述经验公式来估算热点温度 $t(℃)$。

$$t = 322\lg\frac{C_{C_2H_4}}{C_{C_2H_6}} + 525 \tag{1-11}$$

式中　$C_{C_2H_4}$——C_2H_4 的体积分数，$\mu L/L$；

　　　$C_{C_2H_6}$——C_2H_6 的体积分数，$\mu L/L$。

当涉及固体绝缘时，按照以下经验公式来估算固体绝缘受热温度：

300℃ 以下时为

$$t = -241\lg\frac{C_{CO_2}}{C_{CO}} + 373 \tag{1-12}$$

300℃ 以上时为

$$t = -1196\lg\frac{C_{CO_2}}{C_{CO}} + 660 \tag{1-13}$$

式中　C_{CO_2}——CO 的体积分数，$\mu L/L$；

C_{CO}——CO 的体积分数，$\mu L/L$。

（二）故障功率的估算

绝缘油热裂解需要的平均活化能约为 210kJ/mol，即油热解产生 1mol 体积（标准状态下为 22.4L）的气体需要吸收热能为 210kJ，则每升热解气体所需要的能量理论为

$$Q_1 = \frac{210}{22.4} = 9.38(\text{kJ}) \tag{1-14}$$

由于温度不同，油裂解实际消耗的热量一般大于理论值。若裂解时需要吸收的理论热量为 Q_i，实际需要吸收的热量为 Q_p，则热解效率系数为

$$\varepsilon = \frac{Q_i}{Q_p} \tag{1-15}$$

若已知单位故障时间的产气量，故障功率 P 可以应用由热解效率概念导出的式（1-16）估算。

$$P = \frac{Q_i v}{\varepsilon H}(\text{kW}) \tag{1-16}$$

式中 Q——理论热值，9.33kJ/L；

v——故障时间内产气量，L；

H——故障持续时间，s；

ε——热解效率系数。

ε 可以查热解效率系数与温度关系的曲线得出，如图 1-9 所示，为计算方便，也可采用根据该曲线推定出的近似式式（1-17）和式（1-18）计算。

铁芯局部过热为

$$\varepsilon = 10^{0.00988t-9.7} \tag{1-17}$$

绕组层间短路为

$$\varepsilon = 10^{0.00686t-5.88} \tag{1-18}$$

式中 t——故障点热源温度，℃。

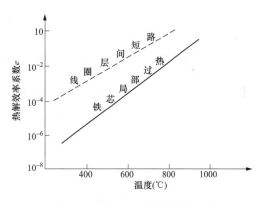

图 1-9 热解系数与温度的关系

值得注意的是，由于实际故障产气速率的计算误差较大，特别是对于开放式变压器，又由于故障气体不断地逸出，因此故障能量估算可能偏低。

（三）油中气体饱和水平和达到饱和释放所需时间的估算

一般情况下，气体溶于油中并不妨碍变压器的正常运行。但是如果油被气体所饱和，就会有某些游离气体以气泡形态释放出来，这是危险的，特别是在超高压设备中，可能在气泡中发生局部放电，甚至导致绝缘闪络。因此，即使对故障较轻而正在产气的变压器，为了监视不发生气体饱和释放，也应根据油中气体分析结果，估算溶解气体的饱和水平。当油中全部溶解气体（包括 O_2、N_2）的分压力总和与外部气体压力相当时，气体将达到饱和状态。一般饱和压力相当于 1 个标准大气压，即 101.3kPa，根据此理

论估算气体进入继电器所需的时间。当设备外部压力为101.3kPa时，油中溶解气体的饱和值可由式（1-19）近似计算。

$$S_{at}(\%) = 10^{-4} \sum \frac{c_i}{K_i} \qquad (1\text{-}19)$$

式中　K_i、c_i——包括 O_2、N_2 在内的各气体组分的奥斯特瓦尔德系数和该组分在油中的体积分数，$\mu L/L$；

　　　$S_{at}(\%)$——溶解气体的饱和程度。

当 $S_{at}(\%)$ 接近 100% 时，即油中气体近于饱和状态，可按式（1-19）估算达到饱和时所需的时间。

$$t = -\frac{1 - \sum \frac{c_{i2}}{K_i}}{\sum \frac{c_{i2} - c_{i1}}{K_i \Delta t}} \qquad (1\text{-}20)$$

式中　t——达到饱和所需的时间，月；

　　　c_{i1}——组分 i 第一次分析体积分数值，$\mu L/L$；

　　　c_{i2}——组分 i 第二次分析体积分数值，$\mu L/L$；

　　　Δt——两次分析间隔的时间，月；

　　　K_i——组分的奥斯特瓦尔德系数。

为了可靠地估算油中气体达到饱和的时间，准确测定油中氧、氮的含量是很重要的。如果没有测定氮的含量，则可近似地取氮的饱和分压为0.8标准气压。这时，总可燃气和二氧化碳的饱和分压等于0.8～1，则式（1-20）可改写为

$$t = \frac{0.2 - \sum \frac{c_{i2}}{K_i}}{\sum \frac{c_{i2} - c_{i1}}{K_i \Delta t}} \qquad (1\text{-}21)$$

必须注意：

（1）严格讲，式（1-19）～式（1-21）仅适用于静态平衡状态，而运行中的变压器，由于铁芯振动和油泵运转等因素的影响，变压器都处于动态平衡状态，因此油中气体释放往往出现在溶解气体总分压略低于1个标准大气压（一般在0.9～0.98）的情况下。

（2）由于实际上故障的发展往往是非匀速的，因而在故障发展的情况下，估算出的时间可能比实际油中气体达到饱和的时间要长。因此在追踪分析期间，应随时根据最大产气速率重新进行估算，并根据新的分析结果修正报警。

（四）故障部位的判断

从油色谱数据本身不能准确判断故障点的准确部位，只能根据经验及产气特征的某些差异并结合其他电气试验结果来综合分析，不同的故障部位在数据结构上将体现出某些差异出来。

（1）当故障在导电回路时，往往有 C_2H_2，且含量较高，C_2H_4/C_2H_6 的比值也较高，C_2H_4 的产气速率往往高于 CH_4 的产气速率；磁路故障一般不产生 C_2H_2，即使产

生 C_2H_2 其浓度一般在 $4\mu L/L$ 以下，占总烃含量的 $0.5\%\sim1\%$；而且 C_2H_4/C_2H_6 的比值也较小，绝大多数情况下该比值为 6 以下。

（2）对故障点部位判断需要结合运行、检修和其他试验结果进行综合判断。当油色谱试验判断设备内部存在放电故障时，可以用局部放电试验的定位技术来确定故障部位；对于过热故障可以结合直流电阻测试、变比测试和单相空载试验等来进行综合判断，具体可参考表 1-30 来进行；对设备附件过热，如潜油泵磨损发热可以通过故障期间从声音辨别以及从出口端取油样分析比较。

表 1-30 判断故障时推荐的其他试验项目

变压器的试验项目	油中溶解气体分析结果	
	过热性故障	放电性故障
绕组直流电阻	√	√
铁芯绝缘电阻和接地电流	√	√
空载损耗和空载电流测量或长时间空载	√	√
改变负载（或用短路法）试验	√	
油泵及水冷却器检查试验	√	√
有载分接开关油箱渗漏检查		√
绝缘特性（绝缘电阻、吸收比、极化指数、tanδ、泄漏电流）		√
绝缘油的击穿电压、tanδ、含水量		√
局部放电（可在变压器停运或运行中测量）		√
绝缘油中糠醛含量	√	
工频耐压		√
油箱表面温度分布和套管端部接头温度	√	

（3）充分利用设备各部位的取油阀，从不同部位取样，进行油色谱试验，比较各样品油中气体浓度的差异，作为故障部位判断的一个参考。例如变压器有上、中、下三个部位取油阀，虽然故障气体在油中不断进行溶解扩散运动，但每个部位的取油阀所取的油样溶解气体含量仍存在着一定的差异性，离故障点部位最近的取油阀故障气体的含量最高。

五、判断故障的步骤

判断充油电气设备内部故障一般有以下几个步骤：通过对油中溶解气体组分含量的测试结果进行分析，判断设备是否有故障；在确定设备确有故障后，判断故障的类型；判断故障的发展趋势和严重程度；提出处理措施和建议。故障判断具体流程如图 1-10 所示。

（一）设备有无故障的判断

（1）出厂和新投运的设备。按规定进行测试并与表 1-8 比较，设备油中各气体含量

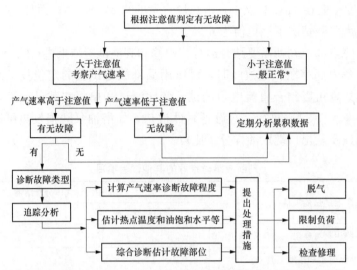

注：对于运行中的设备小于注意值一般正常，若是新投运或重新注油的设备，
　　短期内各种气体迅速增加，但尚未超过注意值，也可判定有异常。

图 1-10　故障判断流程图

应符合要求，并注意积累数据。当根据试验结果怀疑有故障时，应结合其他检查性试验进行综合判断，查找出试验异常的原因并消除后，方可出厂或投运。

（2）运行中的设备。将试验结果的几项主要指标（总烃、甲烷、乙炔、氢）与表1-9列出的油中溶解气体含量注意值作比较，同时注意产气速率与表1-20列出的产气速率注意值作比较。短期内各种气体含量迅速增加，但尚未超过表1-9中的数值，也可判断为内部有异常状况；有的设备因某种原因使气体含量基值较高，超过表1-9的注意值，但长期稳定，仍可认为是正常设备。

（二）判断故障的类型

当认为设备内部存在故障时，可用特征气体法、三比值法以及上述的其他方法对故障类型进行判断。对一氧化碳和二氧化碳的判断按 CO_2/CO 比值法进行，以确定故障是否涉及固体绝缘材料。

（三）判断故障的发展趋势和严重程度

（1）利用平衡判据法确定故障的发展趋势。当气体继电器内出现气体时，使用平衡判据。具体方法见本章第四节"油中溶解气体分析方法在气体继电器中的应用"中的内容。

（2）利用产气速率法确定故障的发展趋势。产气速率与故障消耗的能量大小、故障部位和故障点的温度等情况有直接的关系。计算产气速率可以对故障的严重性做进一步的评估。绝对产气速率和相对产气速率的计算方法见前文。

（3）故障状况评估。故障类型确定后，通过估算热点温度、故障功率、油中气体饱和水平和达到饱和释放所需时间，进一步判断故障的发展趋势和严重程度，估算方法见本书上节内容；根据油中溶解气体分析结果以及其他检查性试验（如测量绕组直流电阻、空载特性试验、绝缘试验、局部放电试验和测量微量水分等）的结果，并结合该设备的结构、运行、检修等情况，综合分析，判断故障的性质及部位。

（四）提出处理措施

根据具体情况对设备采取不同的处理措施（如缩短试验周期，加强监视，限制负荷，近期安排内部检查，立即停止运行等）。确诊设备内部存在故障时，提出的建议要根据故障的危险性，设备的重要性及负荷需求等情况，并同时考虑安全和经济性来制定合理的故障处理意见，设备故障处理意见包括油脱气处理、限制负荷和内部检查检修等。

对于某些热故障，一般不应盲目地建议进行吊罩内部检修，首先考虑通过缩短试验周期来监测油中气体含量的变化，具体见本书检测周期中的特殊检测部分（见第一章第二节）；其次应考虑这种故障是否可以采取油脱气处理或改善冷却条件，或限制负荷等措施来予以缓和或控制其发展。事实上，有些热性故障是设计结构上的原因，根本无法修理。有的故障即使吊罩吊芯检查也难以找到故障源。不少实例说明，某些存在热故障的设备，采取改善冷却条件、限制负荷等措施后，只要油中溶解气体未达到饱和，即使不吊罩检修也能达到安全运行；采取的措施不当，会造成人力和物力的浪费。

判断出设备故障严重和发展速度快的，如高能量放电故障，应当要求立即停运检查，查找出故障点并完成检修后方可继续投入运行。

充油电气设备典型故障举例见表1-31～表1-33，供参考。

表 1-31　　　　　　　　　　　变压器（电抗器）的典型故障

故障性质	典型故障
局部放电	（1）纸浸渍不完全，纸湿度高。 （2）油中溶解气体过饱和或气泡。 （3）油流静电导致的放电
低能量放电	（1）不同电位间连接不良或电位悬浮造成的火花放电。如：磁屏蔽（静电屏蔽）连接不良、绕组中相邻的线饼间或匝间以及连线开焊处或铁芯的闭合回路中的放电。 （2）木质绝缘块、绝缘构件胶合处、以及绕组垫块的沿面放电，绝缘纸（板）表面爬电。 （3）环绕主磁通或漏磁通的两个邻近导体之间的放电。 （4）选择开关极性开关的切断容性电流。 （5）穿缆套管中穿缆和导管之间的放电
高能量放电	局部高能量的或有电流通过的闪络、沿面放电或电弧。如：绕组对地、绕组之间、引线对箱体、分接头之间的放电
过热 $t<300℃$	（1）变压器在短期急救负载状态下运行。 （2）绕组中油流被阻塞。 （3）铁轭夹件中的漏磁
过热 $300℃<t<700℃$	（1）连接不良导致的过热。如：螺栓连接处（特别是低压铝排）、选择开关动静触头接触面、以及引线与套管的连接不良导致的过热。 （2）环流导致的过热。如：铁轭夹件和螺栓之间、夹件和矽钢片之间、铁芯多点接地形成的环流导致的过热，以及磁屏蔽的不良焊接或不良接地导致的过热。 （3）绕组中多股并绕的相邻导线之间绝缘磨损导致的过热
过热 $t>700℃$	（1）油箱和铁芯上的大的环流。 （2）矽钢片之间短路

表 1-32 套管的典型故障

故障类型	举 例
局部放电	（1）纸受潮、不完全浸渍。 （2）油的过饱和或污染，或 X-蜡沉积物污染。 （3）纸有皱褶造成的充气空腔中的放电
低能量放电	（1）电容末屏连接不良引起的火花放电。 （2）静电屏蔽连接不良引起的电弧。 （3）纸沿面放电
高能量放电	（1）在电容屏局部击穿短路。局部高电流密度可使铝箔局部熔化、但不会导致套管爆炸。 （2）电容屏贯穿性击穿具有很大的破坏性，会造成设备损坏或爆炸，而在事故之后进行油中溶解气体分析一般是不可能的
热故障 $300℃ < t < 700℃$	（1）由于污染或不合理地选择绝缘材、引线与高压料引起的高介质损耗，从而造成纸绝缘中的环流，并造成热崩溃。 （2）引线和穿缆套管导管之间的环流引线接触不良引起的过热

表 1-33 互感器的典型故障

故障类型	举 例
局部放电	（1）纸受潮、不完全浸渍，油的过饱和或污染，或纸有皱褶造成的充气空腔中的放电。会生成 X-蜡沉积，并导致介质损耗增加。 （2）附近变电站开关操作导致局部放电（电流互感器）。 （3）电容元件边缘上的过电压引起的局部放电（电容型电压互感器）
低能量放电	（1）电容末屏连接不良引起的火花放电。 （2）连接松动或悬浮电位的引起的火花放电。 （3）纸沿面放电。 （4）静电屏蔽连接不良导致的电弧
高能量放电	（1）电容屏局部击穿短路。局部高电流密度可使铝箔局部熔化。 （2）电容屏贯穿性击穿具有很大的破坏性，会造成设备损坏或爆炸，而在事故之后进行油中溶解气体分析一般是不可能的
过热	（1）X-蜡的污染、受潮或错误的选择绝缘材料，都可引起纸的介质损耗过高，从而导致纸绝缘中产生环流，并造成绝缘过热和热崩溃。 （2）触点接触不良或焊接不良。 （3）铁磁谐振造成电磁互感器过热
过热	在矽钢片边缘上的环流

油中溶解气体分析方法在气体继电器中的应用

由油中气体溶解、扩散和释放的基本规律可知，溶解于油中的无论是空气还是内部故障产生的气体，达到过饱和状态或临界饱和状态时，在温度或压力变化的情况下，会以气泡的形态释放出来进入气体继电器。或者是当充油设备内部存在突发故障时，产生大量故障气体，产气速率大于溶解速率，气体就会聚集成游离气体进入气体继电器，严重的甚至引起气体继电器动作。气体继电器动作的部分原因和故障推断见表1-34。

表 1-34　　　　　　　　　　　　气体继电器的动作原因及故障推断

序号	动作类别	油中气体	自由气体	动作原因	故障推断
1	重瓦斯动作	空气成分、CO、CO_2 稍有增加	无游离气体	$260 \sim 400\,^{\circ}\mathrm{C}$ 时油的气化	大量金属加热到 $260 \sim 400\,^{\circ}\mathrm{C}$ 时，即接地事故、短路事故绝缘受损伤时
2	轻瓦斯动作	空气成分、CO、CO_2 和 H_2 较高	有游离气体、有少量 CO 和 H_2	铁芯强烈振动和导体短时过热	过励磁时（如系统振荡时）
3	重瓦斯动作	空气成分	无游离气体	继电器安装坡度校正不当，或储油柜与防爆筒无连通管的设备防爆膜安放位不对	无故障
4	轻重瓦斯同时动作	空气成分、氧含较高	有游离气体、空气成分	补油时导管引入空气，或安装时油箱死角空气未排尽	无故障
5	重瓦斯动作	空气成分	无游离气体	地面强烈振动，如地震或继电器结构不良	无故障
6	轻重瓦斯同时动作	空气成分	无游离气体	气体继电器进出油管直径不一致造成压差或强油循环变压器散热器阀门关闭	无故障
7	轻瓦斯动作	空气成分	无游离气体	继电器触点短路	继电器外壳密封不良，进水造成触点短路
8	轻瓦斯动作，放气后立即动作，越来越频繁	总气量增高，空气成分，氧含量高，H_2 略增，有时可见油中有气泡	大量气体，空气成分，有时 H_2 略高	附件泄漏引入大气（严重故障）	变压器外壳、管道、气体继电器、潜油泵等漏气
9	轻瓦斯动作，放气后每隔几小时动作			附件泄漏引入大气（中等故障）	
10	轻瓦斯动作，放气后较长时间动作			附件泄漏引入大气（轻微故障）	
11	轻瓦斯动作，投运初期次数较多，有时持续达半月之久	总气量很高，氧含量很高，有时 H_2 略增	有游离气体，空气成分，有时有少许 H_2	油中气体饱和温度和压力变化释放气体（常发生在深夜）	安装工艺不良，油未脱气和未真空注油

序号	动作类别	油中气体	自由气体	动作原因	故障推断
12	轻瓦斯动作	空气成分，氧含量正常	无游离气体	负压下油位过低（在温度和负荷降低或深夜时）	隔膜不能活动自如，或油位太低时
13		空气成分，氧含量很低，总气量很低			变压器呼吸器堵塞不畅
14	轻瓦斯动作，几小时或十几小时动作一次	总含气量高，含氧量低，总烃高，C_2H_2 和 CO 不高	有游离气体，无 C_2H_2，CO 少和 CH_4 高	油热分解（300 ℃以上）产气，溶解达到饱和	过热性（慢性）故障，存在时间较长
15		总含气量高，含氧量低，总烃高，CO_2 和 CO 也高	有游离气体，无 C_2H_2、CO_2、H_2 较高，CO 很高	油纸绝缘分解产气，饱和释放	过热性故障热点涉及固体绝缘，存在时间较长
16	轻、重瓦斯同时动作	总含气量高，含氧量低，总烃和 CO_2 高，C_2H_2 很高，有时 CO 并不突出	有大量游离气体，CO、H_2、CH_4 均高	油纸绝缘分解产气，不饱和释放	电弧放电（匝、层间击穿，对地闪络等）
17		总含气量高，含氧量低，总烃和 CO_2 高，但 CO 不高	有大量游离气体，H_2、CH_4、C_2H_2 高，但 CO 不高	油热分解产气，不饱和释放	电弧放电未涉及固体绝缘（多见于分接开关飞弧）

所有故障的产气速率均与故障的能量释放紧密相关。大致可分为三种情况：

（1）对于能量较低、气体释放缓慢的故障（如低温热点或局部放电），所生成的气体大部分溶解于油中，就整体而言，基本处于平衡状态。

（2）对于能量较大（如高温过热或火花放电等），产气速率发展较快的故障，当产气速率大于溶解速率时可能形成气泡。在气泡上升的过程中，一部分气体溶解于油中并与已溶解于油中的气体进行交换，改变了所生成气体的组分和含量，未溶解的气体和油中被置换出来的气体最终进入气体继电器而积累。当气体积累到一定程度后气体继电器将动作发出信号。

（3）对于有高能量的电弧性放电故障，迅速生成大量气体，所形成的大量气泡迅速上升并聚集在气体继电器内，引起气体继电器动作。这时生成的气体几乎没有机会与油中溶解气体进行交换，因而远没有达到平衡。

如果气体长时间留在继电器中，某些组分，特别是油中溶解度大的组分（如电弧性故障产生的乙炔），很容易溶于油中，从而改变继电器里的自由气体组分，进而导致错误的判断结果。因此当气体继电器发出信号时，除应立即取气体继电器中的自由气体进行油色谱分析外，还应同时取油样进行溶解气体分析，并比较油中溶解气体和继电器中的自由气体的组分浓度，根据平衡判据原理诊断自由气体与溶解气体是否处于平衡状态，进而可以判断故障的发展速度与趋势。比较气体体积分数的方法是：首先把游离气体中各组分的浓度值利用各组分的奥斯特瓦尔德系数 K_i 计算出平衡状况下油中溶解气体的理论值，再与从油样分析中得到的溶解气体组分的浓度实测值进行比较。比较气体体积分数的计算式为

$$C_{il} = K_i C_{ig} \tag{1-22}$$

式中　C_{il}——油中溶解气体组分 i 浓度的理论值，μL/L；

　　　C_{ig}——继电器内部油中溶解气体组分 i 浓度的理论值，μL/L；

　　　K_i——气体组分 i 的奥斯特瓦尔德系数。

1）如果理论值和油中溶解气体的实测值相近，可认为气体是在平衡条件下放出来的。国际电工委员会 IEC 文件提出（理论值/实测值）比值为 0.5～2.0，可视为达到平衡状态。这里有两种可能：一是特征气体各组分浓度均很低，说明设备是正常的，应查明这些非故障气体的来源及继电器动作的原因；二是溶解气体浓度实测值略高于理论值，则说明设备存在产生气体较缓慢的潜伏性故障。

2）如果理论值明显超过油中溶解气体的实测值，说明释放气体较多，设备内部存在产生气体较快的故障。应进一步根据产气量与产气速率评估故障的严重程度与危害性。

（4）判断故障类型的方法原则上与油中溶解气体相同，但是应将游离气体浓度换算为平衡状况下的溶解气体浓度，然后计算比值。

应用气液平衡判据法判断设备是否存在故障时，应注意：

（1）在判断变压器内部是否存在故障时，仍需结合油中溶解气体浓度实测值或游离气体换算到油中浓度的理论值是否出现异常进行判断。

（2）变压器重瓦斯动作发生跳闸后，绝缘油将停止循环，故障点附近油中的高浓度故障气体向四周扩散的速度就变得很慢。若故障持续时间很短，故障点距离取样部位较远，则取样与跳闸的间隔时间越短，油样中故障气体含量就越低，而此时气体继电器中的故障气体因回溶较少其组分浓度会越高；反之，随着时间推移，油样中故障气体含量会慢慢变高，瓦斯气体中的故障气体组分由于向油中回溶而使其在气体中的浓度会变低，气体换算到油中的理论值与油样实测值的差距就会缩小。

（3）现场的大量统计结果表明，若根据色谱分析和平衡判据判明变压器内部无故障，则气体继电器动作绝大多数是由于变压器进入空气所致。造成进气的原因主要有：密封垫破裂、法兰结合面变形、强迫油循环冷却系统进气、油泵堵塞等。其中油泵滤网堵塞所造成的轻瓦斯动作是近年来较为常见的故障。因此，为了防止无故障情况下变压器气体继电器的频繁动作，在变压器运行中，必须保持潜油泵的入口处于微正压，以免产生负压而吸入空气；同时应对变压器油系统进行定期检查和维护，清除滤网的杂质，更换胶垫，保证油系统通道的顺畅和系统的严密性。

（4）在变压器安装检修时，吊罩中注油和抽真空的工艺要求不严，投运后也可能因油中空气含量大引起轻瓦斯频繁动作。

【实例】　某热电厂一台主变压器（型号为 S9-20000/110）在投运后不久，就发生轻

气体保护动作，且动作次数随运行时间的增长逐渐变得频繁。针对该情况，运行人员曾对气体继电器采取放气措施，但并未解决问题。为进一步判断异常原因，取油样、气样进行了气相色谱分析，结果见表 1-35。

表 1-35　　　　　　　　　主变压器油、气试验结果（μL/L）

样品	H_2	CH_4	C_2H_6	C_2H_4	C_2H_2	总烃	CO	CO_2
本体油样	1400	7550	5120	19370	124	32164	340	9790
瓦斯气	28800	44700	2900	25800	1500	74900	6200	85300
瓦斯气折算到油中理论值	1728	17400	6670	37668	1530	63268	744	78476

从表 1-35 可知，该变压器油中 H_2、C_2H_2 和总烃含量均大幅超过注意值，特别是总烃含量接近注意值的 214 倍，且瓦斯气中的 H_2 和烃类气体浓度折算到油中的理论值大于油中实测值，表明变压器内部已存在较严重故障。应用三比值法判断，得到编码组合为"022"，为对应于 700℃ 以上的高温过热故障。随后，厂家对该变压器进行检查，在直流电阻测量时，发现其中一相分接头接触电阻很大。据检查结果，认为故障是由该分接头接触不良导致过热引起，在运行过程中，故障持续发展，造成分接头严重烧伤。

第二章

过 热 故 障

过热故障案例 1

1. 设备情况简介

某电厂 500kV 主变压器，由 3 台 378MVA 的单相变压器组成。2004 年 12 月 16 日，在对 2 号主变压器油样进行定期油色谱分析时，发现 2 号主变压器 B 相油中出现 0.54μL/L 的乙炔，同时氢气含量 15.87μL/L，总烃含量 99.27μL/L，与 A、C 两相相比明显偏高（约为 A、C 相的两倍）。

2. 故障分析

事件发生后，根据三相结果对比，以及按照三比值法计算的对应编码组合为 0、2、1，判断变压器内部可能存在中温过热型故障（热点温度在 300~700℃）。之后，对主变压器 B 相每天取两次油样跟踪分析，以监督变压器的运行工况。主变压器 B 相油中溶解气体分析结果见表 2-1，可以看出气体含量在近半月内无明显变化。

表 2-1 主变压器 B 相油中溶解气体分析结果（μL/L）

时间	H_2	CH_4	C_2H_6	C_2H_4	C_2H_2	总烃	CO	CO_2
2004 年 12 月 16 日	15.9	38.2	23.3	37.2	0.5	99.3	77.7	892.6
2004 年 12 月 18 日	16.0	40.3	25.3	42.6	0.6	108.7	83.4	940.7
2004 年 12 月 20 日	17.2	41.7	19.1	37.7	0.6	99.2	84.5	975.6
2004 年 12 月 24 日	18.3	45.1	20.9	40.8	0.5	107.3	85.1	1112.0
2004 年 12 月 28 日	15.8	37.6	16.9	33.5	0.5	88.4	73.6	886.1
2004 年 12 月 29 日	16.2	37.7	17.3	34.0	0.4	89.4	74.0	918.9

3. 故障确认及处理

变压器油色谱分析中主要成分为 C_2H_4、CH_4、C_2H_6、C_2H_2，依照经验分析 C_2H_4 较高是铁芯多点接地的特征表现。

变压器铁芯结构如图 2-1 所示，铁芯采用分半设计，在两半之间装有 3 个绝缘板。对变压器铁芯各个部分之间分别测量绝缘。

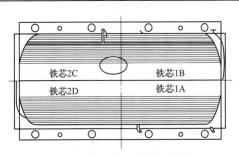

图 2-1 变压器铁芯结构（俯视图）

以确定故障隐患所在。当将铁芯 1 和铁芯 2 两部分连接片分开后。对变压器铁芯各个部分之间分别测量绝缘，绝缘检测结果见表 2-2。

表 2-2　　　　变压器铁芯之间的绝缘检测结果（2500V，要求大于或等于 5M）

测量仪表	铁芯 1A/1B	铁芯 1A/2C	铁芯 1A/2D	铁芯 1B/2C	铁芯 1B/2D	铁芯 2C/2D
万用表	10.00MΩ	5.4MΩ	∞	25.60Ω	∞	∞
绝缘电阻表	36.00MΩ	189.00MΩ	38.10MΩ	35.00MΩ	131.00MΩ	6.32MΩ

从表 2-2 的结果看，铁芯 1B 和铁芯 2C 之间存在 25.6Ω 的电阻，使得变压器整体铁芯形成了两点接地，依此形成的短路环流在这短路处产生局部过热，存在绝缘缺陷。

由于变压器的结构设计特点，在对低部凹槽内的铁芯定位上，通过对两台变压器解体检查均发现在侧面的定位垫块脱落，但定位螺栓并没有变形或改变位置。因此，一方面，故障的最大可能是铁芯变形所造成，而铁芯之所以会发生变形是由于铁芯采用分半设计时，在两半之间采用的 3 个绝缘板并不能够有效地阻止铁芯局部变形，在变压器运输过程中或变压器运行振动影响下这种结构设计会表现出缺陷；另一方面，这种设计在变压器装配好后异物是很难进入两铁芯之间第 1 个绝缘板的下部，但如果制造过程有金属屑遗留在两半铁芯之间，则很难处理。2 号主变压器自运行以来，这次大修是变压器的第 1 次大修，所以，变压器内部的故障是制造过程所产生的隐患，或者是设计方面存在不足，使得变压器在运行后逐渐发展形成。

鉴于目前故障特征比较轻微，所以突发故障的可能性不大，经专家讨论分析确定，该变压器继续保持运行，并连续跟踪油色谱含量的变化情况，分析和监督故障的发展和变化趋势，根据状态检测情况决定变压器是否连续运行或停机检修（设有备用变压器）。

⚙ 过热故障案例 2

1. 设备情况简介

2012 年 11 月，某电厂发现变压器总烃含量增长明显，并含有微量 C_2H_2；2013 年 2 月总烃含量达到 165.82μL/L，超过注意值；2013 年 4 月总烃含量缓慢下降且接近注意值；2013 年 7 月总烃含量再次增长，达到 236.6μL/L；之后，缩短油色谱试验周期，至诊断性试验前，总烃含量一直在 240μL/L 上下波动，基本处于稳定状态；变压器平均负荷在 30%～45% 之间，铁芯电流稳定在 0.4mA 左右，红外测温未发现明显过热点。

2. 故障分析

对变压器最近 2 次的试验结果进行具体分析，各气体组分的绝对产气速率为：

$\gamma_a(H_2)$＝5.26mL/d＜10mL/d（注意值）；γ_a（总烃）＝91.62mL/d＞12mL/d（注意值）；$\gamma_a(C_2H_2)$＝0.06mL/d＜0.2mL/d（注意值）；$\gamma_a(CO)$＝383mL/d＞100mL/d（注意值）；$\gamma_a(CO_2)$＝1578mL/d＞200mL/d（注意值）。

由以上计算结果可以看出，总烃、CO 和 CO_2 的产气速率均大大超过规程（DL/T 722—2014《变压器油中溶解气体分析和判断导则》）中规定的注意值。

用三比值法综合分析判断，则 $C_2H_2/C_2H_4 = 0.002$，$CH_4/H_2 = 3.32$，$C_2H_4/C_2H_6 = 6.04$。三比值法编码为"022"，结合其他故障判断方法（如导则法、改良电协法等），初步判断为高于 700℃ 的严重高温过热故障。结合 C_2H_4、CO、CO_2 等含量增长比较明显，且伴有少量 H_2、C_2H_2 产生的情况，尤其是总烃含量增长比较明显，总烃的相对产气速率达到了 62.78% 等情况，判断设备存在悬浮电位接触不良、导电回路接触不良现象或者结构件或电、磁屏蔽等形成短路环的情况。

3. 故障确认及处理

对故障变压器运行分接的电压比进行了测试，大电压比偏差为 0.27%，小于规程中 0.5% 的要求，试验数据合格。对变压器进行电抗法绕组变形测试，测试结果（见表 2-3）表明，高压对中压三相电抗互差为 0.32%，高压对低压为 1.01%，中压对低压为 1.4%，均满足规程要求，试验数据合格。

表 2-3 电抗法测试结果

测试位置		$Z(\Omega)$	$\Delta Z\%$	$\Delta Z\%$（规程）
高压对中压	AO	43.180		
	BO	43.040	0.32	2.5
	CO	43.120		
高压对低	AO	74.767		
	BO	74.133	1.01	2.5
	CO	74.016		
中压对低压	A_mO_m	2.784		
	B_mO_m	2.756	1.4	2.5
	C_mO_m	2.745		

对变压器进行绕组和铁芯绝缘电阻测试，3 侧绕组绝缘电阻均大于 $10000M\Omega$，铁芯绝缘电阻大于 $100M\Omega$，试验数据合格。

对变压器进行直流电阻测试，试验结果见表 2-4。高、低压绕组测试结果均满足规程不大于 2% 的要求，试验数据合格；中压绕组运行分接（2 分接）直流电阻三相不平衡率为 49.8%，C 相比其他两相增大了 1.6 倍，远远超过规程的要求，试验数据不合格。根据试验结果，初步怀疑中压 C 相直流电阻偏大的原因为无励磁分接开关接触不良，如因长期运行，分接开关触头氧化、产生油膜等，使接触电阻变大；或因分接开关内部机构（弹簧等）损坏，造成接触不良，电阻变大。

处理措施为：在 1 个月内，每周抽取 1 次油样进行油色谱检测。如总烃含量无明显变化，则恢复油色谱正常测试周期；如总烃含量呈增长态势，则可能是无励磁分接开关内部机构存在缺陷（如弹簧机构故障等），应尽快安排更换变压器，进行工厂化检修，重点检查无励磁分接开关。

表 2-4 直流电阻测试结果 (Ω)

相别	数值	相别	数值	相别	数值
AO	0.6355	BO	0.6389	CO	0.6377
A_mO_m	0.07335	B_mO_m	0.07340	C_mO_m	0.11717
ab	0.008099	bc	0.008092	ca	0.008182

过热故障案例 3

1. 设备情况简介

主变压器参数如下:

型号	SFPsz8-120000/220
额定容量	120000/120000/60000MVA
电流	315/576/900A
额定电压	220/12l/38.5V
出厂年月	1995 年 8 月
制造厂	某变压器厂

2002 年 3 月 18 日对某变电站 1 号主变压器(以下简称"主变压器")例行色谱采样,发现总烃及 CO_2、H_2 超标;跟踪监测发现出现 C_2H_2 成分,并有逐日递增趋势,见表 2-5。

表 2-5 1 号主变压器色谱跟踪结果 (μL/L)

时间	H_2	CH_4	C_2H_6	C_2H_4	C_2H_2	总烃	CO	CO_2
2001 年 7 月 10 日	70.9	2.0	0.4	3.3	0.1	5.7	1.0	33.4
2002 年 3 月 18 日	349.2	585.5	264.3	662.8	0	1512.6	183.3	2232.5
2002 年 3 月 19 日	373.1	401.5	247.5	453.3	3.5	1105.8	201.2	1875.5
2002 年 3 月 20 日	566.2	585.6	301.6	656.2	4.3	1547.7	191.8	2523.9
2002 年 3 月 21 日	749.0	557.8	334.9	617.5	6.0	1516.2	330.3	2915.3
2002 年 3 月 25 日	1249.5	761.3	590.4	934.3	8.5	2294.5	468.2	4074.8

2. 故障分析

2002 年 3 月 21 日该主变压器停电前铁芯接地电流未见异常;停电后进行高压试验(包括铁芯接地、直流电阻、变比、有载开关及各项绝缘试验)未见异常;次日局部放电试验、绕组变形试验未见异常;最后现场进行吊罩检查也未发现明显故障点。根据三比值法判断,编码组合为"021",故障性质为 300~700℃中温范围的热故障,可能是由于磁通集中引起的铁芯局部过热。

3. 故障确认及处理

2002 年 3 月 30 日主变压器返厂解体检查,在将整个铁芯与绕组吊开后,在 220kV 侧铁芯底部与固定纸板螺钉(螺钉接地)处发现 1 根长约 12cm、直径 1mm 的铁丝。铁丝与铁芯相连一端已烧结成小块，而与螺钉相连处只有少量放电痕迹。这说明该铁丝与螺钉已连接在一起，而随着油流的摆动与铁芯形成间歇性放电，与色谱分析吻合。绕组拆除后，发现由于过热，固定铁芯及夹件的拉板的颜色已由绿变黄；同时，拉板下开槽处的绝缘纸板已经烧糊。此变压器的铁芯拉板结构是上下分别开槽，而开槽处正是漏磁通最大的部位，漏磁通方向正好从上部开槽处穿出，从下部开槽处穿入，于是在上下开槽处感应出涡流，造成拉板过热，以致烧糊拉板下的绝缘纸板，产生大量 CO、CO_2。在这次解体中，对该主变压器的拉板进行了全开槽改造，开通槽后，漏磁通从通槽上部穿出，通槽下部穿入，通槽中总磁通和为零，不会感应出涡流，解决了涡流过热问题。

1 号主变压器经过返厂处理缺陷后投入运行，定期进行了采样试验，结果见表 2-6，表明变压器已恢复正常运行。

表 2-6 处理后色谱试验结果（μL/L）

时间	H_2	CH_4	C_2H_6	C_2H_4	C_2H_2	总烃	CO	CO_2
2002 年 5 月 1 日	0	0.5	0	0	0	0.5	8.4	100.7
2002 年 5 月 3 日	2.0	0.6	0	0.2	0	0.8	15.6	180.1
2002 年 5 月 7 日	0	1.0	0.3	0.5	0	1.8	52.9	214.3
2002 年 5 月 11 日	0	1.3	2.6	2.0	0.6	6.4	24.3	174.3

⚙ 过热故障案例 4

1. 设备情况简介

某发电公司 2 号主变压器制造型式为单相，型号为 DFP-240000/500，额定电压为 (HV)$525/\sqrt{3}$ kV、(LV)20kV，单相变压器容量为 240MVA，无载调压，接线方式为 Y/△型，于 1992 年投运后运行情况一直正常。2003 年 2 月 18 日，按照正常的油样监督周期取样分析突然发现总烃含量严重超标，见表 2-7。

表 2-7 2 号主变压器 B 相油的气相色谱试验记录（μL/L）

时间	H_2	CH_4	C_2H_6	C_2H_4	C_2H_2	总烃	CO	CO_2
2002 年 12 月 11 日	30.0	39.5	21.4	46.9	0.0	107.8	628.8	4343.0
2003 年 2 月 18 日	150.0	282.0	148.0	448.0	0.0	878.0	646.0	3402.0
2003 年 2 月 28 日	153.0	330.0	174.0	522.0	0.0	1026.0	587.0	3881.0
2003 年 3 月 3 日	167.0	324.0	184.0	546.0	0.0	1054.0	608.0	4038.0
2003 年 3 月 6 日	222.0	575.0	288.0	1056.0	0.9	1919.9	1010.0	5877.0
2003 年 3 月 9 日	264.0	728.0	356.0	1342.0	0.7	2426.7	954.0	5851.0
2003 年 3 月 21 日	252.0	583.0	341.0	1369.0	0.7	2293.7	987.0	6816.0
2003 年 3 月 28 日	250.0	583.0	382.0	1393.0	0.7	2358.7	935.0	5728.0
2003 年 3 月 29 日	246.0	589.0	373.0	1347.0	0.0	2309.0	942.0	6001.0

2. 故障分析

按照三比值法判断（编码组合为"022"），说明该变压器故障特征为高于 700℃ 温度范围的过热故障，可能在变压器内部存在局部裸金属过热缺陷。2003 年 3 月 28 日更换备用相后，发现高压侧直流电阻较 2002 年预防性试验时增大了 4.6%。6 月初对变压器进行了直流电阻测试，其结果与 2002 年预试结果相近。

3. 故障确认及处理

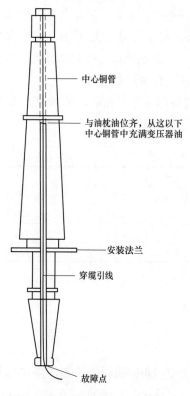

图 2-2 变压器套管穿缆故障点示意图

经检查，储油柜内的油胶囊存在泄漏的情况；在进行高压套管拆吊时，发现高压套管穿缆引线在套管尾部有放电烧伤痕迹。其中，穿缆引线外部包有布带，导电部分由 3 大股铜绞线组成，每大股又由 14 小股绞合而成，每小股又由 19 根 $\phi0.84$ 的紫铜线构成，总共有 2 小股外加 15 根铜线熔断，另有 6 小股过热，其烧损截面约占引线总截面的 7%；与该处对应位置即 500kV 高压套管中心铜管尾部也有过热现象。主变压器高压侧套管型号为 BRLW-500/1250 油纸电容式变压器套管，与变压器高压引线的连接为穿缆式结构，穿缆故障位置如图 2-2 所示。

通过变压器解体吊罩大修，确认故障原因是高压套管穿缆引线与套管中心铜管尾部之间因放电引起短路过热，导致变压器油的绝缘下降。电极中绝缘油绝缘性能良好的时候，虽然变压器高压穿缆引线与中心铜管尾部之间距离为最近，但不会导致电极之间的放电；当变压器油劣化，如进水、杂质、空气进入等，变压器油的绝缘性能逐步下降，当下降到一定值，电极之间绝缘强度减弱形成放电。储油柜中的油胶囊破损、平面阀 "O" 形圈老化漏油，使大量空气有机会进入变压器油中，导致变压器油的老化加速，布带绝缘不能维持，变压器穿缆引线对套管尾部放电，放电同时产生故障特征气体。持续的放电造成故障点的逐步扩大，穿缆引线出现局部断股后，导线的载流能力降低，随着变压器负荷增加也同时会加剧故障现象。

综合以上情况分析认为，高压套管穿缆引线与套管中心铜管尾部之间因放电而产生的短路过热现象，与油中气体参量特征（裸金属高温过热）相一致，因此定性该处即为故障点，且认为此外并无其他故障点存在。更换损伤的高压套管穿缆引线并对其弯曲接触部位加强绝缘处理，更换油囊及老化密封件，装配完毕电气试验合格留作备用。

⚙ 过热故障案例 5

1. 设备情况简介

某变电站 220kV 主变压器（型号为 SFPSZ4-150000/220）色谱周期性预试报告发

现 CH_4、C_2H_4 有较大变化，数据见表2-8。

表 2-8   某变电站 220kV 主变压器色谱数据（μL/L）

时间	H_2	CH_4	C_2H_6	C_2H_4	C_2H_2	总烃	CO	CO_2
2003 年 5 月 13 日	0	3.7	1.0	10.0	0	14.7	141.0	3889.0
2003 年 10 月 21 日	0	1.9	3.9	13.0	0	18.8	158.0	1017.0
2004 年 3 月 17 日	3.3	40.0	3.9	11.0	0	54.9	180.0	2768.0
2004 年 8 月 1 日	17.0	67.0	40	197.0	0	304.0	197.0	3367.0

2. 故障分析

由表2-8可看出，CH_4 含量有较大增加，由于 C_2H_4 含量的迅速增加使总烃超标，初步判断变压器内部有过热故障。

采用特征气体法分析：由于 CH_4 和 C_2H_4 的含量占烃类气体总量的 60％以上，且不产生 C_2H_2，判断为过热故障。

三比值法分析：三比值为022，判断为高温过热。同时，绝缘电阻表测量铁芯接地电阻值为0，依据以上分析，判断为铁芯多点接地，变压器出现局部过热性故障。

3. 故障确认及处理

现场停电进行吊罩检查，发现主变压器油箱内有大量硅胶，该硅胶是由于净油器中硅胶泄漏经潜油泵进入变压器本体内的，因铁芯下夹件与铁芯之间有 2cm 间隙（夹件与铁芯之间垫 2cm 厚绝缘块），运行中硅胶在此间隙内堆积，形成铁芯与夹件经硅胶贯通的多点接地。现场采取人工清理并结合高压油枪进行冲洗，使铁芯对地绝缘恢复 1500MΩ 以上。

⚙ 过热故障案例 6

1. 设备情况简介

1998 年 1 月 15 日对某 500kV 变电站 500kV 并联电抗器（以下简称"电抗器"）进行油色谱监测。电抗器铭牌及油色谱结果见表 2-9 和表 2-10。从表 2-10 可看出 B 相电抗器总烃含量严重超标。

表 2-9   电抗器铭牌

型 号	BKD-5000/500
额定容量（kvar）	5000
额定电压（kV）	$500/\sqrt{3}$
额定电流（A）	157.5
油重（kg）	19500
出厂日期	1997 年 2 月

表 2-10   电抗器油色谱结果 （μL/L）

相别	H_2	CH_4	C_2H_6	C_2H_4	C_2H_2	总烃	CO	CO_2
A	12.7	15.5	2.8	3.0	0.0	21.3	151.7	475.9
B	51.3	258.0	90.4	276.4	0.0	624.8	241.5	601.1
C	18.2	3.6	1.2	0.5	0.0	5.3	169.0	450.0

2. 故障分析

由于现场吊检未发现电抗器有实质性缺陷，绝缘试验也未见异常；将电抗器回罩并继续运行，后续半年的监测结果见表 2-11，总烃含量超过注意值 150μL/L。

根据三比值法编码为"021"，初步判断故障性质为 300~700℃ 中等温度范围的过热故障。

表 2-11   B 相电抗器回罩运行后油色谱试验结果 （μL/L）

时间	H_2	CH_4	C_2H_6	C_2H_4	C_2H_2	总烃	CO	CO_2
1月22日运行前	0	4.4	2	2.7	0	9.1	5.2	81.2
1月22日运行12h	0	5	2.2	2.8	0	10	6	79.9
1月23日运行39h	0	18.1	2.6	8.2	0	28.9	16.6	150.5
1月24日运行66h	痕	18.8	3.6	11.8	0	34.2	18.9	160.6
1月25日运行87h	痕	19.1	3.6	12.2	0	34.9	20.7	160.8
2月2日	9.8	21.8	4.2	13.9	0	39.8	24.1	201.8
2月10日	22.8	21.5	5	15.3	0	41.8	32.2	269.1
2月18日	28.8	22.9	4.8	15.6	0	43.3	42.3	301.9
3月15日	39.2	24	4.7	17.6	0	46.3	36.2	306.7
3月27日	42.2	41	9.9	36.2	0	87.1	104.5	595.6
4月19日	59.6	58.4	13	43.1	0	114.5	169.4	890.1
5月7日	62.7	64.2	15.7	46.1	0	126	214.8	1075.7
5月24日	65.5	72.3	30.1	48.2	0	150.6	275.3	1197.7
6月1日	66.7	80.6	20.3	50.4	0	151.3	352.2	1555.3
7月12日	84.3	94.5	23.8	53.9	0	172.2	522.6	2077.1
7月21日	90.1	100	26.8	54.5	0	181.3	583.7	2320.4

3. 故障确认及处理

11 月 3 日对 B 相电抗器于返厂进行吊罩检查。发现电抗器的下夹件与铁芯垫脚的螺栓连接处有发黑现象，发黑处铜板表面油漆脱落，附着黑色油泥；将螺栓拧下后，发现其中一根螺纹有些烧损；拆掉上铁轭，拔出绕组后，对铁芯柱大饼以下绕组等部件进行了全面详细检查，再没有发现其他问题。因此该电抗器运行中出现的油中含烃量缓慢升高的现象，应该是由铁芯垫脚螺栓的局部过热引起的。

由于下夹件和底脚用 4 条螺栓连接，铁芯与底脚之间有绝缘板相隔，电抗器漏磁在这 4 条螺栓之间形成了环流，改造前夹件、垫脚、底脚结构图如图 2-3 所示，当环流通过螺栓时，会引起螺栓发热。螺栓的过热程度与螺栓的接触电阻有关，接触电阻越大，

发热越严重。这也正是同样的设备 A、C 两相
运行正常，而 B 相运行中存在中等程度过热的
原因。为了消除铁芯垫脚螺栓过热这个隐患，
厂家在电抗器的下夹件与底脚之间加上绝缘
板，使用 4 条经过特殊加工的外套绝缘衬管的
螺栓（改造使用的底脚螺栓如图 2-4 所示），以
保证螺栓与下夹件绝缘；下夹件与底脚用 1 根
外绝缘的软铜线连接起来，以保证下夹件和底
脚只有一点连接。改造后夹件、垫脚、底脚结

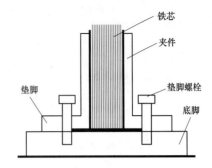

图 2-3 改造前夹件、垫脚、底脚结构图

构图如图 2-5 所示。改造后，一方面虽然底脚和外壳绝缘，但可通过连接线与下夹件连
接，夹件一点可靠接地，使底脚不致产生悬浮电位；另一方面确保在漏磁区域不再出现闭
合回路，彻底消除环流。按上述方法对电抗器进行的技术改造，运行至今，状况良好。

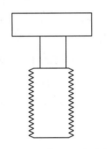

图 2-4 改造使用的底脚螺栓

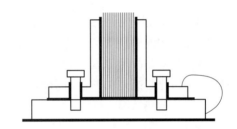

图 2-5 改造后夹件、垫脚、底脚结构图

⚙ 过热故障案例 7

1. 设备情况简介

某电厂 1 号主变压器为某公司生产的 500kV 单相变压器，型号为 DFP-250000/
500TH，冷却方式为 ODAF，联结组标号为Ⅰ，Ⅰ0（三相组为 YN，d11），额定容量
为 250/250MVA，绝缘油重 35t。

2012 年 4 月 12 日，1 号机组主变压器在大修后冲击送电，冲击时 B 相励磁涌流最
大，达 1950A。2012 年 4 月 13 日，在线色谱显示出现约 0.4μL/L 左右的乙炔气体，总
烃由冲击前 6μL/L 升至 8μL/L。2012 年 4 月 30 日，机组并网的功率开始上升。2012
年 5 月 4 日晚机组达满功率。2012 年 5 月 5 日，在线色谱显示 B 相总烃增长较大，且在
1:50～19:49 内，总烃由 14.25μL/L 增长到 41.69μL/L，在线色谱中的乙炔含量自产
生后无明显变化。从跟踪在线监测系统数据趋势可以看出，该变压器的各种故障特征气
体增长趋势明显。

取该变压器的油样在实验室进行油中溶解气体油色谱分析，将其试验结果与在线油
色谱数据进行比较，显示两者分析结果基本一致，1 号主变压器 B 相油色谱实验室与在
线数据见表 2-12。

表 2-12　　　　1 号主变压器 B 相油色谱实验室与在线数据比对（μL/L）

时间	来源	H_2	CH_4	C_2H_6	C_2H_4	C_2H_2	总烃	CO	CO_2
2012 年 4 月 11 日	实验室	＜5.0	4.2	0.7	0.3	＜0.1	5.2	167.0	1664.0
	在线	5.7	4.8	＜0.1	1.6	＜0.1	6.4	291.0	0
2012 年 5 月 16 日	实验室	39.2	41.9	10.4	42.8	0.6	95.7	172.0	1975.0
	在线	55.6	43.9	8.6	39.2	0.4	92.1	189.0	0
2012 年 5 月 25 日	实验室	75.7	134.0	33.3	151.0	0.9	319.2	173.0	2202.0
	在线	145.0	155.0	26.5	140.0	0.4	321.9	163.0	0

2. 故障分析

根据 2012 年 5 月 25 日的数据计算出的三比值法编码为"022"，故障性质为高于 700℃ 高温范围的过热故障。

对该故障的调查分析为：①该主变压器自投运以来，所带负载均未超过变压器的额定负载，因此不存在过负载运行情况，变压器也未曾遭遇过出口短路等异常工况；②测试运行中铁芯接地电流为 0.2A，排除了铁芯多点接地的可能；③通过分析油色谱数据，由于 CO 和 CO_2 含量没有明显增长，因此过热故障不涉及固体绝缘、裸金属局部过热的可能性比较大；④油中产气与负荷有较强的对应关系，因此可排除潜油泵和无载开关故障，也可排除主磁路故障原因；⑤该变压器检修前的运行情况正常，检修后冲击合闸励磁涌流较大，因此可能是由冲击时引起的铁芯振动导致铁芯框架振动，进而使漏磁产生环流，最终造成过热故障。

3. 故障确认及处理

2012 年 5 月 25 日之后，油色谱数据显示油中溶解气体趋势逐渐平稳，因此可认为变压器的内部瞬态变化已消失，或故障点已烧熔，进而可判定过热故障已经得到明显缓解或逐步消失。

2013 年 4 月，在换料大修期间对该故障主变压器放油后进行了内部检查，检查发现以下几个问题：①在高低压夹件与靠近高压引线的第 1 根衬板接触面处有 2 处明显的放电过热灼烧点，同时，在两侧衬板的下方发现少量的金属颗粒散落在铁芯上，最大金属颗粒的直径约为 2mm；②主变压器器身定位螺栓垫圈和低压夹件有过热痕迹；③高压引线装置支撑板紧固螺栓有过热灼烧痕迹；④低压侧油箱磁屏蔽绝缘电阻为 0。

该厂 1 号主变压器 B 相运行年限已达 10 年，内部部件很容易出现松动。由于该变压器换料大修后冲击送电时的 B 相励磁涌流最大，本体振动较 A/C 相高出许多，因此衬板与夹件之间和其他松动部位容易出现过热点，并逐步累积造成过热性故障。采取的处理措施有：①紧固夹件与衬板的连接螺栓，并对金属颗粒进行清理；②刮除定位螺栓垫片与底部衬板间的油漆并紧固；③对磁屏蔽进行清理，清理后绝缘恢复合格。2013 年 4 月 22 日，1 号主变压器 B 相重新冲击合闸送电，至今运行情况正常。

⚙ 过热故障案例 8

1. 设备情况简介

2016 年 9 月，国内某火力发电厂在 1 号主变压器预防性试验中发现了变压器油色谱乙炔、总烃超标的异常情况。2015 年 8 月的油色谱分析比较数据见表 2-13。

表 2-13 油色谱分析结果（μL/L）

时间	H_2	CH_4	C_2H_6	C_2H_4	C_2H_2	总烃	CO	CO_2
2015 年 8 月	24.2	1.7	0.7	0.6	0	3.0	130.4	347.7
2016 年 9 月	255.9	751.7	176.6	829.7	6.6	1764.6	1650.1	2750.4
2016 年 9 月	660.0	1234.8	299.6	1665.4	15.1	3214.8	1518.2	2320.8

2. 故障分析

三比值法编码为"022"，说明变压器存在高温过热（高于 700℃）的故障。该故障气体主要含有两种主要气体 CH_4 和 C_2H_4，表明发生过热或接触不良；CO 和 CO_2 含量的增加表明该故障涉及固体绝缘材料的热分解。通过分析判断，发现该故障是高温过热故障，主要是接头未焊接、夹具螺钉松动、开关接触不良、短路等。

3. 故障确认及处理

根据这一判断，维护人员有针对性地检查和修复了这类问题，发现故障的原因是电站不合格，也就是说，变压器的低压侧区域中的套筒型导电杆和引线上的镀铜连接螺栓松动。因此，可以通过更换导电杆和螺栓来消除故障排除。检查完成后，使用直流电阻测试来确认故障已经消除。

过热故障案例 9

1. 设备情况简介

某公司一台 SFSZ-31500/110 的三相有载调压电力变压器于 1998 年 10 月投运。主变压器投运后，对本体油样进行油色谱分析时，发现油中总烃含量呈上升趋势，当时总烃含量达 165μL/L，已超出运行注意值 150μL/L，分析数据见表 2-14。

表 2-14 主变压器油色谱检测值（μL/L）

H_2	CH_4	C_2H_6	C_2H_4	C_2H_2	总烃
18.3	61.6	13.2	90.2	0.0	165.0

2001 年 6 月，主变压器进行停运检修。检修完毕未发现主变压器存在明显的故障现象，因此决定再次将变压器投运。次月对变压器取油样进行油色谱分析，分析数据见表 2-15。

表 2-15 主变压器检修投运后油色谱检测值（μL/L）

H_2	CH_4	C_2H_6	C_2H_4	C_2H_2	总烃
102.9	138.1	25.7	335.9	19.3	519.0

2. 故障分析

三比值法编码为"022"，属于高温过热故障（高于 700℃）。造成本体油色谱总烃

过高和产生 C_2H_2 的主要原因可能有：一是引线接头处接触不良，造成引线过热、放电；二是引线与开关套管连接部位接触不良，造成局部过热放电；三是铁芯出现多点接地或"极"间短路，使涡、环流增大，造成过热放电。为了彻底排除故障，再次决定将主变压器停电进行彻底的大修处理。

3. 故障确认及处理

检查结果表明，绕组引线接头无一松动，且直流电阻测量值与原报告相符，所有开关与引线接触点无一松动，也无过热痕迹；对铁芯进行绝缘检查，用 2500V 绝缘电阻表测量铁芯绝缘，铁芯主体绝缘大于 2500MΩ，排除了多点接地的可能；最终对铁芯的"极"间绝缘进行了检查，检查中将铁芯四"极"间的短接跨接片打开，经过对四"极"间的绝缘电阻测量，发现其中有一组相邻的两"极"间的绝缘电阻为零，其余一组两"极"间的绝缘电阻大于 100MΩ。因此，对相邻两"极"间的绝缘进行了彻底的检查，检查中发现是相邻两"极"间的下 45°接缝出角处分隔纸板插错，将两"极"间应分开的其中一"极"铁芯片的出角纸板插错到了另一"极"，造成了相邻的两"极"间的短路，使铁芯两"极"间形成环流，造成铁芯发热，并伴有轻微的放电痕迹。故障点查到后，经将下 45°接缝出角分隔纸板恢复到正确位置并将放电痕迹清除，排除了故障。主变压器经处理后运行一直正常，油色谱分析数据正常，分析数据见表 2-16。

表 2-16　　　　　　　排除故障后的主变压器油色谱检测值 (μL/L)

H₂	CH₄	C₂H₆	C₂H₄	C₂H₂	总烃
10.5	7.4	5.2	10.1	3.7	26.4

⚙ 过热故障案例 10

1. 设备情况简介

某电厂 7 号主变压器系西安变压器电炉厂 1979 年产品，型号为 SSP-360000/220，1980 年 12 月投用。1995 年 2 月，因分接开关接触不良，导致总烃含量上升较快，达 1984μL/L。1995 年 6 月 4 日，小修吊罩检查，短接分接开关，处理后运行情况良好。

从 2001 年 7 月 26 日进行的气相色谱分析中发现，气体组分内含有乙炔为 1.4μL/L，氢的含量与前数月相比有上升趋势，且达到 176μL/L。从 8 月开始，每天进行多次油色谱分析，见表 2-17，从分析的结果来看，氢与乙炔的含量上升的速率均较快。

表 2-17　　　　　　　变压器油色谱分析结果 (μL/L)

时间	H₂	CH₄	C₂H₆	C₂H₄	C₂H₂	总烃	CO	CO₂
2001 年 6 月 26 日	93.6	14.0	2.3	3.4	0.0	19.7	469.0	4311.0
2001 年 7 月 26 日	176.1	22.6	2.8	7.8	1.4	34.6	631.0	5870.0
2001 年 7 月 31 日	160.9	22.7	2.8	8.3	1.4	35.2	562.0	5172.0
2001 年 8 月 2 日	154.5	18.2	2.4	6.2	1.3	28.1	459.0	4952.0
2001 年 8 月 7 日	162.8	22.5	3.2	9.2	1.5	36.4	559.0	5452.0
2001 年 8 月 13 日	161.2	31.9	4.4	24.5	2.7	63.5	620.0	4974.0

续表

时间	H_2	CH_4	C_2H_6	C_2H_4	C_2H_2	总烃	CO	CO_2
2001 年 8 月 15 日	199.5	44.2	6.6	35.6	2.7	89.1	921.0	7959.0
2001 年 8 月 15 日	202.5	43.2	6.9	33.9	2.7	86.7	840.0	7091.0
2001 年 8 月 16 日	178.7	37.5	5.3	29.0	3.4	75.2	785.0	6533.0
2001 年 8 月 16 日	186.3	35.0	6.2	31.3	3.2	75.7	688.0	6726.0
2001 年 8 月 17 日	211.0	35.7	6.4	30.7	3.0	75.8	614.0	6181.0
2001 年 8 月 20 日	100.7	21.1	3.3	19.2	1.4	45.0	355.0	3142.0
2001 年 8 月 21 日	160.0	35.1	6.4	37.3	2.2	81.0	460.0	4055.0
2001 年 8 月 22 日	133.2	33.4	5.6	57.5	4.0	100.5	453.0	3819.0
2001 年 8 月 22 日	162.6	40.0	7.0	50.1	5.3	102.5	474.0	3879.0
2002 年 1 月 18 日	269.8	62.8	14.7	101.2	5.3	184.0	719.0	5950.0

2. 故障分析

从表 2-17 反映的情况看，2001 年 8 月 20 日前，主要表现为存在较强的局部放电或少部分线匝击穿；之后，三比值法编码由原来的"102"变为"002"，亦即由原来的单一放电型故障转变为放电与过热共存的故障。

对潜油泵运行情况进行多次检查，并未发现问题，但热继电器更换后，还是多次动作。另外，将热继电器动作的潜油泵停用后，乙炔含量不再增长。初步分析认为，油中含气量异常是变压器的潜油泵电机故障引起的。

3. 故障确认及处理

2002 年 1 月 26 日，7 号机组小修，对主变压器高、低压侧进行了绝缘电阻、直流电阻、直流泄漏、高、低压侧绕组介质损耗及变压器油介质损耗、铁芯绝缘电阻的测量，除发现 C 相低压侧绕组的介质损耗由上次的 0.5％上升到 0.92％外，其他试验数据变化不大。另外，在对第二组潜油泵解体时，发现有一槽绕组烧坏，且在这台潜油泵的绕组上积有颗粒状铜屑，而第七组潜油泵解体时未发现异常。1 月 29 日，主变压器进行了吊罩检查，发现变压器底部螺钉有锈迹，低压侧电屏蔽有严重的过热痕迹。

此台变压器第二组冷却器的潜油泵的定子绕组烧坏是造成油色谱异常的主要因素。从绕组故障情况看，分析认为，潜油泵的定子绕组匝间绝缘不良，造成绕组对铁芯放电。当绕组故障放电时，使附近的变压器油分解而产生气体，再经潜油泵打油循环，使产生的气体被带进变压器内部，造成变压器油中各种含气量的增加。

低压侧电屏蔽过热是造成油色谱异常的另一因素。从 7 号主变压器存在的低压侧电屏蔽严重过热痕迹看，主要是因为固定铝板的固定件是导磁体，在出厂时虽然拧紧，铝板与壳体结合紧密，但在电磁场的作用下长期振动，在温度变化下钢外壳与铝屏蔽膨胀系数不同而松动。由于漏磁在机壳与铝板之间存在着一定的电位差，造成了固定件及机壳与铝板之间的放电和高温过热故障。

故障点查到后，更换了第二组、第七组潜油泵，清理了电屏蔽铝屏上的炭黑，拧紧了电屏的所有固定螺母。从 2002 年 1 月 30 日开始，对变压器进行热油循环，不断真空脱气，排除水分。截至 2 月 4 日，变压器各项指标试验合格。

过热故障案例 11

1. 设备情况简介

某核电站 1 号机组装配有 2 台俄供 TRDNS-63000/35-N1 型高压厂用变压器，均为分裂式变压器，其具体参数见表 2-18。这 2 台高压厂用变压器于 2003 年 10 月投运，运行情况一直良好，但在 2009 年 11 月进行主变压器冲击合闸试验后，1 号高压厂用变压器的绝缘油色谱分析出现异常，包含 C_2H_2，其含量为 $1.50\mu L/L$，见表 2-19。对该变压器进行排油检查，可见部位未见异常，经滤油处理并进行常规电气试验合格后再次投入运行。2010年 4 月切换厂用电负荷后，变压器绝缘油色谱分析中再次出现 C_2H_2，其含量为 $0.61\mu L/L$，见表 2-20；经常规电气试验检查合格后，1 号高压厂用变压器再次投入运行。

表 2-18　　　　　　　某核电站高压厂用变压器参数

项目	参　数
容量（kVA）	63000/31500～31500
额定电流（A）	1515.5/2886.7～2886.7
额定电压（kV）	24/6.3～6.3
接线组别	Dd0d0
电压调节范围（kV）	±8×1.5%
冷却方式	油浸风冷（ONAF）

注　高压 24kV，低压 6.3kV，有 8 个调节挡位，每次可调 24×1.5%kV，高压容量为 63000kVA，低压容量为 31500kVA，高压额定电流为 1515.5A，低压额定电流为 2886.7A。

表 2-19　　　　1 号高压厂用变压器 2009 年绝缘油色谱分析数据（μL/L）

时间	H_2	CH_4	C_2H_6	C_2H_4	C_2H_2	总烃	CO	CO_2
11 月 1 日	4.1	3.0	0.8	2.7	0.0	6.5	131.4	2021.4
11 月 15 日	17.8	18.9	3.3	32.3	1.5	56.0	523.4	2968.7
11 月 16 日	21.3	17.4	2.9	28.2	1.6	50.0	429.0	3219.7
11 月 20 日	19.3	16.3	2.2	22.4	1.1	41.9	429.7	2780.5
11 月 30 日	21.1	17.6	2.7	27.3	0.6	48.3	548.7	3611.1
12 月 14 日	19.2	17.4	2.5	24.9	0.3	45.2	533.0	3443.2

表 2-20　　　　1 号高压厂用变压器 2010 年绝缘油色谱分析数据（μL/L）

时间	H_2	CH_4	C_2H_6	C_2H_4	C_2H_2	总烃	CO	CO_2
3 月 30 日	0.0	0.3	0.0	0.5	0.0	0.8	5.0	83.0
4 月 5 日	4.3	5.0	1.0	9.3	0.6	15.9	9.9	207.2
4 月 8 日	5.0	5.7	1.0	10.0	0.7	17.4	11.1	171.0
4 月 13 日	9.4	9.0	1.7	17.9	1.2	29.7	13.7	187.9
4 月 19 日	4.5	8.6	1.7	17.7	1.1	29.1	16.8	250.9
4 月 26 日	11.0	9.1	1.6	18.2	0.9	29.8	24.2	452.7

2. 故障分析

三比值法编码为"022"，初步判断两次油色谱异常缺陷均为高于700℃的高温过热故障。

由于2次油色谱异常分别是在变压器受到冲击及切换厂用电负荷后出现，结合上述分析，判断缺陷为裸金属部位低能量放电或间歇性多点接地故障引起的局部过热，且故障点均不在绕组及高场强部位，因此短期内不会影响该变压器的正常运行。为此，可通过在机组运行期间加强巡检力度，增加取油样分析等辅助手段的监测频率，来保障核电机组的安全稳定运行。

3. 故障确认及处理

虽然1号高压厂用变压器的各项特征气体数据均在注意值范围内，但考虑到核电站的特殊性，同时也为彻底消除该台变压器潜在隐患，在2011年机组年度大修中更换下该台变压器并运至国内某变压器厂进行吊罩检查。

吊罩检查发现变压器身侧面上、下部夹件定位处均有黑色物质，A相侧较严重；变压器身下部夹件垫脚与箱底多处有炭黑，有疑似放电痕迹，A相侧定位垫脚较严重，如图2-6所示。

变压器内部接地设计结构如图2-7所示。造成油色谱异常的原因主要有：①器身下部夹件垫脚与箱体之间放电；②夹件与器身定位处定位钉（地电位）之间绝缘不良。

针对以上原因，对铁芯、夹件接地进行了系统改造，改造后的铁芯、夹件接地系统稳定性得到了可靠加强。

图2-6 A相垫脚与箱底接触部位放电痕迹

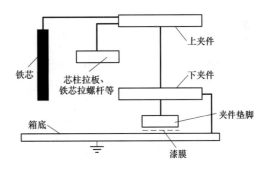

图2-7 铁芯、夹件等接地示意图

过热故障案例12

1. 设备情况简介

某发电厂2号主变压器主要参数见表2-21，2号主变压器自投运以来，运行正常。在1997年11月10日14:00对该主变压器进行定期色谱分析时，发现总烃、乙炔含量均大大超过注意值。对该主变压器气相色谱分析数据见表2-22。

表 2-21　　　　　　　　　　该发电厂 2 号主变压器主要参数

型号	SPFS-90000/330
额定电流	143/430/4950
空载电流	1%
制造厂	西安变压器电炉厂
投运日期	1977 年 10 月
额定电压	36121/10.5kV
接线	YN，yn，D11
空载损耗	123.5kV
出厂日期	1977 年 5 月

表 2-22　　　　　　　　　主变压器气相色谱分析数据（μL/L）

时间	H_2	CH_4	C_2H_6	C_2H_4	C_2H_2	总烃	CO	CO_2
9 月 11 日	34.2	24.3	9.0	17.6	0	50.9	600.3	8452.2
10 月 9 日	35.4	27.6	7.6	24.1	0	59.3	816.5	13357.0
11 月 10 日 14:00	67.0	265.9	29.5	381.4	36.5	713.3	702.6	9099.4
11 月 10 日 16:00	67.9	260.5	30.1	375.0	35.3	700.9	775.6	9453.9
11 月 10 日 22:00	69.0	252.3	31.0	375.1	35.0	693.4	726.5	9436.5
11 月 11 日 16:00	84.3	271.3	31.3	366.0	33.4	702.0	756.4	8311.3
11 月 12 日 8:00	147.3	282.5	31.8	366.3	33.4	714.0	629.2	14845.1
11 月 12 日 14:00	149.4	280.4	43.4	394.1	33.4	751.3	668.1	16407.1
11 月 13 日 4:00	158.4	320.7	39.7	510.9	47.0	918.3	748.4	7729.2
11 月 13 日 10:00	157.4	319.7	44.9	519.8	49.9	934.3	782.7	7742.7

2. 故障分析

三比值法故障编码为 "022"，属于高于 700℃的高温过热故障。从表 2-22 中可以得知 CO、CO_2 的含量很高，表明变压器内存在固体绝缘材料裂解；总烃含量很高，乙烯和甲烷构成总烃的主要成分，在总烃中占 70% 以上。2 号主变压器的局部放电试验结果见表 2-23 和表 2-24。

表 2-23　　　　　　　　　　局部放电试验数据（pC）

试验电压	测量时间	A 相测点		B 相测点		C 相测点	
		A_1	A_M	B_1	B_M	C_1	C_M
$U_M/\sqrt{3}$	3min	300～400	600	100	640	100000	5000～6250
$U_M/\sqrt{3}$	预加压前	9000	6000	7000	580		
	5min	5000	3000～3600	4000	580～640		
	10min	3500～4000	3000	4000	580～640		
	15min	2500	3000	4000～4500	1000		
	20min	2000	3000-3600	4200～5200	1000		
	25min	1800～2000	3000～3600	4500～5600	1000		
	30min	700～2000	3000～3600	4800～5800	1100		

表 2-24 **B 相单独局部放电试验数据（pC）**

试验电压	测点	
	B_1	B_M
$U_M/\sqrt{3}$	700000	4900
$1.05U_M/\sqrt{3}$	80000	6000
$1.1U_M/\sqrt{3}$	80000	6000
$1.15U_M/\sqrt{3}$	1000000	
$1.2U_M/\sqrt{3}$	1000000	
$1.25U_M/\sqrt{3}$	1000000	
$1.3U_M/\sqrt{3}$	1000000	

3. 故障确认及处理

吊着检查解开 330kV 侧 B 相围屏，在绕组于围屏之间靠低压侧发现一长约 260mm 的多股铜绞线，对应的上数第 11、13、17、25、26、27、28、29 饼共 9 饼绕组最外一匝放电烧黑，绝缘损坏，围屏上有一 $200\times300mm^2$ 的树枝状放电，这些高能放电导致油裂解，产生甲烷、乙烯、乙炔等特征气体；检查 B 相 330kV 套管尾部及绕组，未发现明显放电点，绝缘无异常；现场更换 330kV B 相绕组及主绝缘，热油循环干燥后进行局部放电试验，结果见表 2-25。

表 2-25 **局部放电试验数据（pC）**

试验电压	测量时间	A 相		B 相		C 相	
		A	A_M	B	B_M	C	C_M
$1.0U_M/\sqrt{3}$	5min	150	170	500~900	120~130	120	600~700
$1.3U_M/\sqrt{3}$	预加压前	500~700	290~300	1500	1100	200300	400
	5min	200~500	250	800~1000	410~455	400~500	600
	10min	200~300	210	600~900	410~450	150~200	600
	15min	300~500	500	600~900	370~410	150~300	900
	20min	200	210	600~900	410	150	900~1000
	25min	200	210	900	370	150	1000
	30min	200	210	600~900	370~455	150~300	1000

过热故障案例 13

1. 设备情况简介

某电厂 500kV 主变压器额定容量为 340MVA，额定电压为 525/18kV，额定频率为 50Hz，充油 56.67m³。该主变压器于 1993 年投产。2013 年至 2014 年间，该主变压器在运行过程中出现了变压器油 3 次气体含量突然增大现象。2014 年 6 月 12 日出现总烃超标，油色谱数据见表 2-26。

表 2-26   主变压器油色谱数据（μL/L）

时间	H_2	CH_4	C_2H_6	C_2H_4	C_2H_2	总烃	CO	CO_2
2014 年 1 月 18 日	13.0	29.6	10.6	32.1	0.0	72.3	71.8	794.7
2014 年 2 月 28 日	13.1	31.1	11.5	34.1	0.0	76.7	85.2	951.1
2014 年 4 月 13 日	11.5	29.3	11.8	32.4	0.0	73.5	78.1	931.2
2014 年 5 月 29 日	13.2	33.7	113.0	33.6	0.0	180.3	92.5	181.5
2014 年 6 月 7 日	21.1	48.1	17.1	59.9	0.0	125.1	94.3	1133.3
2014 年 6 月 12 日	25.6	64.0	21.4	96.3	0.2	181.8	114.0	1096.0
2014 年 6 月 15 日	38.2	81.0	27.4	110.0	0.2	218.6	101.3	1109.4
2014 年 7 月 13 日	32.6	73.8	26.3	96.0	0.2	196.5	108.0	950.9
2014 年 9 月 17 日	29.8	81.3	29.5	100.8	0.0	211.6	101.9	970.3
2014 年 11 月 5 日	28.5	89.3	31.0	104.3	0.0	224.6	116.7	1106.1

2. 故障分析

三比值法编码为"021"或"022"，同时根据溶解气体分析解释表（见表 2-27），故障类型应为 300～700℃的中温过热故障。

表 2-27   溶解气体分析解释表

特征故障	$w(C_2H_2)/w(C_2H_2)$	$w(CH_4)/w(H_2)$	$w(CH_4)/w(H_2)$
局部放电	NS	<0.1	<0.2
低能量局部放电	>1	0.1～0.5	>1
高能量局部放电	0.6～2.5	0.1～1	>2
热故障 $t<300℃$	NS	>1	<1
热故障 $300℃<t<700℃$	<0.1	>1	1～4
热故障 $t>700℃$	<0.2	>1	>4

注 t 为温度。

3. 故障确认及处理

为了查明故障原因，对主变压器进行了内部检查，发现低压侧绕组出线头处有明显过热痕迹，其他部位未见异常。为防止故障不断发展，对主变压器油进行了过滤处理，并采取以下特殊的运维策略：

（1）加强对主变压器油温的监视，分析油温变化规律。

（2）将相应机组的开机优先权置后，并限制机组满负荷运行时间，避免导体超负荷过流发热。

（3）将主变压器冷却器运行方式变更为：负载工况时启动全部冷却器，空载工况时启动 2 台冷却器。

通过以上处理措施，目前主变压器运行状况良好，至今总烃含量稳定且维持在较低水平。

过热故障案例 14

1. 设备情况简介

某厂 2 号主变压器为保定天威保变电气有限公司生产的三相分体油浸式变压器，单相为 800kV，型号为 DFP-260000/800TH。2013 年 11 月 10 日，变压器油色谱在线检测仪监测 C 相出现异常报警，数据乙炔从 0μL/L 至 0.42μL/L，总烃升至 711.99μL/L，总烃和乙炔含量已超出 DL/T 722—2014《变压器油中溶解气体分析和判断导则》中的要求（总烃小于 150μL/L，乙炔小于 1μL/L）。11 月 17 日，乙炔大于 1μL/L，见表 2-28。

表 2-28　　　　　　　2 号主变压器 C 相绝缘油色谱分析（μL/L）

时间	H_2	CH_4	C_2H_6	C_2H_4	C_2H_2	总烃	CO	CO_2
11 月 20 日上午	120.2	89.6	21.4	107.1	1.1	219.2	250.4	195.8
11 月 20 日下午	93.4	90.2	21.1	108.5	0.9	220.7	216.1	180.3
11 月 21 日上午	111.8	99.3	23.0	116.4	1.0	239.7	215.8	171.8
11 月 21 日下午	128.3	108.4	27.5	137.3	1.0	274.2	248.7	225.1
11 月 22 日上午	99.3	95.2	24.0	118.4	1.0	238.6	211.9	188.6
11 月 22 日下午	99.3	100.2	24.5	122.1	1.0	247.8	219.0	183.8
11 月 23 日上午	130.9	107.5	26.2	130.2	1.0	264.9	247.7	193.0
11 月 23 日下午	128.4	108.5	26.8	133.4	1.0	269.5	247.7	193.1
11 月 24 日上午	106.1	104.9	27.1	132.9	1.0	265.9	215.9	224.8
11 月 25 日上午	136.5	115.9	30.2	147.0	1.1	294.2	245.6	214.5
11 月 25 日下午	102.6	106.1	30.7	146.2	1.0	284.0	210.5	243.3
11 月 26 日上午	117.2	107.8	29.9	147.3	1.1	286.1	138.7	194.9
11 月 27 日上午	52.0	107.6	47.8	228.1	1.4	384.9	160.5	446.4
11 月 27 日下午	234.6	219.2	64.1	316.5	2.1	601.9	254.5	307.3
11 月 28 日下午	190.5	252.8	57.7	284.5	1.9	596.9	214.8	380.2
11 月 29 日下午	236.0	298.7	69.8	340.0	1.9	710.4	216.1	329.2
11 月 30 日上午	224.0	304.9	69.8	341.7	1.9	718.3	263.4	382.9
12 月 1 日上午	316.6	395.2	96.7	465.1	3.0	960.0	332.4	497.7
12 月 2 日下午	211.3	298.4	72.2	348.8	2.2	721.6	238.2	363.1
12 月 4 日上午	227.0	312.2	67.9	331.0	2.1	713.3	239.4	295.1
12 月 9 日上午	204.4	278.4	67.8	325.0	2.1	673.3	221.4	353.5
12 月 12 日	198.1	287.5	69.3	328.1	1.7	686.6	230.6	325.3
12 月 17 日	248.7	323.1	74.1	358.9	2.0	758.1	258.7	311.1

时间	H_2	CH_4	C_2H_6	C_2H_4	C_2H_2	总烃	CO	CO_2
12月19日	229.7	305.3	72.9	344.5	1.9	724.6	256.7	340.9
12月23日	235.1	298.8	72.6	546.6	1.8	919.8	253.2	303.1
12月26日	260.2	310.0	71.4	337.6	1.8	721.2	259.2	279.2
1月2日	269.3	328.1	78.4	373.7	1.9	782.1	256.4	287.2
1月16日	275.8	382.8	94.5	444.0	1.9	923.2	254.3	316.9
1月23日	293.9	397.1	100.0	462.3	1.9	961.3	263.1	281.3
2月10日	347.0	504.9	116.4	571.7	3.2	1196.2	267.6	274.8
2月13日	396.9	524.8	115.3	583.9	3.5	1227.5	267.7	256.5
2月18日	390.7	543.5	133.7	622.1	4.1	1303.4	263.4	287.6
2月20日	465.8	652.0	146.2	750.2	6.8	1555.2	267.6	272.9
2月20日	492.6	677.2	149.4	776.2	7.0	1609.8	272.7	277.9
2月21日	485.2	674.8	148.8	776.6	6.9	1607.1	273.9	273.5
2月28日	2.4	4.2	10.8	11.9	1.6	28.5	1.7	46.8

2014年2月20日，2号主变压器C相变压器油色谱在线检测仪出现乙炔和总烃突升，见表2-29。

表2-29 在线油色谱分析仪数据（μL/L）

时间	H_2	CH_4	C_2H_6	C_2H_4	C_2H_2	总烃	CO
2014年2月20日 17:58	200.9	355.0	179.9	507.3	8.5	1050.7	169.3
2014年2月20日 9:58	207.5	347.6	163.1	471.8	3.1	985.7	165.4
2014年2月20日 1:58	203.4	345.6	164.0	464.6	1.9	976.1	170.0
2014年2月19日 17:58	204.5	344.3	159.7	455.1	1.8	961.0	168.8
2014年2月19日 9:58	206.6	340.6	145.1	432.0	1.6	919.2	161.9

2. 故障分析

三比值法编码为"022"，故障类型为高温过热故障（高于700℃）。潜油泵、超声波局部放电测试检测结果合格。

分接开关直流电阻测试结果见表2-30。C分接开关在运行挡位时直流电阻误差在2.2%，超过DL/T 596—2021《电力设备预防性试验规程》要求不应大于2%，分接开关指示如图2-8所示。厂家技术人员发现分接开关有接触不到位的现象，调整后分接开关指示如图2-9所示。

表2-30 分接开关调整前工作挡直流电阻值

相别	挡位	出厂值（mΩ）	测量值（mΩ）	换算值（mΩ）	误差（%）（误差不超过2%时为合格）
C相（12℃）Ⅲ	运行挡位	710.6	578.8	726.4	2.2

| 图 2-8 调整前分接开关位置 | 图 2-9 调整后分接开关位置 |

3. 故障确认及处理

通过试验数据分析，初步判断基建安装时操作无载开关没有完全到位，造成开关触头接触产生过热性故障，通过调整开关已调整到位，直流电阻测试结果符合试验要求。

本次变压器 C 相故障原因为分接开关接触不良所致，经过对本次故障分析、处理，彻底解决了变压器 C 相油色谱异常故障，变压器运行后各参数正常。

过热故障案例 15

1. 设备情况简介

某电业局 110kV 1 号主变压器，型号为 SSZ9-50000，2005 年 12 月 8 号投产至今。在 2007 年 12 月 27 日主变压器本体油色谱预防性试验中发现油中的一些特征气体含量异常，氢气、乙炔、总烃等含量比上一次 2007 年 6 月的数据明显异常增大，分析结果见表 2-31。

表 2-31　　　　　　　　主变压器油色谱数据（μL/L）

时间	H_2	CH_4	C_2H_6	C_2H_4	C_2H_2	总烃	CO	CO_2
2007 年 12 月 28 日	414.2	510.1	288.2	1432.5	8.5	2239.3	433.9	1289.2
2007 年 12 月 27 日	465.0	564.5	254.6	1300.2	7.9	2127.1	486.7	1254.3
2007 年 12 月 27 日	445.2	542.6	279.9	1384.8	8.3	2215.6	446.9	1326.5
2007 年 6 月 7 日	53.0	3.8	0.8	1.5	0.9	7.0	373.6	1156.7

2. 故障分析

用红外线测温仪测量变压器外壳不同区域的温度，均无异常；用钳形电流表测量变压器运行中的铁芯和轭铁的接地电流，数据均十几毫安，无显著变化；三比值法编码为"022"，故障性质为高于 700℃ 的高温过热故障。

本体绝缘、介质损耗值均无异常；但高压侧 C 相 1～5 挡的直流电阻明显偏大，1～5 挡的直流电阻三相不平衡率超过 8%，其他挡位均无异常，绕组直流电阻试验数据见表 2-32。电气试验结果证实了油色谱分析中得到的结论，说明故障部位应该在主变压器高压侧 C 相调压绕组的导电回路部分。

表 2-32　　　　　　　　　　　　　　绕组直流电阻试验数据

绕组直流电阻试验		相或线	AO(ab)(Ω)	BO(ab)(Ω)	CO(ab)(Ω)	误差（%）
三相	高压第 1 挡	相	0.3963	0.395	0.4285	8.23
	高压第 2 挡	相	0.388	0.3889	O.4214	8.36
	高压第 3 挡	相	0.3824	0.3825	0.4159	8.51
	高压第 4 挡	相	0.3768	0.377	0.4079	8.08
	高压第 5 挡	相	0.3688	0.3714	0.4019	8.58
	高压第 6 挡	相	0.3627	0.366	0.3639	0.9
	高压第 7 挡	相	0.3573	0.358	0.3587	0.39
	高压第 8 挡	相	0.3504	0.3513	0.353	0.85
	高压第 9 挡	相	0.3395	0.3387	0.3383	0.35
	高压第 10 挡	相	0.3508	0.3524	0.3513	0.45
	高压第 11 挡	相	0.3572	0.358	0.3579	0.22
	高压第 12 挡	相	0.3626	0.3643	0.3652	0.71
	高压第 13 挡	相	0.3689	0.371	0.3728	0.97
	高压第 14 挡	相	0.3754	0.3791	0.4091	8.53
	高压第 15 挡	相	0.3819	0.3829	0.4158	8.61
	高压第 16 挡	相	0.3878	0.3891	0.4238	8.94
	高压第 17 挡	相	0.3941	0.395	0.4279	8.27

3. 故障确认及处理

吊罩后发现在变压器高压侧的 C 相调压绕组的第 5 抽头处有绝缘纸过热变色的痕迹，如图 2-10 所示，经过进一步对该处解体，其 T 形接头处扁铜线脱焊，大电流经过该址故障点（高压侧 C 相调压绕组故障点），其接触电阻发热引起烧蚀。该变压器油中总烃产气速率过高的原因正是由于 C 相高压侧第五调压绕组的 T 形焊接不良引起的。

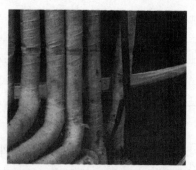

图 2-10　高压侧 C 相调压绕组故障点

维修人员剥离掉烧蚀的弹性绝缘纸和包扎纱带，确保主变压器动火安全措施保护下在 T 形接头处重新进行低温磷铜焊处理；再进行电气回路试验。其焊接工艺良好接触电阻小，主变压器高压绕组三相不平衡均低于 0.5%，短路阻抗、变压比修后试验均合格；重新投产后油色谱跟踪恢复正常。

过热故障案例 16

1. 设备情况简介

某 500kV 变电站 1 号主变压器为法国阿尔斯通公司 1991 年生产的单相自耦带有载调压变压器，容量为 250MVA，1993 年 9 月投运。1994 年 6 月起，变压器 A、B 相本体油色谱各组分增大且乙炔的含量超过规程规定的注意值；而 C 相则正常，乙炔含量为 0。

1996 年 6 月更换三相 500kV 套管，同时对三相本体变压器油作真空脱气处理，处理前后 A、B 相变压器油色谱分析中乙炔和总烃含量数据见表 2-33。

表 2-33　　　　　　1 号主变压器 A、B 相处理前后油色谱数据对比　(µL/L)

油色谱成分	A 相处理前	A 相处理后	B 相处理前	B 相处理后
乙炔	1.4	0	1.1	0
总烃	104.5	11.0	39.4	4.2

1996 年 7 月 12 日，变压器重新投入运行 72h 后，A 相总烃由 11.0µL/L 增至 36.2µL/L，乙炔由 0µL/L 增至 2.3µL/L；B 相出现 0.4µL/L 的乙炔，总烃量变化不大。

自 2000 年 3 月起，1 号主变压器 A、B 相本体油色谱的总烃量又有上升趋势，同年 6 月 29 日的油色谱试验发现总烃含量超过注意值（150µL/L），A、B 相总烃量分别达到了 153.5µL/L 和 184.8µL/L。此后进行跟踪检查，检查数据见表 2-34。

表 2-34　　　　　　A、B 相油色谱数据跟踪检查结果　(µL/L)

试验日期	A 相乙炔	A 相总烃	B 相乙炔	B 相总烃
2000 年 6 月 29 日	1.7	153.5	1.7	184.8
2000 年 7 月 13 日	1.1	159.7	2.0	175.4
2000 年 8 月 1 日	1.2	151.0	2.1	193.3
2000 年 8 月 19 日	2.1	165.2	2.8	224.8
2000 年 9 月 7 日	2.4	159.5	2.3	204.6
2000 年 9 月 27 日	1.7	169.5	2.1	204.4
2000 年 12 月 22 日	1.4	172.4	1.8	211.2
2001 年 1 月 21 日	1.1	158.9	1.7	196.6
2001 年 2 月 9 日	1.3	176.0	1.8	236.4
2001 年 3 月 5 日	1.2	169.1	1.7	217.2
2001 年 3 月 25 日	1.1	159.2	1.6	194.3
2001 年 4 月 5 日	1.0	153.5	1.4	200.5
2001 年 4 月 26 日	1.4	167.6	1.7	228.7
2001 年 5 月 30 日	1.1	153.9	1.4	192.0
2001 年 6 月 26 日	1.0	162.3	1.3	215.3

2. 故障分析

根据变压器油色谱分析原则，如果变压器油受热分解，产生的气体主要是氢和烃类（甲烷、乙烷、乙烯、丙烯、丙烷）气体；如果是纸、纸板、木材等固体绝缘件受热分解，产生的气体主要是一氧化碳和二氧化碳；若由于变压器内部放电而引起变压器油分解，产生的气体除了氢和烃类气体外，还包括乙炔。换句话说，由于变压器油只有在发生放电（温度可达 3000℃以上）或强烈过热（温度可达 1000℃以上）时才能分解出烃类气体和乙炔，所以 1 号主变压器油色谱分析时发现总烃和乙炔含量上升并超过注意值，说明该变压器内部有可能已出现局部放电或过热故障了。

在发现 1 号主变压器油色谱异常后，除了加强对其油色谱跟踪监测分析外，还定期对其进行红外测温检查，未发现其他异常情况。A、B 两相的气体增长率不高，色谱含量呈相对稳定状态，基本上可排除导电回路过热、切换开关室渗漏等情况，可能会存在磁屏蔽缺陷或是压紧装置故障。

3. 故障确认及处理

2009 年 5 月底，对 A 相进行吊罩、解体检查，结果如下：①A 相变压器上夹件通过 4 个边，用螺钉连接接通，其中 1 个边的两侧连接螺钉处有烧坏痕迹，如图 2-11 和图 2-12 所示；②A 相铁芯表面有大量规则的锈迹，表面无过热现象，如图 2-13 和图 2-14 所示；③检查绕组，发现上平台表面有大量金属粉末，导油槽有脏污，如图 2-15 和图 2-16 所示；④在油箱底部找到 2 片油流继电器的挡片，挡片在铁芯底部造成轻微放电，如图 2-17 和图 2-18 所示；⑤磁屏蔽无异常。

图 2-11　铁芯上夹件有烧坏痕迹

图 2-12　铁芯上夹件解体后有烧坏痕迹

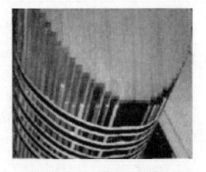

图 2-13　A 相铁芯柱生锈

图 2-14　A 相铁芯旁轭生锈

图 2-15 强力磁铁吸出杂物

图 2-16 导油槽内有脏污

图 2-17 油箱底发现油流继电器挡片

图 2-18 铁芯底部挡片放电痕迹

1号主变压器的 A 相上夹件是框架结构，4 个边通过螺钉连接，且 4 个边通过连接后只在其中一边接地。由于夹件表面涂了漆，特别是连接位的油漆没有清除，造成夹件连接位接触不是很好，这样除了直接接地的那一边夹件可靠接地外，其他边都不能确保接地良好，而夹件则通过四边连接形成一个磁环。当主变压器投运时，会产生较大的操作过电压，而由于夹件部分边没有有效接地，在螺钉连接处就会产生较高的悬浮电位，形成电位差，并在夹件闭环中形成环流。当环流达到一定数值时，电位差较大，产生放电现象；而当主变压器正常运行时，夹件连接位的电位差比较小，不一定发生放电。这也就刚好解释了为什么该主变压器进行相关处理后油中乙炔数为零，而投运后又测出油中含有乙炔，且运行过程中乙炔含量比较稳定这种现象；同时也说明了为什么夹件中有一边的两侧连接螺钉都被烧坏，那是因为夹件只有一个边是可靠接地的。

钢片生锈的原因可能是早期硅钢片的防腐技术没有达到要求或者在制造铁芯时曾经使用铁件进行固定，在紧固硅钢片时破坏了其表面的防腐层，为以后可能出现锈迹留下隐患。硅钢片断面生锈，会使磁导率下降，效率下降，变压器温升过高，容易造成片间短路，严重时会使铁芯发热，影响绝缘和寿命。

该主变压器在运行中，油流继电器挡片发生脱落，随着变压器油的流动，挡片被冲到铁芯底部并被卡在下方。在变压器运行时挡片产生悬浮电位，对铁芯底部放电。

为了解决 1号主变压器 A 相铁芯上的夹件连接不良形成环流的缺陷，厂家在夹件的 4 个连接位中的 1 个连接位加装 1 块厚约 6cm 的绝缘板，使电流在夹件中形成不了回路，并将夹件 4 个边的接地连通并在一点落地，这样就能比较好地解决夹件接地不良且形成环流的问题。

按照厂家目前的工艺制造过程，将原硅钢片表面的锈迹清除后，再加涂一层特殊的防腐材料，凝固后既能够增加硅钢片的机械强度，又能够在硅钢片表面形成保护，避免以后生锈。

⚙ 过热故障案例 17

1. 设备情况简介

某 500kV 变电站 3 号主变压器型号 ODFS-334000/500。于 2009 年 7 月 7 日开始启动试验。先后进行 220kV 冲击 2 次、500kV 冲击 6 次，带负荷试验之后，主变压器正式转入试运行。

500kV 冲击试验后，首次抽取主变压器油样进行油色谱分析，发现 B 相氢含量异常（119μL/L），并有微量乙炔。初步分析认为，氢含量异常是由于取样前未将取样阀内的油全部放完造成的。这种情况以前曾多次发生，原因是某些取样阀内的油在催化剂作用下发生了脱氢反应，使得阀内油中氢含量很高，如果取样前未将阀内的油放干净，就会使所取的油样中出现氢含量升高。

7 月 12 日上午，带负荷试运行 11h 后再次取样（先放掉取样阀内的油），结果发现 B 相变压器油中烃类气体分析数据异常，而氢含量则比前次大幅下降；A、C 相正常。当天 20:20 第二次取样，试验结果显示 B 相烃类气体含量增长明显。此后又进行了几次跟踪试验，试验结果见表 2-35。

表 2-35　　　　　　　　　3 号主变压器 B 相油色谱分析数据（μL/L）

时间	H_2	CH_4	C_2H_6	C_2H_4	C_2H_2	总烃	CO	CO_2
2009 年 6 月 17 日	3.6	0.5	0	0	0	0.5	3.3	53.2
2009 年 7 月 11 日	119.0	0	0.2	0.5	0	0.8	25.5	139.0
2009 年 7 月 12 日	27.3	8.0	2.3	12.1	0.4	22.9	24.3	103.0
2009 年 7 月 12 日	39.7	15.9	3.0	21.7	0.6	41.2	23.2	92.9
2009 年 7 月 13 日	33.6	18.4	4.0	25.4	0.6	48.3	26.1	139.0
2009 年 7 月 13 日	43.1	20.4	4.1	27.1	0.6	52.2	27.6	129.0
2009 年 7 月 13 日	41.7	20.2	4.2	27.4	0.6	52.4	27.5	129.0
2009 年 7 月 14 日	28.1	17.2	4.2	26.3	0.6	48.3	22.3	177.0
2009 年 7 月 20 日	47.6	19.1	4.2	27.0	0.7	51.0	34.0	203.0

2. 故障分析

该变压器油中主要故障气体组分为 C_2H_4 和 CH_4，次要组分为 H_2 和 C_2H_6，而且还出现微量 C_2H_2。三比值法编码为"002"，对应的故障类型是高温过热故障，故障点的温度高于 700℃。

变压器返厂后，进行了电压比测量及联结组标号检定、绕组电阻测量、绝缘电阻及介质损耗测量、长时感应电压试验等项目的检查，结果均未见异常。在对油进行脱气处理后，又进行了变压器长期空载和负载试验（先空载后负载，时间均为 36h），试验期间每隔 2h 取一次油样进行油色谱分析，部分分析数据见表 2-36。

表 2-36　　　　　压器长期空载和负载试验时的油色谱分析数据（μL/L）

时间	H_2	CH_4	C_2H_6	C_2H_4	C_2H_2	总烃	CO	CO_2
试验前	0	0.2	0	0	0	0.2	2.0	123.0
空载 8h	2.0	1.0	0.3	2.1	0	3.4	5.0	191.0
空载 24h	3.0	3.1	0.9	6.1	0	10.0	8.0	104.0
空载 36h	3.0	3.7	1.2	7.1	0	12.0	6.0	120.0
负载 8h	4.0	5.7	1.8	9.5	0.1	17.0	6.0	212.0
负载 24h	5.0	5.6	1.8	10.5	0.1	18.0	9.0	185.0
负载 36h	6.0	5.7	1.8	10	0.1	17.5	12.0	254.0

从表 2-36 可知，变压器长期空载试验时，总烃含量有增长趋势，但在负载试验时增长速度反而变慢，其他气体也有类似情况。由于吸附在变压器内部固体材料中的气体在油脱气处理后会有一个向油中转移的平衡过程，使油中的气体组分含量出现增长，因此，脱气后油中气体含量的增长是由故障引起还是由原来的残余气体引起很难区别，从而很难对这次长期空载和负载试验期间的油色谱分析结果作出正确判断。

3. 故障确认及处理

由于变压器返厂后的诊断性试验也未能找出原因，决定吊出器身做进一步检查。2009 年 10 月 17 日对铁芯、夹件、油箱磁屏蔽等部位检查，结果未见异常。10 月 22 日进行分体检查，结果发现：高压侧主柱铁芯表面从最小级算起的第 4 级铁芯片，距铁窗下铁轭上表面约 450mm 处与之接触的一根支撑棒表面有发黑痕迹，其中部分已碳化，长度约 100mm；紧邻该支撑棒碳化点还有一段（约 700mm）熏染发黑痕迹，但没有碳化；这支撑棒上有 1 个直径约 2mm 的小孔，小孔内有污染；另外铁芯接地屏最内层纸筒与该支撑棒碳化处接触部分有熏染发黑痕迹。检查支撑棒过热点对应的铁芯部分，未见毛刺或形成片间短路，铁芯端面光滑，没有过热形成的烧熔，铁芯完好无损；同时对调柱及旁柱也进行了认真细致的检查，检查结果未见异常。在对问题支撑棒进行 X 光透视后，未发现金属异物。对支撑棒材质进行分析后，认为这次变压器故障的原因是该支撑棒受到了污染或存在腐蚀发生霉变，绝缘性能下降，与铁芯片接触后在铁芯端面形成局部涡流产生局部过热；由于支撑棒与铁芯紧密接触，散热条件很差，使支撑棒局部过热而发生碳化，造成了变压器油色谱数据异常。确认故障性质后，将铁芯主柱第四级与接触的表面用酒精彻底清洗，去除支撑棒碳化遗留物，清洗完毕后涂绝缘清漆予以保护并恢复片间绝缘，更换故障和有拆损的支撑棒，严格按工艺要求进行修复和试验。变压器修复后于 2010 年 1 月 20 日投入运行，投运后油色谱数据正常。

过热故障案例 18

1. 设备情况简介

某 220kV 变电站 2 号主变压器规格型号为 OSFPS7-150000/220；额定电压为 220×2.5%/117/37±5%kV；额定容量为 150000/150000/60000kVA；联结组别为 yndll；空载损耗为 67.1kW；空载电流为 0.15%；高压侧对中压侧短路阻抗为 7.5%；高压侧对低压侧短路阻抗为 31.3%；高压侧对中压侧负载损耗为 393.5kW；高压侧对低压侧负载损耗为 221.2kW。

该变压器自投运到 2004 年 10 月 13 日油中色谱数据皆正常，但在 2005 年 4 月 1 日的例行油色谱分析时，发现油中总烃为 236.4μL/L，其中主要成分乙烯为 129.6μL/L。2005 年 4 月 6 日的测试结果油中总烃为 231.3μL/L，其中主要成分乙烯为 125.8μL/L。从两次油色谱试验数据看，变压器存在 700℃左右过热故障。继续跟踪到 2005 年 7 月 19 日油中总烃发生了较大的变化，总烃为 295.79μL/L，其中主要成分乙烯为 178.14μL/L，故障性质仍为 700℃左右过热故障。

2. 故障分析

通过综合分析，可排除是由无载开关接触不良、中性点套管发热引起的总烃异常，也可基本排除是在电回路中的发热。分析认为最有可能的原因为铁芯局部短路或套管引线绝缘破损引起的环流。

通过 2005 年 6 月的主变压器消缺及排查工作，可以确认原来存在的中点连接发热、套管引线、4 号油泵渗漏等可疑点不是导致主变压器油色谱超标的原因，从油色谱量的变化曲线及负荷的变化情况来看，两者不具备关联性，而高压侧电压值的变化趋势与色谱曲线存在一定的吻合，据此可以认为缺陷极可能存在于主变压器铁芯部位。综合各项电气、油化试验及红外测温数据来看，主变压器固体绝缘尚未受损，无需采取紧急停役措施。2005 年 8 月 8 日对该变压器进行空载及局部放电测试试验。该主变压器三相加压空载试验数据及计算结果见表 2-37，单相加压空载试验数据及计算结果见表 2-38；主变压器局部放电试验结果见表 2-39，试验结果均无明显异常。

表 2-37 主变压器三相加压空载试验数据及计算结果

	低压侧电压（kV）				低压侧电流（A）			平均损耗（kW）
	U_a（有效值）	U_b（有效值）	U_c（有效值）	U_b（平均值）	I_a	I_b	I_c	
试验数据	10.5	10.6	10.6	10.8	0.6	0.34	0.5	4.6
	12.6	12.8	12.6	13.0	0.7	0.4	0.6	6.6
	14.7	14.9	14.6	15.0	0.9	0.5	0.8	9.1
	16.7	17.1	16 6	17.2	1.2	0.7	1.2	11.9
	18.6	19.2	18.5	19.2	1.8	1.2	1.8	15.0
	20.3	21.3	20.4	20.8	2.6	2.1	2.8	18.2
计算结果	经校正后额定电压下空载电流为 0.11%				经校正后额定电压下空载损耗为 56.5kW			

表 2-38　　　　　　　变压器单相加压空载试验数据及计算结果

加压方式（AB 励磁、C0 短路）			
U_{ab}(kV)	平均电压值（kV）	I_{ab}(A)	P_{ab}(kW)
21.08	21.38	0.39	8.08
22.32	25.71	0.48	9.17
29.60	29.73	0.62	15.80
33.80	34.26	0.92	20.93
加压方式（bc 励磁、a0 短路）			
U_{bc}(kV)	平均电压值（kV）	I_{bc}(A)	P_{bc}(kW)
21.44	21.44	0.39	8.18
25.60	25.53	0.49	11.70
29.90	29.93	0.66	16.29
33.56	34.04	0.96	20.98
加压方式（ac 励磁、b0 短路）			
U_{ac}(kV)	平均电压值（kV）	I_{ac}(A)	P_{ac}(kW)
21.08	21.38	0.58	12.16
22.32	25.71	0.71	17.33
29.60	29.73	0.95	23.50
33.80	34.26	1.39	30.39
计算结果			
P_{ab}/P_{bc}	P_{ac}/P_{bc}		P_{ac}/P_{ab}
0.98	1.44		1.47

表 2-39　　　　　　　变压器局部放电试验结果（pC）

局部放电试验		高压侧			中压侧		
		A	B	C	A_m	B_m	C_m
试验频率（Hz）		205	200	205	205	200	205
背景干扰		400	800	500	—	—	—
时间	电压						
1min	40kV	400	800	500	—	—	—
1min	80kV	400	800	500	—	—	—
1min	120kV	400	800	500	—	—	—
1min	160kV	400	800	500	—	—	—
1min	U_2	400	800	500	300	400	350
5min	U_2	400	800	500	300	400	350
10min	U_2	400	800	500	300	400	350
15min	U_2	400	800	500	300	400	350
20min	U_2	400	800	500	300	400	350
25min	U_2	400	800	500	300	400	350
30min	U_2	400	800	500	300	400	350

3. 故障确认及处理

变压器吊罩检查发现以下异常情况：

（1）下夹件两侧拉板固定螺栓共有 16 颗，6 颗有明显的发热痕迹。其中一颗发热严重，将接触面除漆，并更换所有固定螺栓。

（2）220kV 无载开关拔插存在有轻微的放电痕迹，为接触不良悬浮电位放电引起。

（3）110kV 套管底部均压罩内有黄色痕迹，但可擦除，擦除后此部位颜色正常，套管穿缆引线正常。

（4）A 相绕组解开围屏后，发现有一检验合格标示牌遗留在绕组内，该部位没有发现异常。

处理后变压器按大修后项目进行常规电气试验、局部放电试验和低电压短路阻抗测试。常规电气试验正常，局部放电试验结果见表 2-40，低电压短路阻抗测试结果见表 2-41。本次试验 C 相的局部放电量与 2005 年 8 月 8 日的测试结果有一定的增加且数值较大，A 相与 B 相的测试结果无明显变化。

表 2-40　　　　　　　　　　　局部放电测试结果（pC）

局部放电试验		高压侧			中压侧		
		A	B	C	A_m	B_m	C_m
测量电压（kV）	40						
	80					60	
	120			250		120	
	160		85	833	722	360	690
	189	50	135	1041	500	680	890
测量电压为 189kV 时的加压时间（min）	5	50	135	1041	445	680	890
	10	50	135	1041	390	680	890
	15	50	220	1041	280	750	890
	20	50	220	935	280	750	830
	25	50	220	935	250	750	830
	30	50	220	935	220	750	830

表 2-41　　　　　　　　　　　电压短路阻抗测试结果

被试绕组对 H-L		加压侧绕组分接开关位置Ⅳ		短路侧绕组分接开关位置Ⅱ	
试验电压 U_a(V)	215.012	加压侧绕组电压（kV）	220	短路电抗 X_{kA}(Ω)	104.530
试验电流 I_a(A)	2.07297	铭牌 U(%)	31.3	短路电抗 X_{kB}(Ω)	105.210
实测 P_a(W)	18.0667	实测 U_k(%)	32.1407	短路电抗 X_{kC}(Ω)	101.327
负载损耗 P_k(W)	22.8599	误差 ΔU_k(%)	2.686	X_k 相间误差（%）	3.76
被试绕组对 H-M		加压侧绕组分接开关位置Ⅳ		短路侧绕组分接开关位置Ⅱ	
试验电压 U_a(V)	213.677	加压侧绕组电压（kV）	220	短路电抗 X_{kA}(Ω)	24.3889

续表

被试绕组对 H-M		加压侧绕组分接开关位置Ⅳ		短路侧绕组分接开关位置Ⅱ	
试验电流 I_a(V)	8.76145	铭牌 U_{ke}(%)	7.5	短路电抗 X_{kB}(Ω)	24.5393
实测 P_a(W)	326.495	实测 U_k(%)	7.56363	短路电抗 X_{kC}(Ω)	24.0835
负载损耗 P_k(W)	413.117	误差 ΔU_k(%)	0.84846	X_k相间误差（%）	1.875
被试绕组对 M-L		加压侧绕组分接开关位置Ⅳ		短路侧绕组分接开关位置Ⅱ	
试验电压 U_a(V)	216.318	加压侧绕组电压（kV）		短路电抗 X_{kA}(Ω)	20.7553
试验电流 I_a(A)	10.6267	铭牌 U_{ke}(%)	21.43	短路电抗 X_{kB}(Ω)	20.7371
实测 P_a(W)	209.123	实测 U_k(%)	22.3344	短路电抗 X_{kC}(Ω)	19.6107
负载损耗 P_k(W)	260.355	误差 ΔU_k(%)	4.22	X_k相间误差（%）	5.67

吊罩检查后认为故障原因为下夹件两侧拉板的6颗固定螺栓有明显的发热痕迹。其中一颗固定螺栓发热严重，将接触面除漆，并更换所有固定螺栓。处理后变压器运行正常。

变压器低电压短路阻抗异常，不能排除低压侧存在变形的可能性，建议返厂处理。

过热故障案例 19

1. 设备情况简介

某电业局 220kV 变电站 1 号主变压器（型号：SFPSZ10-180000/220）于 1997 年 12 月出厂，1999 年 8 月投运，投运后，一直带低负荷运行，各次年检中高压及色谱试验都正常。2002 年 5～7 月间，由于该电业局北郊变电站增容，其部分负荷转至南门变电站 1 号主变压器。在 2002 年 7 月 23 日投运后第 3 次年检中，高压试验正常，但总烃含量却严重超标，为 540μL/L。此前的一次油色谱试验（2002 年 1 月 31 日）总烃为 85μL/L，油色谱的其他数据都正常。

2. 故障分析

根据在油色谱试验中对总烃成分的分析，其主要成分是甲烷（CH_4）和乙烯（C_2H_4），按三比值法进行分析，其特征气体的编码为"022"，属于高温过热故障。高温过热故障的原因可能是：①铁芯短路；②接头接触不良；③铁芯和外壳的环流。对主变压器进行了低电压的空载试验，测量铁芯及其夹件的绝缘电阻，并多次对整台主变压器进行了远红外测温，都未发现问题，缩短主变压器油色谱试验的周期后，南门变电站 1 号主变压器油色谱试验见表 2-42。从表 2-42 可以看出，南门变电站 1 号主变压器油色谱异常的另一特征是总烃含量随负荷的升高而增大。

表 2-42　　　　　南门变电站 1 号主变压器油色谱试验（μL/L）

时间	H_2	CH_4	C_2H_6	C_2H_4	C_2H_2	总烃	CO	CO_2
2001 年 6 月 13 日	40.0	26.0	5.4	10.0	0.0	41.4	720.0	130.0
2002 年 1 月 1 日	29.0	35.0	10.0	40.0	0.1	85.1	410.0	1500.0

续表

时间	H_2	CH_4	C_2H_6	C_2H_4	C_2H_2	总烃	CO	CO_2
2002 年 7 月 22 日	71.0	150.0	42.0	190.0	1.3	383.3	490.0	1900.0
2002 年 7 月 23 日	100.0	200.0	58.0	290.0	1.7	549.7	710.0	2600.0
2002 年 8 月 1 日	93.0	190.0	57.0	280.0	1.6	528.6	670.0	2800.0
2002 年 8 月 5 日	96.0	210.0	62.0	300.0	1.8	573.8	750.0	3000.0
2002 年 8 月 28 日	56.0	160.0	59.0	260.0	1.8	480.8	4700.0	2600.0
2002 年 8 月 31 日	98.0	210.0	64.0	310.0	1.8	585.8	880.0	3000.0
2002 年 9 月 12 日	120.0	280.0	87.0	420.0	2.8	789.8	630.0	3400.0
2002 年 10 月 8 日	100.0	240.0	76.0	360.0	1.8	677.8	990.0	2600.0
2002 年 12 月 3 日	92.0	240.0	73.0	350.0	1.6	664.6	630.0	2400.0

3. 故障确认及处理

主变压器大修前，高压试验数据一切正常，吊罩后，对主变压器本体电连接部分、磁屏蔽、分接开关等各部分的检查结果也正常。大修时发现 110kV B 相套管内铜套的管壁上有约 1.5cm×1.5cm 的铜皮突出，后对此套管进行了更换；铁芯中间两个最大的极间有短接现象，在如图 2-19 所示中的 d 处用万用表测得这两极间的电阻为 0.01Ω，大修期间也进行改造。夹件的外引接地改为在变压器内部接地，改造后的变压器换芯如图 2-20 所示。将有短接的一极铁芯接到原先夹件外引的套管上，并悬空。将其余的铁芯短接后接到原先铁芯外引的套管上。

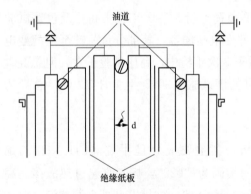

图 2-19 改造前的变压器铁芯

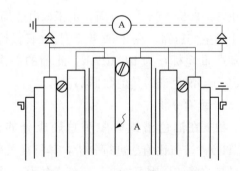

图 2-20 改造后的变压器铁芯

主变压器大修后送电前，除了对变压器进行常规的高压试验外，还做了 90% 额定电压的空载试验，局部放电试验也都未发现问题。主变压器的油色谱异常可以用铁芯短接的现象来解释，因为铁芯短接处会引起放电、发热，所以会产生乙炔和总烃，但无法解释油色谱随负荷增加而增大的现象。因为负荷增加时，主磁通不会增加，所以不会引起放电、发热，因此也不会使乙炔和总烃增加，所以大修没有从根本上解释油色谱异常的原因。

主变压器大修后的最初几个月，油色谱试验正常，但在 2003 年 4 月负荷超过 120MVA 后，主变压器总烃又很快上升，特别是在 7 月 13 日总烃升至 900。值得注意的是 6 月 4 日，尽管负荷超过 140MVA，但由于 10kV 侧空载，总烃却没有增加（见表 2-43）。6 月 4 日以后，总负荷降下来了，但是 10kV 仍带有负荷，所以乙炔和总烃仍在增加，见 7 月 10 日的数据。

表 2-43　　　　　　南门变电站 1 号主变压器油色谱试验（大修后）（μL/L）

时间	H_2	CH_4	C_2H_6	C_2H_4	C_2H_2	总烃	CO	CO_2
2003 年 1 月 20 日	3.5	0.5	0.7	0.0	0.0	1.2	42.7	131.3
2003 年 1 月 30 日	9.0	25.0	7.5	38.0	0.4	70.9	71.0	440.0
2003 年 3 月 25 日	17.0	33.0	9.6	55.0	0.5	98.1	32.0	370.0
2003 年 4 月 8 日	23.0	44.0	14.0	78.0	0.8	136.8	48.0	630.0
2003 年 4 月 16 日	64.0	110.0	31.0	180.0	2.0	323.0	54.0	910.0
2003 年 5 月 29 日	69.0	150.0	38.0	210.0	1.9	399.9	84.0	910.0
2003 年 6 月 4 日	75.0	140.0	40.0	210.0	1.9	391.9	86.0	1100.0
2003 年 7 月 10 日	110.0	240.0	75.0	300.0	1.9	616.9	100.0	1200.0
2003 年 7 月 13 日	140.0	320.0	93.0	490.0	3.2	906.2	110.0	1300.0
2003 年 7 月 31 日	140.0	290.0	92.0	460.0	2.6	844.6	130.0	1400.0
2003 年 9 月 8 日	120.0	280.0	92.0	470.0	2.6	844.6	140.0	1500.0

2003 年 10 月 29 日至 11 月 1 日，南门变电站 1 号主变压器在变压器厂内进行吊罩解体检查。吊罩后进行了外观检查并进行变比、直流电阻及绝缘电阻的测量，结果都正常。引线、铁芯以及相关表面部分没有发现能够引起油色谱异常的原因。

主变压器经解体后发现 10kV C 相绕组内侧（靠铁芯侧）两个 S 弯换位处绝缘纸烧焦炭化，导线表面烧损。其一是从底部算起的第 4 匝 S 弯处（每匝分上、中、下三层，共有 29 根导线并联）中层有 2 根导线绝缘纸烧焦并露铜导通，下层有 4 根导线绝缘纸烧焦，其中最内第 1 根与第 2 根露铜导通，如图 2-21 所示；另一是第 12 匝 S 弯处，上层 4 根导线绝缘纸烧焦，其中 3 根导线露铜导通，中层 3 根导线绝缘纸烧焦。上述两处 S 弯导线均有烧损痕迹，且周围垫块均有不同程度的烧焦痕迹，如图 2-22 所示，此外 C 相低压铁芯纸筒下沿附有碳化物；10kV 绕组 A、B 相及 110kV 绕组均未发现异常。

图 2-21　C 相低压侧绕组内径第四匝　　　图 2-22　C 相低压侧绕组内径第十二
　　中层和下层 S 弯换位处　　　　　　　　匝上层和中层 S 弯换位处

通过对主变压器解体检查，很明显发现主变压器的油色谱异常是由于主变压器在10kV绕组绕制过程中S弯换位处绝缘存在损伤所致，特别当10kV负荷较大时发热严重，其情况更加恶化，最终导致匝中并联（29根）导线线间短路。此分析与运行中油色谱随10kV低压侧负荷的增加而恶化，随10kV低压侧空载而不增加的现象相吻合。

⚙ 过热故障案例 20

1. 设备情况简介

某供电公司所管辖的 4 号主变压器是 220kV 的变压器，其变压器容量为120000kVA，该变压器于 2002 年 4 月 18 日发现油色谱总烃含量超标。

2. 故障分析

特征气体组分以乙烯为主，其次是甲烷、乙烷、氢气。三比值法编码为"022"，可能存在高于700℃的过热性故障，可能由于分接开关接触不良，引线夹件螺钉松动或接头焊接不良等因素所致。为保障设备安全经济运行，采取降低负荷，连续跟踪监测等措施，4 号主变压器气相油色谱分析监测数据见表 2-44。

表 2-44　　　　　　　　　4 号主变压器气相油色谱分析数据 （μL/L）

时间	H_2	CH_4	C_2H_6	C_2H_4	C_2H_2	总烃	CO	CO_2
2002 年 4 月 18 日	28.3	63.3	19.0	110.4	0.0	192.7	278.7	3260.6
2002 年 6 月 10 日	43.6	104.2	36.9	177.6	0.1	318.8	396.8	4103.2
2002 年 7 月 10 日	40.7	98.1	35.3	174.1	0.1	307.6	417.2	4055.4
2002 年 9 月 11 日	47.2	137.5	43.0	223.2	0.1	403.8	483.2	4058.7
2002 年 11 月 14 日	34.6	133.9	45.8	225.0	0.1	404.8	454.9	3640.2
2003 年 2 月 20 日	36.9	180.1	62.0	283.4	0.1	525.6	437.4	3160.6
2003 年 4 月 2 日	42.0	184.4	60.9	308.3	0.1	553.7	472.6	3766.4

3. 故障确认及处理

4 号主变压器于 2003 年 4 月 18 日经大修解体后，发现调压绕组第 5 有载分接开关的引线接头处螺钉松动并有烧痕，与气相油色谱分析试验结果判断的结论完全吻合。

⚙ 过热故障案例 21

1. 设备情况简介

某发电公司 3 号主变压器型号为 SFP10-370000/220，额定容量 370MVA，额定电压 242±2×2.5%/20kV，冷却方式为强迫油循环风冷，由常州东芝变压器有限公司2003 年 10 月生产，于 2005 年年初投产运行。2015 年 3 月 28 日，开展最近一次预防性试验，各项试验数据合格。2016 年 6 月 23 日开展常规例行绝缘油色谱分析，各项数据无异常。2016 年 9 月 12 日，发现例行绝缘油色谱分析气体特征数据异常，总烃达到 343μL/L，乙炔 1.85μL/L，可燃气体含量升高。2016 年 9 月 14～18 日，异常数据有变大趋势，且变大速度与负荷大小有关系。主变压器油色谱数据变化情况见表 2-45。

表 2-45 主变压器油色谱数据变化情况 （μL/L）

时间	H_2	CH_4	C_2H_6	C_2H_4	C_2H_2	总烃	CO	CO_2
2016 年 2 月 18 日	9.5	8.2	5.2	3.1	0.0	16.5	342.7	3971.0
2016 年 4 月 30 日	10.3	8.8	4.4	4.1	0.0	17.2	354.2	3896.0
2016 年 6 月 23 日	12.8	13.7	6.7	11.0	0.0	31.4	267.2	3594.0
2016 年 9 月 12 日	66.7	125.9	34.9	184.8	1.9	347.5	421.2	3707.0
2016 年 9 月 14 日	58.2	119.4	34.4	182.6	1.9	338.4	427.1	3634.0
2016 年 9 月 18 日	72.3	145.0	42.0	218.2	1.9	407.2	469.8	3887.0
2016 年 9 月 19 日	79.7	152.3	42.2	233.0	1.9	429.4	447.0	3914.0
2016 年 9 月 20 日	103.7	170.9	44.1	256.9	1.9	473.8	432.4	3909.0
2016 年 9 月 20 日	99.2	191.8	53.4	262.3	2.0	509.5	459.3	4215.0
2016 年 9 月 21 日	135.3	205.7	52.6	305.0	3.1	566.3	460.0	3875.0
2016 年 9 月 21 日	129.8	214.4	44.5	301.5	2.7	563.1	468.6	4187.0
2016 年 9 月 22 日	141.9	211.5	48.9	290.4	3.2	554.0	527.0	4109.0
2016 年 9 月 23 日	142.4	217.1	59.2	336.2	2.6	615.0	480.2	4253.0
2016 年 9 月 24 日	146.1	227.2	59.4	343.1	3.2	632.8	506.3	4332.0
2016 年 9 月 25 日	151.4	244.7	58.0	257.2	3.4	563.3	508.3	4155.0

2. 故障分析

对变压器本体各部红外成像检测，未发现异常高温点；用毫安电流表测量铁芯接地引下线电流为 1mA，在正常范围；测量高压侧 TA 二次电流输出正常，确认 TA 二次侧无开路现象；检查潜油泵无异音，测量各潜油泵电机绝缘电阻均在 500MΩ 以上，油流计显示正常。潜油泵依次轮停，观察油色谱数据，无明显变化；运行人员每天两次对 3 号主变压器气体继电器进行排气，均无气体排出；高压侧 A、B、C 相升高座底部油样色谱中，A 相总烃、乙炔较其他两相数值较高。

2016 年 9 月 25 日，3 号主变压器停运，首先开展变压器绕组直流电阻测量及介质损耗、耐压等各项试验，测得直流电阻不平衡度 21%。因 CO 和 CO_2 数值上升较缓慢，通过直流电阻和升高座底部油样分析数据，初步判断 A 相无载分接开关存在故障。

3. 故障确认及处理

变压器停运后，拆除高、低压侧引线，测量高压侧第3挡（工作挡、242kV）直流电阻，A相直流电阻为0.1508Ω、B相直流电阻为0.1227Ω、C相直流电阻为0.1299Ω，不平衡度21%（不合格），低压侧直流电阻不平衡度0.36%（合格）；主变压器套管及本体介质损耗、直流耐压及泄漏电流等检查试验结果各项数据合格；打开铁芯接地线，测量铁芯对地绝缘电阻1000MΩ/MΩ1000V（合格）；无载分接开关切换后测量直流电阻变化见表2-46中的接开关切换后直流电阻测量数据，确认无载分接开关A相存在故障。

表 2-46 接开关切换后直流电阻测量数据

挡位	A-C(mΩ)	B-C(mΩ)	C-A(mΩ)	不平衡度（%）
Ⅰ	120.2	119.1	119.3	0.92
Ⅱ	118.9	116.0	116.0	2.48
Ⅲ（工作）	139.1	112.3	114.4	23.1
Ⅳ	112.5	108.7	109.3	3.45
Ⅴ	110.1	105.5	105.9	4.29

厂家技术人员再次进入内部检查，进行无载分接开关动触头切换。厂家技术人员通过观察窗发现内部故障点：高压侧A相分接开关Ⅲ挡位的静触头有6处放电点，动触头有8处放电点（如图2-23所示）。

厂家技术人员根据现场检查结果，告知此无载分接开关不可继续使用，也无法修复，且无同型号无载分接开关库存（沈阳变压器开关厂WDGⅡ1200A/220-6×5）。该公司提出将A、B、C三相高压侧无载分接开关Ⅲ挡（工作挡）的接线做短接处理。由于该发电公司处于电网中心位置，电网电压长期稳定无需调压，主变压器投运12年来未曾调整过分接开关位置，经讨论并请示电网公司及上级主管公司同意后，决定将A、B、C三相高压侧无载分接开关Ⅲ挡（工作挡）做短接处理。处理前分接开关原理如图2-24所示。

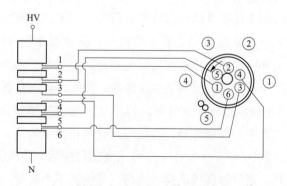

图 2-23　A相分接开关动触头放电点　　　　图 2-24　处理前分接开关原理

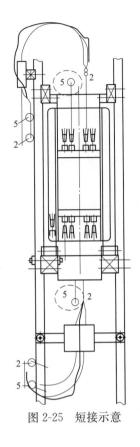

图 2-25 短接示意

短接示意如图 2-25 所示，短接步骤如下：①将开关上下部出线 2 号和绕组出线 2，5 号接头压接在一起（图 2-25 中粗实线所示）；②将开关上下部 5 号出线进行电屏蔽及绝缘整形（图 2-25 中虚线所示）；③对上述开断、连接位置进行连接，并采取电屏蔽和绝缘包覆处理。

短接后分接开关原理如图 2-26 所示。短接完成后，再次对变压器内部进行全面检查，确认没有问题后封闭人孔门，再抽真空、保持真空、注油、热油循环、静置 24h。次日，进行 3 号主变压器短接维修后各项预防性试验测试，试验项目主要包括：变比测试、绕组直流电阻测试、介质损耗试验、绝缘电阻与吸收比试验、绕组泄漏电流测试、绕组变形试验、绕组局部放电测量、绝缘油试验（油介质损耗、色谱、微水、耐压），试验结果全部合格，确认该变压器具备投运条件。

2016 年 10 月 20 日，3 号机组开机并网，对 3 号主变压器油进行多次油色谱分析，得到的数据正常，见表 2-47。此后，在每月 2 次的油色谱分析中也均未出现异常数据。

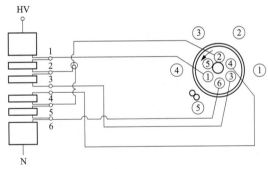

图 2-26 处理后分接开关原理

表 2-47 　　　　　　　　修后主变压器油色谱数据（μL/L）

时间	H_2	CH_4	C_2H_6	C_2H_4	C_2H_2	总烃	CO	CO_2
2016 年 10 月 20 日	2.2	4.8	1.7	2.8	0.0	9.2	6.9	279.5
2016 年 10 月 21 日	10.3	1.9	1.0	1.9	0.0	4.8	6.4	266.0
2016 年 10 月 23 日	6.7	3.1	0.0	2.4	0.0	5.6	11.3	243.4

⚙ 过热故障案例 22

1. 设备情况简介

某变压器型号为 SFPSZ7-120000/220，储油柜为胶囊式。该变压器于 2000 年现场大修，并更换大型风冷设备和有载开关，大修改造后历次预防性试验均合格。2002 年 6 月 10 日，预防性试验发现油色谱总烃超标，为此进行了跟踪监测，数据见表 2-48。

表 2-48　　　　　　　　　　　　　　　　油色谱数据（μL/L）

时间	H_2	CH_4	C_2H_6	C_2H_4	C_2H_2	总烃	CO	CO_2
2002 年 6 月 10 日	43.6	104.2	36.9	177.6	0.0	318.7	396.8	4103.2
2002 年 6 月 20 日	41.0	126.7	55.5	223.5	0.0	405.7	538.2	2448.7
2002 年 6 月 24 日	40.0	125.2	54.5	220.7	0.0	400.4	619.8	2107.1
2002 年 7 月 1 日	41.7	134.1	55.4	223.7	0.0	413.2	605.1	2188.6
2002 年 7 月 8 日	40.8	126.4	52.7	220.7	0.0	399.8	538.0	1911.3
2002 年 7 月 14 日	45.0	137.0	59.8	247.0	0.0	443.8	639.8	2146.2
2002 年 7 月 16 日	46.9	152.4	65.0	271.1	0.0	488.5	604.2	2414.6
2002 年 7 月 19 日	42.6	137.1	60.2	241.0	0.0	438.8	523.1	2056.4
2002 年 7 月 20 日	43.1	145.3	65.1	262.9	0.0	473.3	644.5	2415.2
2002 年 7 月 21 日	45.7	150.9	64.6	275.0	0.0	490.5	708.3	2536.4

2. 故障分析

三比值法编码为"022"，故障类型为高温过热故障。

铁芯接地电流为 0.1A，环境温度基本上在 36℃左右，上层油温在 45℃左右，各个套管温度正常，变压器负荷（高压侧）在 110～150A 之间变化，3 组冷却系统运行正常。

6 月 20 日、6 月 24 日、7 月 1 日、7 月 8 日的油色谱总烃基本上保持在 400μL/L，此时分接开关为 4 号分接开关。该变压器于 7 月 10 日 20:00，由 4 号分接开关倒到 5 号分接开关运行，7 月 14 日的油色谱监测试验结果总烃 443.8μL/L。该变压器于 7 月 15 日 10:00 由 5 号分接开关倒到 6 号分接开关运行，7 月 16 日的油色谱监测试验结果总烃为 488.5μL/L。7 月 19 日在主变压器 6 号分接开关运行时进行了色谱复试，结果总烃为 438.8μL/L。该变压器在 7 月 19 日 12:00 由 6 号分接开关倒到 5 号分接开关运行。当天 00:00 由 5 号分接开关倒到 6 号分接开关运行。7 月 20 日的油色谱监测试验结果总烃为 473.3μL/L。该变压器于 7 月 20 日 14:30 由 6 号分接开关倒到 4 号分接开关运行。7 月 21 日的油色谱监测结果总烃为 490.5μL/L；7 月 22 日的油色谱监测结果总烃为 489.7μL/L，主变压器在 4 号分接开关运行期间色谱试验数据稳定。

通过以上情况分析可以看出，主变压器在 5 号分接开关运行时，造成除 C_2H_2 以外组分数值的增大，在 4、6 号分接开关运行时所有组分基本稳定。因此，这种高温过热性故障极可能是由于 5 号分接开关的载流回路引起的。另外，根据了解，有载分接开关更换后至 2002 年 7 月 21 日，总共动作 510 次，其中以 2002 年 4 月动作最频繁，为 71 次，且多在 4、5、6 号分接开关运行。

3. 故障确认及处理

2002 年 8 月 5 日，该变压器停电，测量其一次侧直流电阻，发现 5 号分接开关直流电阻 C 相比 A、B 两相偏大 2.2%，其余分接开关直流电阻正常；放出全部变压器油，从人孔进入箱体检查，发现 C 相 5 号分接开关绕组引出线与选择开关紧固螺栓松动，有过热痕迹；清理紧固后重新测试 5 号分接开关直流电阻正常；对所有其他分接螺栓及触头进行检查、紧固；对变压器油真空脱气处理并抽真空注油，进行变压器及油的复试，全部合格，该变压器于 8 月 7 日 19:00 投入运行。该变压器投入运行后经过一段时间的油色谱监测，数据稳定，说明上述分析判断及处理正确，故障已消除。

⚙ 过热故障案例 23

1. 设备情况简介

2005 年 1 月 21 日，某主变压器油样总烃含量为 299.6 μL/L，超过注意 150 μL/L，而后经过 15 次的油样色谱跟踪分析发现，总烃含量一直呈上升趋势。截至 2005 年 9 月 27 日分析时，总烃含量为 800.56 μL/L，与当年 1 月份的含量相比，增长了许多，且产气速率远远超过了注意值。

2. 故障分析

由表 2-49 可知，三比值法编码为"022"，故障类型为高于 700℃ 的高温过热故障。

表 2-49 根据油样化验结果计算编码表

时间	编码计算值	编码
2005 年 9 月 27 日	$C_2H_2/C_2H_4 = 1.17/433.85$	0
	$C_2H_4/C_2H_6 = 433.85/94.34$	2
	$CH_4/H_2 = 271.20/33.43$	2

3. 故障确认及处理

在将变压器的大盖吊起大修以后，现场工作人员积极展开了非常细致的故障排查工作，在 35kV 变压器线包 A 相引出线处发现了大片变色的绝缘材料。出现这一现象的原因为温度过高，且套管接线处有放电灼伤痕迹，经进一步检查，最终确定故障原因为压接螺钉松动，并当即进行了处理，处理后，变压器正常运行。

⚙ 过热故障案例 24

1. 设备情况简介

某公司 110kV 1 号主变压器于 2005 年 12 月投运，主变压器型号为 SFZIO-50000/

110，接线组别 Ynd11，有载开关型号为 MIII-500Y/72.5B-10193W。该台主变压器投运后，按主变压器运行规定及预防性试验要求，定期对主变压器进行了周期性检修及预防性试验。2007 年 7 月 23 日在对该台主变压器进行油色谱取样化验时，发现该主变压器油色谱出现异常，油中总烃含量高达 409.66μL/L，并伴有乙炔气体，乙炔气体含量为 1.25μL/L，处理前的具体油色谱分析数据见表 2-50。

表 2-50 处理前的油色谱数据 （μL/L）

时间	H_2	CH_4	C_2H_6	C_2H_4	C_2H_2	总烃	CO	CO_2
2020 年 7 月 23 日	55.5	123.8	246.9	37.8	1.3	409.7	443.7	1309.1

2. 故障分析

经过分析，三比值法编码为 "020"。根据此编码，判断该主变压器应该为 150～300℃ 的低温过热性故障，此类故障的具体表现特征为：高压侧分接开关引线接触不良、铁芯多点接地、低压侧引线片接触不良。

主变压器于 2007 年 7 月 24 日退出运行，7 月 25 日试验人员对主变压器进行了检测，检测项目为：主变压器高、低压侧直流电阻，铁芯对地绝缘电阻。经检测铁芯对地绝缘电阻大于 5000MΩ，低压侧直流电阻不平衡率小于 2%，无异常，这样就排除了铁芯多点接地和低压侧引线片接触不良的可能；在对高压侧直流电阻进行检测时，发现高压侧 A、C 两相 1～8 挡的直流电阻大于 B 相 1～8 挡的直流电阻，不平衡率大于 6%，不符合 DL/T 596—2021《电力设备预防性试验规程》要求（要求 1.6MVA 以上的变压器，各相绕组电阻相互间的差别不应大于三相平均值的 2%）；而 10～19 挡三相直流电阻不平衡率均小于 1%，符合 DL/T 596—2021《电力设备预防性试验规程》的要求。处理前的直流电阻具体数据见表 2-51。

表 2-51 处理前的直流电阻数据 （2007 年 7 月 25 日）

挡	AO(mΩ)	BO(mΩ)	CO(mΩ)
1	400.4	375.2	400.5
2	394.2	368.5	394.1
3	387.8	362.3	387.9
4	381.4	355.7	381.2
5	375.0	349.6	375.0
6	367.8	342.3	368.0
7	360.8	334.7	360.9
8	354.0	327.6	353.3
9			
10	318	317.3	317.3
11			
12	325.4	325.4	325.2
13	331.6	331.6	332

挡	AO(mΩ)	BO(mΩ)	CO(mΩ)
14	338.2	338.3	338.4
15	344.5	344.8	344.7
16	351.8	352.1	352.1
17	359.3	359.1	359.6
18	366.7	366.4	366.8
19	374.8	373.8	374.4
	ab(mΩ)	bc(mΩ)	ca(mΩ)
	4.467	4.491	4.445

3. 故障确认及处理

根据油色谱数据的分析并结合 A、C 两相直流电阻的偏大，从而初步判断主变压器高压侧 A、C 相引线可能存在接触不良现象，这与油色谱分析结果吻合。

2007 年 7 月 26 日，将主变压器油全部抽出后，专业人员从主变压器的人孔进入变压器本体，主变压器人孔一般设置在有载调压开关处；进入主变压器人孔后，专业人员首先对有载调压开关的极性转换过渡连线的紧固状况进行了检查，经过检查，发现有载开关的极性转换过渡连线确实有所松动，并立即用扳手对其进行紧固；紧固完成后又对其他分接引线进行检查，均未发现异常；过渡引线紧固后，试验人员即刻对主变压器的三相直流电阻进行了再次检测，检测结果见表 2-52。

表 2-52　　　　　　　　处理后的直流电阻数据（2007 年 7 月 26 日）

挡	AO(mΩ)	BO(mΩ)	CO(mΩ)
1	372.5	372.3	372.8
2	366.1	366.0	366.3
3	359.3	359.5	359.9
4	353.1	353.1	353.3
5	346.7	346.7	346.9
6	339.2	339.6	339.8
7	332.1	331.9	332.4
8	324.7	324.8	324.8
9			
10	315.4	315.9	315.4
11			
12	323.5	313.4	323.8
13	329.9	330.1	330.2
14	336.2	336.3	336.8

挡	AO(mΩ)	BO(mΩ)	CO(mΩ)
15	342.7	342.9	343.1
16	350.3	350.3	350.6
17	357.7	357.5	358.1
18	365.0	365.1	365.4
19	372.3	372.4	372.9
	ab(mΩ)	bc(mΩ)	ca(mΩ)
	4.467	4.461	4.456

检测结果与历史数据及原出厂报告相比，符合 DL/T 596—2005《电力设备预防性试验规程》要求，直流电阻不平衡率均小于 1‰。故障处理完毕后，为了彻底解决油中含气量问题，又对主变压器油进行了热油循环处理。热油循环处理方案为：对主变压器注入约 2t 油量，采用从上部注油的同时下部抽油的方式，对主变压器进行热油循环脱气，将主变压器中残存的气体进行循环过滤处理，使之达到符合投运标准要求；再将抽出来的油进行真空过滤直至合格，再注入主变压器本体；油注入完毕后，进行排放气，随后进行运行前例行试验，各项试验参数均满足规程要求。2007 年 7 月 27 日主变压器恢复运行，在运行 24h 后对主变压器油进行了油色谱化验，数据合格，随后经过三次跟踪化验，油色谱均为正常，具体检测所得数据见表 2-53。

表 2-53 　　　　　　　　　　处理后油色谱数据　（μL/L）

时间	H_2	CH_4	C_2H_6	C_2H_4	C_2H_2	总烃	CO	CO_2
2020 年 7 月 28 日	3.3	3.7	1.4	8.0	0.1	13.1	5.2	243.4
2020 年 8 月 1 日	4.2	4.3	1.6	10.3	0.1	16.4	11.7	294.6
2020 年 8 月 3 日	1.9	2.2	1.6	8.7	0.1	12.6	23.5	288.2

⚙ 过热故障案例 25

1. 设备情况简介

某变电站 2 号主变压器系沈阳变压器厂 2001 年 5 月的产品，型号为 SFSZ9-180000/220，为有载调压方式的变压器。该变压器于 2001 年 7 月投运，投运后主变压器运行正常。在 2005 年 3 月的油色谱普查中发现总烃严重超注意值，当时总烃含量高达 731μL/L，已超出了运行注意值。某变电站 2 号主变压器油色谱分析跟踪数据见表 2-54。

表 2-54 　　　　　　　　　2 号主变压器油色谱分析数据（μL/L）

时间	H_2	CH_4	C_2H_6	C_2H_4	C_2H_2	总烃	CO	CO_2
2004 年 12 月 17 日	10.0	8.2	4.2	1.9	0.0	14.3	460.0	1200.0
2005 年 3 月 22 日	150.0	326.0	93.0	311.0	0.7	730.7	427.0	1156.0
2005 年 3 月 23 日	140.0	291.0	85.0	265.0	0.6	641.6	370.0	977.0
2005 年 3 月 23 日	155.0	321.0	90.0	304.0	0.7	715.7	404.0	1179.0
2005 年 5 月 23 日	136.0	295.0	94.0	290.0	0.7	679.7	394.0	1125.0
2005 年 5 月 25 日	136.0	285.0	89.0	267.0	0.7	641.7	375.0	1182.0
2005 年 4 月 11 日	170.0	345.0	99.3	326.0	0.7	771.0	407.0	1089.0
2005 年 4 月 19 日	127.0	336.0	101.0	321.0	0.7	758.7	418.0	1213.0
2005 年 4 月 25 日	173.0	413.0	129.0	391.0	1.0	934.0	379.0	1191.0
2005 年 5 月 1 日	191.0	427.0	127.0	390.0	1.0	945.0	425.0	1131.0
2005 年 5 月 10 日	191.0	441.0	132.0	402.0	1.0	976.0	408.0	1088.0
2005 年 5 月 18 日	190.0	437.0	135.0	403.0	1.0	976.0	355.0	1028.0
2005 年 5 月 20 日	193.0	451.0	140.0	421.0	1.0	1013.0	415.0	1088.0
2005 年 5 月 27 日	187.0	441.0	133.0	401.0	0.9	975.9	407.0	1079.0
2005 年 6 月 6 日	198.0	492.0	148.0	451.0	1.0	1092.0	418.0	1181.0

2. 故障分析

从特征气体分析，甲烷和乙烷占总烃的 86%。氢组分增长较快。并有少量乙炔，乙炔量没有超过乙烯量的 10%，表明设备内部可能存在高温过热性故障，但应该没有达到放电性故障；三比值法编码为"022"，属于高于 700℃的高温过热故障，从上述方法判断设备内部有过热故障，并于隔天对主变压器本体几个点和调压开关进行取样，进一步分析故障点，从主变压器本体几个点的油色谱数据看相差不大，可以证实是主变压器本体异常；同时也对主变压器进行红外测温，没有发现问题；于 2005 年 3 月将主变压器停电进行高压试验，结果各项高压试验数据合格，未发现问题。

3. 故障确认及处理

对主变压器停电进行大修检查处理，未发现故障点，大修后常规试验合格。根据 DL/T 596—2021《电力设备预防性试验规程》规定，7 月 31 日对该主变压器进行局部放电试验，试验过程中，A 相在 $1.5U_m/\sqrt{3}$ 电压下持续 30min，局部放电量合格；C 相加压至 $1.3U_m/\sqrt{3}$ 电压时正常，继续升压至 $1.5U_m/\sqrt{3}$ 电压时，局部放电电源过流保护动作，电压降至零，经检查排除试验设备问题，重复进行 C 相局部放电试验时，一经合闸励磁（电压约为额定相电压 10%），局部放电量即达 2000pC 以上；之后取油进行油色谱分析，总烃为 11.4μL/L，乙炔 1.9μL/L（油色谱在线监测，总烃 23.2μL/L，乙炔 3.5μL/L）。由此初步判断主变压器 C 相系统内部存在绝缘故障。

经返厂解体检查发现：①油箱内壁及外观无异常；②有载分接开关无异常；③铁芯无异常；④具体故障点为 C 相高压绕组（高压绕组为三组合导线）从下向上数第 20 和

19段间最外一匝，在高压出头右侧第一个撑条位上的燕尾垫块处放电，放电部位是导线"S"换位末端进燕尾垫块处。故障点情况如下：①第20段最外一匝导线外部绝缘烧损炭化漏洞，组合线本身的三根铜线有多处烧熔后形成的缺口，缺口宽度方向最大约5mm，长度约30mm，匝绝缘烧损约200mm；与第20段最外一匝相邻的第二匝及本段其他匝导线没有损伤。②第19段导线最外一匝三组合线的第一根导线上边缘（与第20段导线下部对应）烧熔约φ5的半圆形缺口，匝绝缘烧损约30mm，第19段导线最外一匝三组合线的第二、三根导线绝缘基本没有损伤。③第20和19段放电部位之间的燕尾垫块（两个）外部烧焦炭化约φ30的半网形缺口。④高压绕组外部的第一层主绝缘纸板（共两层2.0纸板）在绕组放电部位击穿，第一层纸板击穿部位绝缘烧焦炭化直径为15mm左右的洞，第二层纸板击穿部位绝缘烧焦炭化面积的直径为10mm左右，但纸板外部只有烧黑痕迹。具体如图2-27和图2-28所示。⑤除C相高压绕组有放电点外，其他绕组没有发现放电现象；只是B、C相中压内衬硬纸筒内壁表面有5～10个黑色小斑点，用手可将黑点擦掉。此问题可能是在绕组加工过程中污染等其他原因造成。⑥除C相高压侧绕组外，其余绕组经测试股间均没有短路现象。

图2-27 纸板外部有烧黑痕迹

图2-28 纸板外部的烧黑痕迹

经过分析，初步认定变压器故障的原因是：高压侧绕组使用三组合导线，由于组合导线制造质量或制造厂在换位处工艺原因，造成第20段（放电处）的组合导线内部3根铜线短路。在运行中由于股间短路并产生环流，组合导线（放电部位）高温过热，使总烃增高；匝绝缘和燕尾垫块炭化，绝缘强度下降，在C相局部放电试验中电压加到$1.5U_m/\sqrt{3}$时高压侧绕组下部的从下往上数第19、20段的最外一匝之间放电击穿。

⚙ 过热故障案例 26

1. 设备情况简介

35kV某站1号主变压器型号为SZ9-6300/35，绝缘水平为LI200AC85/LI75AC35，为户外式，于2006年2月制造，2007年9月19日投运。

2. 故障分析

2015年11月24日，进行例行试验时发现该主变压器高压侧A相3、4挡直流电阻不平衡，而其他试验数据未见异常。由于诸多原因，该变压器不能及时停电进行吊罩检查，因此将分接开关切换到 3、4 挡以外的挡位运行并加强油色谱监督。在油色谱监督期间发现各组分气体基本维持稳定，无增长趋势，但是，2016 年 5 月 11 日上午，变压器油跟踪取样发现，油色谱各项数据都出现异常情况。为进一步确认油色谱异常，2016 年 5 月 11 日下午，对该变压器本体油样进行复样检测，其结果与上午的跟踪试验结果基本一致，但相比于 2016 年 2 月 16 日油样跟踪结果，各项特征气体均出现了较大增长，其中 C_2H_2、C_2H_4、总烃涨幅明显，C_2H_2 为 19μL/L，C_2H_4 为 1400μL/L，总烃为 2200μL/L，三比值法编码为"020"，指示内部可能存在低温过热故障，与螺钉松动、铁芯多点接地等有关。油色谱历次取样数据见表 2-55。

表 2-55 油色谱数据（μL/L）

时间	H_2	CH_4	C_2H_6	C_2H_4	C_2H_2	总烃	CO	CO_2
2015 年 11 月 24 日	0.4	0.4	0.1	0.1	0.0	0.6	1.9	216.3
2016 年 2 月 16 日	1.8	0.5	0.1	0.1	0.0	0.7	43.6	810.2
2016 年 5 月 11 日上午	403.5	640.9	185.7	1433.2	19.9	2279.7	103.2	1415.5
2016 年 5 月 11 日下午	386.4	628.6	182.6	1394.9	19.4	2225.5	104.4	1394.9

2016 年 5 月 12 日，对该变压器进行停电诊断性试验；随后两天，结合该变压器的油化和电气试验结论，对该变压器进行吊芯检查处理；进行低压空损、绝缘电阻、绕组频率响应、绕组直流电阻、本体介质损耗、变比试验，测试结果显示低压侧绕组直流电阻不平衡，数据见表 2-56。

表 2-56 电气试验结果

日期	AB(mΩ)	BC(mΩ)	CA(mΩ)	不平衡率（标准小于1%）
2015 年 11 月 24 日	75.2	75.4	75.3	0.20%
2016 年 5 月 12 日	81.6	81.8	78.6	3.70%
2016 年 5 月 14 日	75.6	75.7	75.6	0.13%

3. 故障确认及处理

吊芯后，对变压器各侧绕组引出线连接处、绕组匝间绝缘、铁芯、有载分接开关进行了仔细检查：①吊芯检查过程中，发现有载调压开关 A4 分接头松动，对其进行了拆解检查、打磨、回装紧固处理，之后，对整个有载开关的连接螺钉均进行了紧固检查。②测量铁芯绝缘时，发现铁芯对铁轭有放电现象。经检查，该变压器铁芯出厂叠放不规整，部分外层硅钢片突出变形，与铁轭接触，造成接地；铁芯变形接地，构成了铁芯多点接地，铁芯环流引起变压器铁芯过热，局部过热的长期作用加速变压器油分解。对此，需重新解体变压器叠放硅钢片，由于现场大修无法实施，因此现场对绝缘低部位进行垫绝缘纸板处理。③分析低压侧直流电阻对比数据，认为 B 相电阻可能有较大变化，于是对 B 相进行检查。检查发现导电连杆与内部接线有松动迹象，对其紧固后测试直流电组正常，与历史数据相符。后经调查获知，在 2015 年 4 月 8 日和 4 月 23 日该站 10kV 某线发生了 2 次接地故障，变压器内部形成的巨大电动力造成 B 相内部接线振动变松，引起接头发热。

过热故障案例 27

1. 设备情况简介

某 110kV 变电站 1 号主变压器生产厂家：南京某变压器有限公司；型号为 SZ10-50000/110；生产日期为 2003 年 6 月 11 日；投运日期为 2003 年 8 月 10 日。运行一段时间后，油色谱分析有微量乙炔，其他组分正常，乙炔含量多年无增长。该主变压器在 2012 年进行大修，大修后运行稳定。

2. 故障分析

2016 年 4 月 27 日 07：49，1 号主变压器油色谱在线监测系统数据异常报警，其中氢气、乙炔、总烃含量超过注意值。氢气从 26 日 07：48 的 44.08μL/L 突增至 172.14μL/L，乙炔从 0.31μL/L 突增至 17.92μL/L，总烃从 27.52μL/L 突增至 765.68μL/L。当日，试验人员至现场取油样试验，并于 28 日再次取油样试验，结果与 27 日相符，数据无增长。2016 年 4 月 28 日至 5 月 5 日，油色谱在线监测及取油跟踪试验数据均无明显增长现象。2016 年 4 月 27 日在线监测及离线数据见表 2-57。

表 2-57 　　　　　　　　　2016 年 4 月 27 日在线监测及离线数据 （μL/L）

数据来源	H_2	CH_4	C_2H_6	C_2H_4	C_2H_2	总烃	CO	CO_2
在线监测	172.0	52.0	667.0	27.0	17.0	763.0	259.0	—
离线数据	159.0	187.0	27.0	245.0	10.0	469.0	250.0	1840.0

3. 故障分析

2016 年 4 月 27 日，对变压器油中微水的进行检测，结果为 5.7mg/L，排除了变压器油受潮的影响。

2016 年 4 月 28 日，试验人员对主变压器进行高频局部放电测试，未发现异常，排除局部放电故障。

2016 年 4 月 28 日，对有载分接开关取油进行油色谱实验，油中组分除氢气、乙炔含量较大，其余组分与本体差不多，若为有载开关油室渗入本体油室中，本体油中氢气和乙炔也应增加较多；且现场观察有载开关储油柜油位中间偏上，并无异常增高，故排除有载开关油室渗油至本体油室。

油中溶解气体组分含量分析，油中气体组分氢气、乙炔及总烃超注意值，主要以乙烯、甲烷为主，氢气较大，CO 和 CO_2 与历史数据相比无明显增加，三比值法编码为"022"，属于高温过热性质故障（高于 700℃）。故障可能是分接开关接触不良、引线夹件螺钉松动或接头焊接不良，涡流引起铜过热、铁芯漏磁、局部短路、层间绝缘不良、铁芯多点接地等。经查 2016 年 4 月 26 日 1 号主变压器的有载分接开关进行过上调一挡操作，2016 年 4 月 27 日发现油色谱异常后又下调了一挡。通过 2016 年 4 月 26 日至 5 月 5 日的油色谱分析数据发现，数据在 27 日异常后趋于稳定。2016 年 4 月 28 日对 1 号主变压器进行红外热成像测试，未发现温度异常，因此在未停电进行电气试验的情况下，初步怀疑为有载分接开关因调挡导致接触不良，2016 年 4 月 27 日再次调挡接触恢复而使故障未进一步发展。

4. 故障确认及处理

2016 年 5 月 6 日，1 号主变压器停电进行电气试验检查。首先对主变压器进行了变压器绕组直流电阻测试。试验时对 110kV 侧绕组各挡进行多次往返调挡，并多次测试，均未发现数据异常，由此判断故障并非由于有载开关接触不良引起，或原先因调挡磨合导致的接触不良已恢复良好接触；然后进行 10kV 侧绕组直流电阻测试（数据见表 2-58），发现三相绕组直流电阻较历史数据均不同程度偏大且三相不平衡系数达到 4.03％，已超过注意值。

表 2-58　　　　　　　　　　　　绕组直流电阻测试结果

项目	A-B(mΩ)	B-C(mΩ)	C-A(mΩ)	三相不平衡系数（％）
大修后	5.141	5.125	5.171	0.898
处理前	5.692	5.468	5.556	4.035
处理后	5.218	5.252	5.213	0.738

判断为 10kV B 相套管导电杆与绕组连接部位接触不良，打开变压器 10kV 套管旁手孔进行检查，发现三相导电杆与绕组连接处螺母均有松动，初步判断准确。具体检查情况如下：其一，三相导电杆与 10kV 铜排的固定部分均有放电烧伤痕迹，固定螺母和垫片均有不同程度的烧伤，其中 A 相最轻，B 相最为严重，B 相导电杆螺纹也严重烧伤，如图 2-29 所示；其二，油中的铜排，三相均有不同程度的烧伤痕迹，B 相最为严重，如图 2-30 所示。

图 2-29　10kV B 相导电杆、螺母、垫片

图 2-30　10kV 铜排

现场对 10kV B 相套管的导电杆及螺母垫片进行了更换，并对 A、C 相进行了打磨等处理，更换及处理后进行了绕组直流电阻测试，数据合格。

在进行了其他电气试验均合格后，遂进行送电。送电后，为保证设备故障已被排除，无遗留隐患，继续对主变压器进行油色谱跟踪。第一周每天对 1 号主变压器进行离线油色谱跟踪，第二周跟踪二次，均无异常变化，逐渐转至正常周期跟踪。在线监测系统每天进行跟踪查看，目前设备正常运行。

过热故障案例 28

1. 设备情况简介

某变电站 1 号主变压器为日本日立有限公司生产，于 1987 年 6 月 29 日投产，型号为 IEC-76-1976，容量为 120000kVA。

2. 故障分析

在 2008 年迎峰度夏大检查中，色谱分析发现总烃增长较快，于是缩短化验周期，进行色谱跟踪分析，发现总烃超标。同时，高压班在 2008 年 8 月 13 日的试验过程中，还发现高压侧直流电阻超标，油色谱分析数据见表 2-59。

表 2-59 油色谱分析数据表（μL/L）

试验时间	H_2	CH_4	C_2H_6	C_2H_4	C_2H_2	总烃	CO	CO_2
2006 年 8 月 5 日	14.3	15.8	5.8	16.4	0.0	37.9	169.4	1277.0
2007 年 6 月 13 日	14.4	44.8	3.3	72.6	0.0	120.7	70.6	765.1
2007 年 7 月 27 日	28.3	71.1	4.8	131.6	0.0	207.5	151.9	1376.6
2007 年 8 月 13 日	306.0	68.8	27.8	111.3	0.6	208.4	173.1	1318.0
2007 年 10 月 12 日	36.7	69.0	26.5	102.0	0.3	197.7	177.9	1158.9

3. 故障确认及处理

三比值法编码均为"022"，故障性质属于 700℃ 以上的高温过热故障，故障原因有：分接开关接触不良、引线夹件螺钉松动或接头焊接不良、产生涡流、涡流引起铜过热、铁芯漏磁、局部短路、层间绝缘不良、铁芯多点接地等。

经过故障分析后，在 11 月上旬，联合厂家，进行了分接开关大修处理。处理过程中，发现分接开关因压接弹簧松动引起弧触头接触不良，并有烧黑痕迹，故障部位实像图如图 2-31 所示，处理后直流电阻处于正常范围，油色谱也未见异常，证明了分析的正确性。

图 2-31 故障部位实像图

过热故障案例 29

1. 设备情况简介

某电厂 3 号主变压器型号为 SFP7-3600000/220，额定容量为 360MVA，由某变压器厂生产制造，1997 年正式投产后油色谱数据无异常。

2. 故障分析

2017 年 6 月 6 日和 7 日连续两次对 3 号主变压器两次油色谱分析，计算总烃体积分数 170μL/L，初步怀疑变压器可能存在某些缺陷。利用 3 号机组停机备用的机会，2017 年 6 月 16 日开始对 3 号主变压器进行滤油处理，截至 6 月 19 日取油进行油色谱分析，总烃体积分数为 21μL/L，滤油品质合格。

2017 年 7 月 11 日 3 号机组开机，至 8 月 11 日 3 号机组停机之前，运行期间对变压器油进行油色谱分析，期间 3 号主变压器总烃含量呈明显增长趋势。参照 DL/T 722—2014《变压器油中溶解气体分析和判断导则》，计算总烃绝对产气速率（见表 2-60）。

表 2-60   3 号主变压器油色谱检测及总烃体积分数分析表（μL/L）

试验时间	H_2	CH_4	C_2H_6	C_2H_4	C_2H_2	总烃	CO	CO_2
2017 年 7 月 11 日	14.7	71.3	24.7	125.5	0.0	221.5	67.3	910.7
2017 年 7 月 19 日	20.4	95.4	25.0	144.8	0.0	265.2	93.3	1050.8
2017 年 8 月 1 日	94.7	321.3	84.3	523.8	5.2	934.6	132.3	1416.5
2017 年 8 月 1 日	73.1	323.8	87.6	544.5	5.0	960.9	132.2	1462.8
2017 年 8 月 11 日	167.0	383.0	82.8	544.1	5.6	1015.5	122.2	1410.5

由 3 号主变压器油色谱检测及数据中总烃的增长趋势可以得出：3 号主变压器的总烃含量，在 1 个月内明显增长了近 800μL/L，确定主变压器存在异常缺陷。

3. 故障确认及处理

三比值法编码为"022"，存在高温过热故障（大于 700℃）。2017 年 9 月 7 日对 3 号主变压器进行吊罩处理，吊装完成后，检测得出以下结论：

（1）经检查变压器器身、绕组、引线、铁芯等部位未发现可见异常情况，测试铁芯、拉带引线对地绝缘电阻、低压侧引线焊接部位接触电阻均合格，与 2013 年吊罩试验数据对比差别甚小，故排除变压器器身、绕组、引线、铁芯等部位引起总烃超标问题。

（2）断开低压引线发现三相软连接铜排与低压套管下部导电板两侧均有不同程度的放电烧灼痕迹，如图 2-32 所示。

图 2-32   低压套管下部导电板图

（3）经检查无载调压分接开关发现 C 相开关的动触头有烧灼痕迹，检查调节开关分接位置后发现，动触头一面烧灼严重，另一面有烧灼痕迹；两个静触头，一个烧灼严重、另一个有烧灼痕迹，C 相无载调压开关动静触头图如图 2-33 所示。

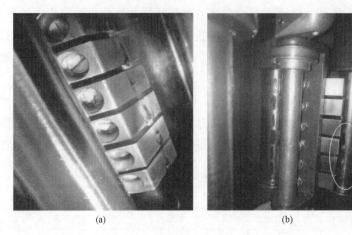

(a)　　　　　　　　　　(b)

图 2-33　C 相无载调压开关动静触头图

(a) 动触头；(b) 静触头

（4）A 相无载调压开关的操作传动机构局部损坏、锈蚀严重，操作困难。

将 3 号主变压器所有发现的缺陷处理后回装，并进行修后试验，主要处理过程如下：

（1）对低压套管下部导电板上烧灼部位用细砂纸进行打磨，直至光滑平整并用白布擦拭干净；连接时对打磨部位涂抹导电膏，再进行连接紧固，紧固时从中间往两边均匀紧固，并测试接触电阻合格。

（2）更换新的分接开关，同时解决无载调压分接开关 C 相开关动触头接触不良、A 相无载分接开关操作传动机构局部损坏的问题。

（3）变压器启动后的跟踪及试验，2017 年 10 月 10 日 3 号机组并网后，3 号主变压器的绕组温度、油温、铁芯接地电流、潜油泵、电压、电流等参数均正常。经过连续 3 个月的持续观测和油色谱分析，总烃含量维持在 4μL/L 以内，说明此次 3 号主变压器总烃含量超标的隐患得到了彻底解决。

过热故障案例 30

1. 设备情况简介

某±500kV 换流站站内 2 号主变压器为 500kV 户外型单相自耦无励磁调压电力变压器，型号为 ODFPS-334000/500，于 2007 年 8 月投运。

2. 故障分析

2012 年 9 月 18 日，对 2 号主变压器进行例行实验时发现该主变压器 A 相油色谱超标，总烃含量达到 179.03μL/L。2 号主变压器 A 相油色谱分析结果见表 2-61。初步判断该台变压器存在过热性缺陷，可能是由铁芯多点接地、分接开关接触不良、引线或夹件螺钉松动、引线接头焊接不良等原因引起的。由于该换流站主变压器转运负荷较高，停运该台变压器对深圳片区负荷影响较大，因此决定暂时对该台变压器油色谱恶化状况进行跟踪观察，每日检查油色谱在线检查仪后台数据（见表2-62）并每两日采油样进行分析。

表2-61　　　　　　　　2号主变压器A相油色谱分析结果（μL/L）

试验时间	H_2	CH_4	C_2H_6	C_2H_4	C_2H_2	总烃	CO	CO_2
2012年9月18日	43.4	81.9	18.0	78.6	0.4	178.9	670.5	2050.7
2012年10月16日	43.4	81.4	19.4	81.5	0.4	182.7	696.6	2096.3
2012年11月13日	37.7	88.2	19.7	84.2	0.4	192.5	594.1	1688.6
2012年12月14日	44.8	107.5	24.7	103.4	0.5	236.1	669.5	1797.9
2013年1月16日	53.9	128.4	31.6	128.1	0.5	288.6	700.1	1798.7
2013年2月6日	52.5	124.2	30.2	124.2	0.4	279.0	647.9	1680.2

表2-62　　　　　　　2号主变压器A相油色谱在线监测系统数据（μL/L）

试验时间	H_2	CH_4	C_2H_6	C_2H_4	C_2H_2	总烃	CO	CO_2
2012年9月18日	49.8	48.8	10.9	100.2	0.0	159.9	657.2	2739.0
2012年10月12日	45.0	77.9	15.3	72.6	0.0	165.8	466.0	1993.8
2012年11月22日	37.7	66.5	21.3	86.6	0.3	174.7	668.5	2073.0
2012年12月12日	35.7	90.3	16.3	70.0	0.1	176.7	596.3	1368.0
2013年1月15日	58.0	215.4	0.0	80.0	0.0	295.4	771.6	1140.0
2013年2月21日	61.1	112.9	24.7	110.2	0.5	248.3	590.0	1425.0

2号主变压器采用了国电南自NS801B变压器油中溶解气体在线监测装置，可以不定期查看后台油色谱变化趋势以帮助辅助分析。跟踪观察油色谱数据发现，该台变压器总烃含量持续上升，2012年12月上升并保持在200μL/L以上，2013年1月上升并保持在250μL/L以上，上升幅度有增快趋势。为此，决定于2013年2月22日对该台变压器进行现场进箱检查。

3. 故障确认及处理

2013年2月22日，停运2号主变压器进行进箱检查。检查发现，高压侧、中压测、低压侧、中性点外部连接部分及各组附件状态良好；分接开关引线及接头、铁芯、夹件接地等未现异常；中压引线导电铜棒撬接部分所包绝缘皱纸内层存在高温碳化情况，剥开该处绝缘层撬接部分连接处的3颗螺栓中有2颗松动，即从人孔侧由外向内第1、2颗螺栓松动。

根据现场检查和进箱处理情况，分析故障原因为变压器的中压引线的导电铜棒撬接部分的螺栓松动，导致电连接面因接触不良而发生过热现象，并逐渐沿铜棒向两侧延伸使导电铜棒撬接所包的绝缘皱纸发生碳化，造成油分解色谱分析出现异常。

根据检查情况，现场对上述3颗撬接螺栓进行重新紧固处理，并对被剥开的绝缘层进行恢复。

过热故障案例 31

1. 设备情况简介

内蒙古某火力发电厂 500kV 主变压器型号为 DFP-240000/500，单相双绕组，2005年出厂，2008 年投运，运行过程中的油色谱检测均未见异常。

2. 故障分析

2014 年 2 月 11 日对该变压器进行定期油色谱检测，发现变压器油中总烃含量为463.28μL/L，乙炔含量为 1.01μL/L，均超过了 DL/T 722—2014《变压器油中溶解气体分析和判断导则》的相关要求。因此对该主变压器进行了油色谱跟踪试验，缩短取样周期，后续 3 个月的油色谱跟踪试验数据结果依然超标（见表 2-63），但乙炔及总烃体积分数趋于稳定。

表 2-63　　　　　　　　　吊罩检修前的油色谱试验数据（μL/L）

时间	H_2	CH_4	C_2H_6	C_2H_4	C_2H_2	总烃	CO	CO_2
2014 年 2 月 11 日	34.8	215.1	43.4	203.7	1.0	463.2	401.8	1053.7
2014 年 2 月 25 日	34.8	223.2	42.4	228.8	1.0	495.4	405.7	1067.7
2014 年 3 月 11 日	22.4	216.2	44.5	207.9	1.0	469.6	402.1	1088.8
2014 年 3 月 26 日	23.3	233.3	46.9	217.6	1.0	498.8	417.6	1144.6
2014 年 4 月 12 日	25.1	232.2	49.7	220.1	1.0	503.0	415.8	1217.1

3. 故障确认及处理

三比值法编码为"022"，该变压器存在高温过热故障（大于 700℃），为进一步查找故障原因，对该变压器进行吊罩检修。

吊罩后检查变压器各部件，变压器器身、铁芯、绕组、无载分接开关装置、磁屏蔽等部件均无异常，未发现高温过热和放电痕迹。在检查变压器油箱箱体时，在上、下油箱箱沿之间（低压引线下部位置）的限位挡铁处，发现过热烧糊和放电痕迹，故障点积累了大量炭黑，如图 2-34 所示。

图 2-34　油箱沿之间限位挡铁处严重过热、放电痕迹

变压器容量越大，安匝密度和漏磁通强度则会越大。漏磁场产生的漏磁电流主要由 3 个渠道流向大地：①通过油箱接地片由油箱流向大地；②通过铁芯夹件、拉板、垫脚等部位流向大地；③通过上、下油箱之间连接螺栓和箱沿上下连接导通片流向大地。该主变压器过热放电部位在低压引线下部油箱上、下箱沿之间的限位挡铁处，放电部位发生在低压引线下部位置。由于主变压器压器容量较大，低压侧相对于高压侧电压低，流经低压引线电流较大，在该部位产生的漏磁场相应较大，形成的漏磁电流也较大。

依据设计要求，该变压器的限位挡铁厚度应为 14mm，由于加工焊接工艺有偏差，在油箱上、下箱沿紧固连接时，间距太小。随着变压器运行中密封胶垫的老化，间隙越来越小，上、下箱沿间似接非接，形成了 1 个金属回路，产生感应环流。由于上、下油箱接触电阻较大，因此故障部位温度较高。漏磁通产生的漏磁电流在该部位集结，产生集肤效应，形成电位差，达到一定程度，产生高温过热、放电。该部位直接与变压器油接触，高温放电引起变压器油裂解产生烃类气体，放电后形成一定间隙，暂时平稳，但集结电荷达到一定程度，还会再次放电引起油裂解，导致总烃和乙炔数值超标。

更换变压器油箱上、下箱沿间过热老化的运行胶垫；将变压器器身侧遮挡严实，避免金属异物飞溅到器身上污染器身，用砂轮机将油箱上箱沿上的超高挡铁放电部位打磨掉 3mm 以上，将挡铁高度改为 10mm，平滑过渡没有尖角；对应的上节油箱下箱沿表面位置也打磨光滑，保证上、下间隙大于 5mm；确保变压器上、下节油箱具有足够的间隙距离，避免由于间隙过小导致上、下箱沿间似接非接，集结漏磁电流，形成电位差，产生放电。

由变压器生产厂家进行核算，在上节油箱低压侧磁屏蔽旁边低压引线位置增加 4～5 块油箱磁屏蔽，增加漏磁场的流通渠道，从而减小漏磁通在上、下箱沿间的磁通量，避免箱沿过热放电；清理变压器油箱箱沿，紧固螺栓和油箱法兰面，涂抹可增加导电性和防氧化性的电力复合脂；在上、下油箱间加装铝、铜排，增加漏磁产生的涡电流的流通渠道，使其可以通过铝、铜排流入大地。

大修完毕后对变压器油进行脱气处理至合格，并按 DL/T 596—2021《电力设备预防性试验规程》规定进行了大修后试验，该主变压器于 2014 年 05 月 25 日投运后，在长时间满负荷工况下运行，跟踪油色谱数值，结果在规程规定合格范围内，检修效果较好。

⚙ 过热故障案例 32

1. 设备情况简介

某变电站 3 号主变压器为广州某变压器厂 2004 年 12 月生产，型号为 SZI 0-50000/110，2005 年 6 月投入运行，在随后的历次实验室油色谱分析中未见异常。2007 年 11 月 2 日，实验室油色谱分析发现总烃含量增长很快且超过注意值，达到 223μL/L。为了加强对 3 号主变压器的运行监测，2008 年 5 月 19 日在 3 号主变压器上安装了色谱在线监测系统，监测周期为 1 天 1 次，投入运行以来色谱在线监测装置显示色谱数据稳定，总烃维持在 245μL/L 左右。

2. 故障分析

2008 年 9 月 4～8 日，3 号主变压器油色谱在线监测装置显示总烃含量呈明显上升趋势。9 月 8 日上午 9 时，油色谱在线监测装置总烃增长趋势过快。经现场取油样进行实验室色谱分析，发现 3 号主变压器总烃含量高达 460.7μL/L，乙炔含量为 0.2μL/L。三比值法编码为"022"，对应的故障性质为 700℃以上的高温过热故障，故障前后色谱数据见表 2-64。

表 2-64 110kV 某变电站 3 号主变压器故障前后色谱数据

试验日期	H_2	CH_4	C_2H_6	C_2H_4	C_2H_2	总烃	CO	CO_2	监测数据
2007 年 1 月 16 日	26.0	26.4	5.4	14.4	0.0	46.2	420.0	1730.0	实验室数据
2007 年 11 月 2 日	65.0	107.8	28.0	87.1	0.0	222.9	340.0	2967.0	实验室数据
2007 年 12 月 7 日	67.0	119.6	30.0	91.0	0.0	240.6	318.0	2383.0	实验室数据
2008 年 5 月 19 日	38.7	113.3	36.2	96.3	0.0	245.8	217.0	2641.0	在线数据
2008 年 9 月 4 日	39.7	114.2	39.1	95.5	0.0	248.8	213.0	2742.0	在线数据
2008 年 9 月 8 日	64.5	147.8	44.4	151.1	0.0	343.3	238.0	2762.0	在线数据
2008 年 9 月 8 日	101.1	206.4	62.7	191.6	0.2	460.7	253.0	3338.0	实验室数据

随后对 3 号主变压器铁芯及夹件对地电流进行测试，排除了铁芯、夹件多点接地的可能性。用热成像仪检测 3 号主变压器油箱外壁、套管外部引线接头，均未发现异常。

由于 3 号主变压器带重要用户负荷无法立即停运，且故障类型是热故障，为防止故障点进一步扩大，采取控制主变压器负荷在 70% 以下的方式继续运行同时加强油气在线监测装置的监视，将测试周期调为 4h 一次，结果发现总烃含量渐趋于稳定。

3. 故障确认及处理

2008 年 9 月 12 日，在前期分析工作的基础上，经与厂家共同分析讨论，初步判断最有可能的故障点为：高压套管内的引线绝缘破损，引线与套管的铜管内壁构成短路；低压侧引线连接不良；高压侧复合导线内存在虚焊。为了对故障点进行准确判断和有效处理，确定如下处理方案：停电检查，保证供电，控制负荷，加强监视，等待厂家备品。

2008 年 9 月 19 日，对 3 号主变压器进行了超声波局部放电试验，未见异常。9 月 20 日，3 号主变压器停运进行相关电气试验：①测量绕组直流电阻，检查电流回路是否正常；②测量绕组频率响应，检查绕组是否受损或变形；③检查高压套管内的引线绝缘状态。结果发现：低压直流电阻 A-B 为 4.371mΩ，B-C 为 4.389mΩ，C-A 为 4.435mΩ，电阻不平衡率 1.46%，初步判断过热点在低压侧绕组 A 相，极有可能在连接或焊接部位；放油检查低压套管连接部位未见异常。2008 年 9 月 20 日 18：00 主变压器恢复运行，并严格控制负荷在 70％以下运行。2008 年 12 月 12 日 3 号主变压器退出运行。

2009 年 1 月 19 日，经返厂吊芯检查后发现：3 号主变压器低压绕组 A 相的尾端与铜排连接处有发黑的现象，破开绝缘纸发现该处虚焊导致运行时发热，将包裹在外的绝缘纸加热至碳化；将低压侧绕组 A 相尾端绝缘纸完全剥开后发现，发热所影响的范围有限，以故障点为中心，两侧各延伸了约 200mm，靠近绕组引线根部的绝缘纸外观检查未见异常；对其余 8 个低压侧绕组焊接点破开绝缘纸进行检查，未发现类似缺陷。从检查情况看，3 号主变压器总烃超标是由于低压侧绕组 A 相尾端（多股扁铜线）焊接处发热所致，该缺陷主要是厂家焊接工艺控制不好，扁铜线间存在虚焊，使接头接触不良而发热（如图 2-35 和图 2-36 所示）。

图 2-35　故障部位　　　　　　　　　　　图 2-36　接头虚焊处

⚙ 过热故障案例 33

1. 设备情况简介

某 220kV 变电站 2 号主变压器为奥地利某公司 1999 年生产，2000 年 4 月投入运行，该主变压器自投运以来运行状况良好，在历次试验室油色谱分析中未见异常。

2. 故障分析

2007 年 10 月 9 日，试验室油色谱分析发现总烃含量增速加快，含量达到 94.85μL/L。为加强对 2 号主变压器的运行监控，2008 年 4 月在 2 号主变压器上安装了色谱在线监测系统，实现对 2 号主变压器油中溶解气体发展情况进行实时监控。

从 2008 年 4 月开始，油色谱在线监测系统显示总烃含量呈明显上升趋势。2009 年 4 月开始，总烃含量增长速度再次加快，2009 年 4 月 2 日总烃含量达 163.4μL/L，已超出注意值 150μL/L。与此同时，2009 年 5 月到 2009 年 6 月之间的绝对产气速率为 57mL/d，已大大超过了注意值 12mL/d，2009 年 6 月 23 日总烃含量高达 252.25μL/L，这表明设备故障有恶化趋势。氢气、各烃类气体、总烃浓度历次试验数据见表 2-65。

表 2-65 某变电站 2 号主变压器色谱数据（μL/L）

试验日期	H_2	CH_4	C_2H_6	C_2H_4	C_2H_2	总烃	CO	CO_2
2006 年 4 月 7 日	8.8	15.8	12.4	34.4	0.2	62.8	458.0	2810.0
2006 年 10 月 17 日	16.1	20.4	14.5	38.1	0.3	73.2	785.0	3808.0
2007 年 4 月 13 日	14.3	21.6	14.0	35.3	0.2	71.0	803.0	4360.0
2007 年 10 月 9 日	27.2	30.5	18.9	45.1	0.3	94.9	1089.0	6759.0
2008 年 4 月 24 日	21.4	34.3	20.7	46.3	0.2	101.5	1087.0	6750.0
2008 年 10 月 14 日	25.3	52.5	25.1	61.1	0.2	139.0	1964.0	8180.0
2009 年 4 月 2 日	22.7	62.7	29.5	71.1	0.2	163.4	2027.0	7393.0
2009 年 5 月 8 日	22.3	69.0	33.7	83.1	0.2	186.0	2432.0	9040.0
2009 年 6 月 23 日	32.9	91.3	38.9	121.5	0.6	252.3	1884.0	8593.0

3. 故障确认及处理

三比值法编码为"022"，初步判断 220kV 该站 2 号主变压器内部有高温过热性故障（高于 700℃），变压器内部可能存在分接开关接触不良、引线夹件螺钉松动或接头焊接不良、涡流引起铜过热、铁芯漏磁、局部短路、层间绝缘不良及铁芯多点接地等故障。

在初步判断主变压器内部存在高温过热性故障的基础上，深入分析了 6 月 18～23 日的监测数据，发现 2009 年 6 月 22 日，安装于 2 号主变压器的油色谱在线监测系统显示，气体含量出现了突变增长，6 月 23 日对 220kV 2 号主变压器进行了离线色谱分析，所得结果与在线监测的数据基本吻合。

鉴于 2 号主变压器带重要负载无法立即停运，同时正处于迎峰度夏期间（温度和负载均为全年最高），为防止故障点进一步扩大，采取了以下应对措施。

（1）严格控制 2 号主变压器的负载在 140MVA 以下运行，密切监视 2 号主变压器的负载情况，如负载超过该控制值时立即向当值调度员反映。

（2）任何时候均要求投入 2 号主变压器所有冷却器，冷却器有异常时及时报缺陷处理。

（3）每日对 2 号主变压器的三侧套管进行红外线测温工作。

（4）为了实时掌握油色谱试验情况，将 2 号主变压器油在线监测装置试验周期改为每日三次，同时开启油色谱试验结果手机短信通知功能，试验结果异常时立即短信汇报。

（5）如油在线色谱试验结果出现异常时要求取油样做离线油色谱试验进行对比。

由于故障发现及时，分析准确且措施落实到位，在迎峰度夏期间，2 号主变压器油色谱总烃数值稳定在 300μL/L 左右。为避免 2 号主变压器潜在的安全运行风险，决定更换该主变压器，并将退运的 2 号主变压器返厂大修。2010 年 1 月，经返厂吊芯检查后发现：2 号主变压器高压 A、B 相出线处的导线没有接直，形成弯曲搭接现象，导致弯曲搭接部分形成了分流，而搭接部分又严重接触不好，长期发热，导致出线断股现象。检查结果表明，变压器油中溶解气体在线监测系统检测的数据是可靠的，由此进行的故障性质及故障发展趋势的判断是准确、及时的。

⚙ 过热故障案例 34

1. 设备情况简介

某变电站 2 号主变压器容量为 63MVA、油重为 17.5t、型号为 SFSZ9-6300/110，铁芯和夹件分别引出接地。

2. 故障分析

在 2012 年 2 月 14 日预试色谱异常，分析结果见表 2-66。

表 2-66　　　　　　　　　某变电站 2 号主变压器色谱数据（μL/L）

试验日期	H_2	CH_4	C_2H_6	C_2H_4	C_2H_2	总烃	CO	CO_2
2012 年 1 月 1 日	7.0	16.0	4.5	28.7	0.0	49.2	1038.0	3858.0
2012 年 2 月 14 日	57.0	344.0	101.0	842.0	3.0	1290.0	1274.0	4287.0
2012 年 2 月 15 日	49.0	335.0	102.0	846.0	3.0	1286.0	1167.0	4237.0
2012 年 2 月 16 日	58.0	347.0	104.0	858.0	3.0	1312.0	1288.0	4354.0
2012 年 2 月 17 日	55.0	342.0	102.0	849.0	3.0	1296.0	1243.0	4293.0

由表 2-68 可知 2012 年初发现总烃远大于注意值 150μl/L，为排除人为、测试设备、取样等因素的影响，15 日及 16 日复测 2 次，结果基本一致，可判断变压器内部出现故障。

三比值法编码为"022"，判断故障为高温热故障过热（大于 700℃），故障引发原因可能为铁芯局部过热、铁芯和外部环流、铁芯多点接地短路、裸金属过热。气体中含有一定量的 H_2 和大量的 CO 和 CO_2，判断变压器内部绝缘油与绝缘材料均存在老化、变质。

3. 故障确认及处理

2012 年 2 月 13 日测试铁芯接地电流为 8A，停运后测试铁芯绝缘电阻为 200MΩ，对比 2011 年 3 月 1 日，测试铁芯接地电流为 0.1A，铁芯绝缘电阻为 2000MΩ，可判断为铁芯接地故障。2012 年 2 月 17 日对变压器本体进行调罩检查，发现变压器高压侧绕组引出线与套管导电头压接接头，由于压紧程度不够，造成接触电阻过大，引起严重发热，有烧伤痕迹，包裹油纸碳化，如图 2-37 所示。

此外漏磁场会在变压器金属夹件结构件之间回路中产生的环流。该变压器夹件连接螺栓无弹簧垫，在长期振动下，导致连接螺栓松动，接触电阻增大，环流导致螺栓严重过热，螺栓及铝片与夹包围内的油不易流动，高温下油被碳化，往下流，长期积累，形成如图 2-38 所示情况。

图 2-37　套管导电头严重过热　　　　图 2-38　变压器夹件连接螺栓过热

过热故障案例 35

1. 设备情况简介

某发电厂 6 号主变压器是保定某变压器厂生产的 SFP7-240000 /220 型变压器，产品序号为 882S01-1，出厂日期为 1988 年 2 月，1989 年 11 月投入运行。

2. 故障分析

1999 年 1 月 8 日发现油中溶解气体超过注意值，总烃为 894μL/L，此后一段时间内，总烃及 CO、CO_2 均有明显增长的趋势。1999 年 3 月底，该厂采取了限制 6 号发电机出力、缩短变压器油色谱监测周期等措施，4 月 1 日总烃达到 1827μL/L，油色谱数据见表 2-67。

表 2-67　　　　　　　　1999 年变压器油气相色谱演变过程（μL/L）

时间	H_2	CH_4	C_2H_6	C_2H_4	C_2H_2	总烃	CO	CO_2
1月8日	31.9	292.7	118.2	483.1	0.0	894.0	612.2	5344.6
3月19日	47.5	425.7	177.5	779.1	0.0	1382.3	668.7	7152.3
3月23日	47.7	440.0	179.5	789.6	0.0	1409.1	696.0	6707.5
3月25日	43.0	664.0	181.0	898.0	0.0	1743.0	635.0	8287.0
3月29日	48.0	707.0	169.2	914.3	0.0	1790.5	677.8	8299.9
4月1日	50.9	734.0	185.0	908.0	0.0	1827.0	677.0	8386.0
4月8日	53.7	466.3	217.9	956.7	0.0	1640.9	675.1	7794.2
4月15日	55.2	507.1	210.4	960.2	0.0	1677.7	664.4	7756.2
4月22日	53.6	507.1	208.6	923.4	0.0	1639.1	664.4	6751.9
5月4日	8.7	236.7	186.1	713.3	0.0	1136.1	182.2	4677.4
5月12日	12.6	236.9	174.3	684.9	0.0	1096.1	215.1	5293.6
5月19日	18.0	250.4	172.8	707.9	0.0	1131.1	235.2	5700.3

三比值法编码为"022"，判断设备存在高温过热故障（大于 700℃）。1999 年 4 月

27 日，6 号机组安排检修，6 号主变压器排油后重点检查了 220kV 侧分接开关的动、静触头，均未发现过热及其他异常现象。4 月 30 日，联系厂家来人检查 15.75kV 侧人孔处的软连接接头螺栓，也无任何异常现象。

3. 故障确认及处理

为了解决该变压器总烃值严重超标的重大缺陷，自 1999 年 1 月 8 日 6 号主变压器油气相色谱不合格以来，各专家对该变压器故障点部位进行了多次分析与判断，总结起来，大致有以下几种判断：

（1）因为变压器已经运行 10 多年，可能出现绕组或铁芯绝缘过热问题，但具体位置不好确定。

（2）1989 年以前保定变压器厂生产的变压器属老产品，穿过高压侧套管内的引线是用白布带花包的，有可能导致引线与铜管芯子相碰。

（3）铁芯上、下夹件采用铜拉板，老产品由于拉板与铁芯相碰，可能产生局部放电或过热现象。

上述（2）、（3）为保定变压器厂专业人员提出的故障点怀疑部位。吊罩后，检修工作人员在对各部位检查过程中，发现 220kV 侧 A 相引线存在以下问题：

（1）A 相引线头有明显过热现象。

（2）A 相引线绝缘锥体以上约 350mm 处引线烧伤，白布带碳化、脱落，引线共 37 股，其中 2 股线已烧断。

（3）A 相套管下部均压球没问题，但均压球以上铜管内壁距下部约 225mm 处有烧伤斑痕。

此外，对 A 相套管取油样做色谱试验，发现试验结果不合格，结果见表 2-68。

表 2-68　　　　　　　　　A 相套管色谱试验结果（μL/L）

时间	H_2	CH_4	C_2H_6	C_2H_4	C_2H_2	总烃	CO	CO_2
2020 年 6 月 9 日	244.8	821.2	24.9	102.9	0.0	949.0	530.0	4877.2

对变压器进行如下处理：

a)更换 220kV 侧 A 相套管。

b)更换 220kV 侧 A 相引线。

c)变压器油处理采用高真空滤油机进行脱气处理，油处理后变压器投入运行前及投运后取油样作色谱试验，结果合格，试验数据见表 2-69。

表 2-69　　　　　　　　变压器油色谱处理后跟踪数据（μL/L）

时间	H_2	CH_4	C_2H_6	C_2H_4	C_2H_2	总烃	CO	CO_2
投运前	0.0	1.3	3.5	8.0	0.0	12.8	3.0	133.8
投入运行第 4 天	5.1	3.5	4.4	13.1	0.0	21.0	14.8	515.5
投入运行第 10 天	6.7	3.1	3.1	10.0	0.0	16.2	15.7	793.0
投入运行第 30 天	7.6	10.7	6.0	41.0	0.0	57.7	69.2	1731.0

🔅 过热故障案例 36

1. 设备情况简介

某台 35kV 有载调压变压器，型号为 SFZ7-16000/35，容量为 16000kVA，联结组别为 YNd11。

2. 故障分析

大修后油色谱中组分含量各项指标正常。但在 2007 年 5 月 22 日的监测中发现总烃和乙炔均超过注意值；2007 年 7 月 24 日、2007 年 8 月 21 日及 2008 年 1 月 11 日的监测中均发现总烃超过注意值，数据见表 2-70。

表 2-70　　　　　　　　变压器油色谱跟踪数据（μL/L）

时　间	H_2	CH_4	C_2H_6	C_2H_4	C_2H_2	总烃	CO	CO_2	取样原因
1999 年 9 月 11 日	0.0	2.0	2.0	8.0	1.0	13.0	8.0	251.0	大修后
2007 年 5 月 22 日	16.3	50.2	35.4	180.7	5.8	272.1	112.0	875.2	监测
2007 年 7 月 24 日	11.5	27.9	41.4	164.9	3.7	237.9	161.5	1444.0	监测
2007 年 8 月 21 日	10.3	21.7	37.7	145.8	1.9	207.1	145.5	1660.6	监测
2008 年 1 月 11 日	6.8	17.9	37.8	143.6	1.9	201.2	60.8	1176.8	监测

三比值法编码为"022"，判断设备存在高温过热故障（大于 700℃）。

3. 故障确认及处理

由于以上原因，决定对该台变压器进行停电检修，在检修开始前需要通过高压电气试验来判定故障所在的位置。

（1）检修前的高压试验有高压侧全分接和低压侧的直流电阻试验，高压侧对地和低压侧对地的绝缘电阻试验。高压侧直流电阻试验所得数据与历史数据相比满足 DL/T 596—2021《电力设备预防性试验规程》，且相电阻不平衡率均小于 2%。在对低压侧直流电阻测量后所得数据：A-B：0.2646Ω；B-C：0.1952Ω，C-A：0.2645Ω。

由以上数据可知，线间电阻不平衡率为 28.7%，远大于 DL/T 596—2021《电力设备预防性试验规程》要求的线间不平衡率不大于 1% 的要求。且由上述数据发现，与低压侧 A 相相关的 A-B、C-A 的直流电阻明显偏大，故怀疑低压侧 A 相有接触不良或绕组内部有断线的故障存在。

（2）外观检查。在打开低压侧的手孔封板后，发现低压侧 A 相、A 相绕组引出线与套管导电杆的连接处有明显的过热烧伤痕迹（如图 2-39～图 2-41所示），故证实了初步判断的准确性。至此，可以判

图 2-39　低压 A 相

定变压器在运行中内部曾出现过热性故障，造成变压器油色谱超过注意值。

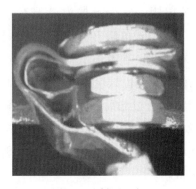 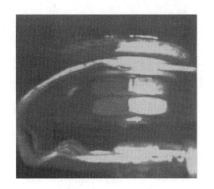

图 2-40　低压 B 相　　　　　　　　　　图 2-41　低压 C 相

（3）故障诊断。打开低压侧 A 相的绕组引出线与套管导电杆的连接处，发现其上、下两垫片均已发黑，且两垫片上均有过热烧伤的痕迹，如图 2-42 所示。

打开低压侧 B 相的绕组引出线与套管导电杆的连接处，发现其上、下两垫片也均已发黑，且两垫片上也均有过热烧伤的痕迹，如图 2-43 所示。

图 2-42　低压侧 A 相的绕组引出线与套管　　　图 2-43　低压侧 B 相的绕组引出线与套管
　　　　导出杆的连接处的上、下两垫片　　　　　　　　导出杆的连接处的上、下两垫片

打开低压侧 C 相的绕组引出线与套管导电杆的连接处，没有发现异常。在将低压侧 A 相、B 相和 C 相的绕组引出线与套管导电杆的连接处均打开后，测量低压侧绕组本身的线间直流电阻，判断绕组内部是否存在其他故障。测量低压侧绕组本身的线间直流电阻为 A-B：01932Ω；B-C：01947Ω；C-A：01937Ω。线间直流电阻不平衡率为 0.77％，小于 DL/T 596—2021《电力设备预防性试验规程》要求的 1％，所以低压侧绕组本身不存在故障。

综上所述，低压侧 A 相的绕组引出线与套管导电杆的连接处在运行中曾出现接触不良的故障，造成低压侧 A-B、C-A 的直流电组偏大，线间直流电组不平衡率超标，导致在该部位发生过热性故障，造成变压器油色谱异常。

将低压侧 A 相、B 相的绕组引出线与套管导电杆的连接处的上、下两垫片进行打磨处理，消除垫片上发黑的痕迹；同时对该两相套管导电杆的末端和绕组引出线均进行打磨处理，使之不存在发黑的痕迹。

在上述工作完成后，将低压侧 A 相、B 相、C 相的绕组引出线与套管导电杆重新连接完毕，使之接触可靠；再次测量低压侧的直流电阻，所得数据为 A-B：01950Ω；B-C：01960Ω；C-A：01952Ω；处理后的低压侧的线间直流电阻不平衡率为 0.51％，满足 DL/T 596—1996《电力设备预防性试验规程》的要求。在直流电阻试验合格后，绝缘电阻试验的数据也满足 DL/T 596—1996《电力设备预防性试验规程》的要求。至此，该台变压器内部故障已经处理完毕，在对变压器油进行过滤后，重新注油；静置 24h 后，进行电气试验和油色谱复试，电气试验各项数据均合格，油色谱各项组分含量的数据为 CH_4：1.7μL/L；C_2H_4：0μL/L；C_2H_6：0μL/L；C_2H_2：0μL/L；CO：8μL/L；CO_2：197.1μL/L；总烃：1.7μL/L，各项数据正常。

⚙ 过热故障案例 37

1. 设备情况简介

某电厂 1 号主变压器是 1989 年由广州高压设备厂制造，型号为 SF7-35000/110，投运后色谱数据未见异常。

2. 故障分析

1 号主变压器于 2005 年 7 月 11 日取油样送省中试所化验，总烃（580μL/L）严重超标。7 月 21 日申请停机切换分接头，由原运行 3 挡调至 4 挡。7 月 30 日至 8 月 2 日申请空载运行，色谱跟踪数据见表 2-71。

表 2-71　　　　　　　　1 号主变压器油色谱试验报告汇总表（μL/L）

时 间	H_2	CH_4	C_2H_6	C_2H_4	C_2H_2	总烃	CO	CO_2
2003 年 1 月 21 日	2.9	1.0	0.2	0.3	0.0	1.5	22.8	226.0
2003 年 6 月 18 日	19.2	5.0	1.3	1.8	0.0	8.1	350.0	861.0
2004 年 3 月 22 日	19.6	11.5	3.4	4.2	0.1	19.2	755.0	1088.0
2005 年 7 月 11 日	69.3	192.0	96.9	281.0	0.3	570.2	947.0	2918.0
2005 年 7 月 18 日	80.2	223.0	119.0	345.0	0.2	687.2	756.0	2535.0
2005 年 7 月 21 日	89.3	257.0	138.0	397.0	0.3	792.3	888.0	2908.0
2005 年 7 月 25 日	99.7	280.8	155.3	463.9	0.3	900.3	931.9	3206.2
2005 年 7 月 30 日	125.0	316.0	166.0	493.0	0.3	975.3	1001.0	3453.0
2005 年 8 月 02 日	113.2	309.6	166.8	489.8	0.5	967.0	957.6	3233.0
2005 年 8 月 09 日	109.7	345.6	192.9	558.6	0.5	1097.6	897.1	3286.0
2005 年 8 月 31 日	170.1	508.3	298.7	806.0	0.9	1613.9	968.8	2730.9

从表 2-71 的数据可以看到自 2005 年 7 月 11 日检验出 1 号主变压器油总烃超标以来，总烃值一直在增加，溶解的主要气体是甲烷（CH_4）和乙烯（C_2H_4），占总烃的比例都超过 80％。根据以上的数据，初步可以断定 1 号主变压器可能存在过热性故障，且一氧化碳（CO）、二氧化碳（CO_2）的量也很大，可推断这个故障点附近的绝缘物发

生热分解。

三比值法编码为"021"，判断设备存在中温过热故障（300~700℃）。

3. 故障确认及处理

2005年8月31日~9月6日请广州电力设备厂对1号主变压器进行吊罩检修处理，检查结果发现该主变压器高压侧A相出线与套管形成环流烧伤引线。具体检查及处理情况如下：

（1）高压侧A相出线与套管形成环流烧伤引线，约有三股烧断，如图2-44所示，做补焊重新包扎处理。

（2）压力释放阀不合格，更换新的压力释放阀。

（3）高压侧A相套管下端有烧伤痕迹，如图2-45所示，经清洁后合格。

图2-44　1号主变压器高压侧A相　　　　图2-45　1号主变压器高压侧A相
　　　　出线烧伤情况　　　　　　　　　　　　套管下端烧伤痕迹

（4）更换高压侧B相套管油，主体油经真空滤油机过滤处理。

事后分析，出现这次故障点的原因是2002年12月1号主变压器大修吊装穿套管时，刮伤了高压侧A相出线的内皮，经长期运行形成包扎绝缘损伤，出线与套管间相接产生环流发热所致。

1号主变压器经吊罩检修处理后，运行接近有一年无异常，通过连续跟踪油色谱化验分析结果表明，采取的处理方法是有效的。

过热故障案例38

1. 设备情况简介

某热电厂2号高压厂用变压器1999年12月投运，型号为TPπHC-32000/20Y1，额定容量为32000/16000-16000kVA，额定电压为18/6.3-6.3kV，由俄罗斯某变压器厂制造，投运后运行良好。

2. 故障分析

2003年7月10日，对本体绝缘油定期色谱分析，发现总烃含量超过注意值。2003年7月14、16日连续两次跟踪检测，发现总烃超标并有乙炔气体产生（见表2-72）。

表 2-72 色谱分析周期检测数据 (μL/L)

时间	H_2	CH_4	C_2H_6	C_2H_4	C_2H_2	总烃	CO	CO_2
2001 年 4 月 3 日	2.4	1.0	1.8	8.0	0.0	10.8	152.2	2416.4
2001 年 11 月 19 日	4.6	1.4	1.0	12.5	0.0	14.9	308.4	3731.2
2002 年 6 月 12 日	4.4	3.6	1.5	18.6	0.0	23.7	236.9	2774.2
2002 年 10 月 9 日	17.0	0.8	0.0	4.2	0.0	5.0	106.4	707.5
2003 年 5 月 10 日	16.1	57.4	19.1	104.0	0.0	180.5	154.4	2664.9
2003 年 5 月 14 日	28.5	75.8	14.8	128.8	0.4	219.8	207.3	3155.8
2003 年 5 月 16 日	18.5	55.6	20.6	110.3	0.4	186.9	171.3	3408.1

三比值法编码为"022"，判断设备存在高温过热故障（大于 700℃）。

3. 故障确认及处理

从测试数据（见表 2-73）看，2 号高压厂用变压器低压侧 I 绕组三相直流电阻不平衡，A-B 为 4.885mΩ，B-C 为 7.570mΩ，C-A 为 7.566mΩ，误差为 69.18%，因此，初步怀疑 2 号高压厂用变压器低压侧 I 绕组 C 相接触不良。

表 2-73 低压侧绕组测量数据 (mΩ)

日期	绕组	相 别		
		ab	be	ca
2002 年 4 月 6 日	低压侧 I 绕组	4.773	4.780	4.758
	低压侧 II 绕组	4.795	4.886	4.882
2003 年 1 月 16 日	低压侧 I 绕组	4.885	7.570	7.566
	低压侧 II 绕组	4.858	4.846	4.835

（1）变压器放油。放油前，测空气湿度：60%，合格后，将变压器本体油全部放至专用油箱，由专人负责滤油。

（2）将变压器南侧散热器风扇拆掉，并将低压侧封闭母箱拆除。

（3）将变压器南侧 4 个低压侧人孔门全部打开，检查发现变压器低压侧 I 绕组 C 相与 C 相套管软连接有烧损现象，为准确判断故障，轻微晃动软连接后，测量直流电阻，结果见表 2-74。

表 2-74 低压侧 I 绕组测量数据 (mΩ)

绕组	相 别		
	A-B	B-C	C-A
原低压侧 I 绕组	4.885	7.570	7.566
本次测量值	4.880	5.373	5.369

（4）直接测量软连接接触电阻情况（见表 2-75）

表 2-75 直接测量软连接接触电阻数据 (μΩ)

软连接	A 相	B 相	C 相
测量值	22.5	20.5	700

根据表 2-75 试验结果，判断 C 相引线有松动现象。

（5）紧固变压器低压侧 I 绕组三相套管上部螺钉，C 相有轻微松动，紧固约 1 圈，其余两相紧固 1/2 圈。紧固后，测量直流电阻，直流电阻值（见表 2-76）没有变化，故认为影响低压侧 I 绕组直流电阻超标的主要原因是变压器内部套管与引线连接螺钉松动所致。

表 2-76 低压侧 I 绕组测量数据（mΩ）

绕组	相 别		
	A-B	B-C	C-A
本次测量值	4.867	5.323	5.317

1）紧固低压侧 I 绕组套管连接螺钉后，测量直流电阻，结果见表 2-77。

表 2-77 低压侧 I 绕组测量数据（mΩ）

绕组	相别		
	A-B	B-C	C-A
本次测量值	4.863	4.871	4.868

2）从测量数据看，B-C、C-A 两相直流电阻值明显下降，直流电阻值超标的直接原因为变压器内部引线与套管连接螺钉松动。

3）检查变压器低压侧 I、II 绕组螺钉松动情况，紧固低压侧 I 绕组 A、B 相、低压侧 II 绕组三相下部连接螺钉后，测量直流电阻，结果见表 2-78。

表 2-78 缺陷处理后低压侧绕组测量数据（mΩ）

绕组	相 别		
	A-B	B-C	C-A
低压侧 I 绕组	4.878	4.890	4.880
低压侧绕组	4.845	4.827	4.816

三项绕组不平衡率误差为 0.129%，符合 DL/T 596《电力设备预防性试验规程》不大于 2% 的规定。

4）处理低压侧 I 绕组 C 相的软连接烧损面，修整软连接。

5）更换人孔门耐油密封垫，变压器本体注油，注油后，测高、低压侧绕组绝缘电阻、直流电阻合格。

将 2 号高压厂用变压器本体变压器油滤至合格值；跟踪分析 2 号高压厂用变压器本体变压器油色谱，结果见表 2-79，运行至今良好。

表 2-79 缺陷消除后色谱分析周期检测数据（μL/L）

时间	H_2	CH_4	C_2H_6	C_2H_4	C_2H_2	总烃	CO	CO_2
2003 年 6 月 4 日	0.0	7.0	3.0	22.0	0.0	32.0	39.1	891.4
2003 年 6 月 11 日	0.0	4.8	1.7	17.4	0.0	23.9	64.2	1057.6

过热故障案例 39

1. 设备情况简介

某变电站 110kV 1 号主变压器型号为 SFSZ9-50000/110，2006 年投入运行，作为该电站的升压变压器使用，运行后运行正常。

2. 故障分析

2010 年 7 月该主变压器油样试验结果显示氢气、总烃含量异常增长，而 2012 年 9 月 29 日的油样试验结果显示，该主变压器油中的氢气和总烃含量均超过 150μL/L。

2006 年 12 月，氢气和总烃的含量与上次试验数据对比增长较明显，但均未超过导则注意值（DL/T 722《变压器油中溶解气体分析和判断导则》中氢气注意值为 150μL/L，总烃注意值为 150μL/L）；2010 年 7 月，氢气含量明显增长，且总烃含量远超导则注意值（DL/T 722《变压器油中溶解气体分析和判断导则》中氢气注意值为 150μL/L，总烃注意值为 150μL/L）；2012 年 9 月，氢气和总烃含量持续增长，均超过导则注意值（DL/T 722《变压器油中溶解气体分析和判断导则》中氢气注意值为 150μL/L，总烃注意值为 150μL/L）；2013 年 10 月，对主变压器进行滤油处理后，氢气和总烃含量均明显减小，数据均合格；滤油后每半个月进行一次油样跟踪试验，发现氢气和总烃含量均逐步上升，2014 年 8 月，总烃含量又超过了规程值。2006～2014 年 1 号主变压器的绝缘油中氢气、总烃含量的变化趋势分别如图 2-46 和图 2-47 所示。2006～2014 年 1 号主变绝缘油色谱试验数据见表 2-80。

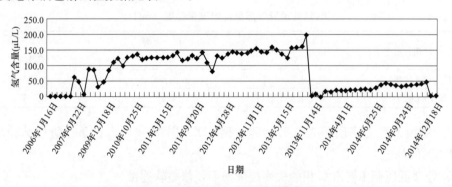

图 2-46 油中氢气含量变化趋势图

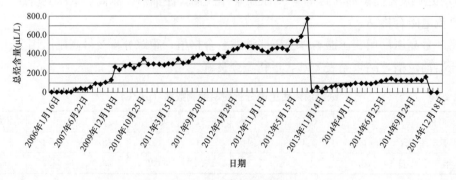

图 2-47 油中总烃含量变化趋势图

表 2-80　　　　　2006～2014 年 1 号主变压器油中特征气体含量（μL/L）

试验日期	H_2	CH_4	C_2H_6	C_2H_4	C_2H_2	总烃	CO	CO_2
2006 年 12 月 31 日	65.0	12.6	3.7	19.1	0.0	35.4	246.0	690.0
2010 年 7 月 1 日	114.2	91.8	30.8	147.6	0.0	270.2	225.1	3386.3
2012 年 9 月 29 日	150.7	171.3	48.0	254.3	0.0	473.6	614.0	3547.6
2013 年 10 月 17 日	3.8	6.2	2.7	11.2	0.0	20.1	17.0	226.7
2014 年 8 月 15 日	35.6	52.2	15.6	87.8	0.0	155.6	71.0	1380.3

三比值法编码为"012"，判断设备存在高温过热故障（大于 700℃）。

3. 故障确认及处理

2014 年 3 月 5 日，1 号主变压器低压侧发生短路跳闸，停运检查发现，铁芯对地绝缘电阻为 0.2MΩ，分析判断为铁芯多点接地故障。在主变压器空载情况下，强行投入主变压器空载运行数分钟后再次停运，测量发现铁芯绝缘合格，最后将主变压器恢复运行。

2014 年 6 月 23 日，检修人员测量发现，该主变压器铁芯接地电流值达到 2.72A，远超 GB 50150《电气装置安装工程 电气设备交接试验标准》中规定的"运行中铁芯接地电流不大于 0.10A"的要求。

2014 年 12 月 2 日，检修人员使用 2500V 数字绝缘电阻表测量铁芯绝缘电阻，刚开始测量时，在变压器内部低压侧套管下部位置有"啪啪"的放电声，但测量结果显示铁芯绝缘良好，未发现铁芯接地。

结合铁芯绝缘电阻测量时出现放电声，以及铁芯接地电流过大，判断铁芯存在不可靠接地故障。在运行时，铁芯对外壳放电，放电点由于温度较高，形成高温过热；放电使铁芯形成多点接地，铁芯内部形成环流，造成了铁芯接地电流过大。

2014 年 12 月，对 1 号主变压器进行吊罩检查。在测量铁芯绝缘电阻时发生异响处，发现铁芯油道连接片与油箱内顶部的加强铁因距离太近而发生放电，导致铁芯两点接地，形成环流，放电点处出现烧点黑斑。

处理方法为铁芯油道连接片与螺栓拔出，平移 100mm，使其与油箱顶部加强铁错位，保持一定的安全距离。

故障处理后，测量铁芯接地电流仅为 0.2A，满足 GB 50150《电气装置安装工程 电气设备交接试验标准》要求，此外每星期进行一次油色谱跟踪测试，各项特征气体数据均合格，且未见增长。

⚙ 过热故障案例 40

1. 设备情况简介

某 220kV 变压器型号为 SFP10-380000/220，联结组别为 YNd11，自 2012 年 11 月投运以来，运行正常。

2. 故障分析

2014 年 5 月 19 日，该变压器油色谱分析总烃超过注意值，产气速率接近 20％。油色谱数据显示该变压器异常，油中溶解气体含量具体数据见表 2-81。

表 2-81　　　　　　　　　　油中溶解气体含量（μL/L）

分析时间	H_2	CH_4	C_2H_6	C_2H_4	C_2H_2	总烃	CO	CO_2
2013 年 4 月 23 日	7	0.95	0.24	0.21	0	1.4	42	225
2013 年 10 月 29 日	20.36	19.41	6.8	22.47	0	48	67	499
2014 年 5 月 19 日	100.37	142.72	39.47	229.36	2.39	413.98	58	405
2014 年 5 月 20 日	125.3	181.71	48.64	294.28	2.78	527.3	56	383
2014 年 5 月 21 日	174.01	254.22	65.74	413.32	3.9	737.23	57	417

　　三比值法编码为"022"，判断设备存在高温过热故障（大于 700℃）；一氧化碳、二氧化碳含量基本保持不变，故障部位未涉及固体绝缘；红外测温数据无异常，排除套管端部、油箱表面等部位过热型故障；切换投运潜油泵，未发现色谱分析结果有明显变化，排除潜油泵烧损故障；结合日负荷曲线，发现总烃增长速率并未随负荷变化而变化。因此磁路故障可能性最大；铁芯接地方式较为特殊，为铁芯经器身下定位钉直接接地，无法测量铁芯及夹件接地电流，因此无法排除铁芯是否存在多点接地。

　　3. 故障确认及处理

　　5 月 22 日，主变压器停电检修。对变压器进行了常规检查试验项目：绕组直流电阻、绝缘电阻、铁芯及夹件绝缘电阻、套管介质损耗、本体介质损耗试验等，试验结果均未发现异常。根据检查、试验结果，排除电路和附件故障，锁定为磁路故障。5 月 27 日，开始变压器内部检查。检查发现如下问题：

　　（1）高压侧 V 相下定位钉钢垫片有明显放电痕迹，如图 2-48 所示。

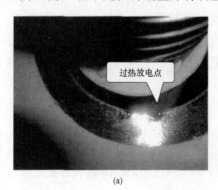

(a)　　　　　　　　　　　　　　　(b)

图 2-48　高压侧 V 相下定位钉烧蚀情况

(a) 垫片放电点；(b) 垫片烧蚀情况

　　主变压器器身下定位钉夹件以及垫圈有灼烧痕迹，应为螺栓松动造成悬浮电位引起的小的火花放电所致；而火花放电不会引起总烃快速增长，且总烃绝对值较小，与油色谱分析结果过热性故障不符合。因此，定位钉螺栓松动不是本次故障的主要原因。

　　（2）低压侧 V 相铁芯拉板螺栓锁片有发黄、过热现象，如图 2-49 所示。

　　低压侧 V 相铁芯拉板下部螺栓锁片烧蚀，为过热故障导致，与色谱分析结果为高温磁路过热性故障一致，说明磁路存在内部环流，可能为铁芯轻微片间短路、磁路轻微

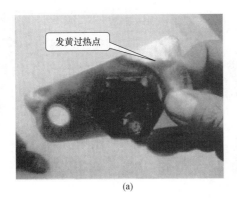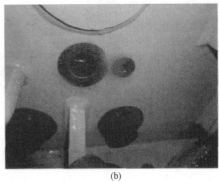

(a)   (b)

图 2-49　低压侧 V 相铁芯拉板螺栓锁片过热点

（a）螺栓锁片已发黄；（b）铁芯拉板下部过热点

漏磁、铁芯多点接地导致。

为进一步查找故障点，决定对变压器现场吊罩，进行全面检查，检查结果如下：

（1）油箱磁屏蔽良好，铁芯上断面无附着碳化物、金属氧化物，铁芯油道未见明显异常（经内窥镜检查），潜油泵直流电阻及绝缘电阻正常，分接开关引线及触头无松动或过热痕迹。

（2）再次发现铁芯拉板紧固件螺栓连接片多处烧蚀，如图 2-50 所示。

（3）检查发现该主变压器铁芯接地设计较为特殊，为通过器身下定位钉直接接地。主变压器器身下定位钉兼顾铁芯紧固和接地功能，且此种螺栓有 8 处，可能形成铁芯多点接地，造成内部环流。

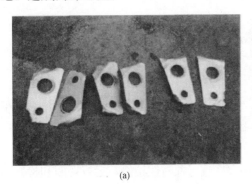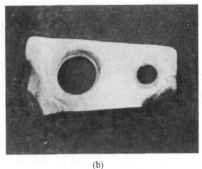

(a)   (b)

图 2-50　铁芯拉板螺栓锁片烧蚀情况

（a）铁芯拉板螺栓锁片已烧蚀；（b）铁芯拉板螺栓锁片放大图

经返厂解体检查，确认铁芯片间绝缘及油道间绝缘正常；磁屏蔽接地良好，磁屏蔽不存在片间短路现场。

（4）发现铁芯夹件 A 旁柱接触面、C 旁柱接触面、C 柱接触面多处过热点，如图 2-51 所示。

图 2-49～图 2-51 中的过热点，均应为铁芯内部环流在接触电阻较大处发热所致。故障排查至此，已确认多个主变压器器身下定位钉直接接地引起的铁芯多点接地是造成

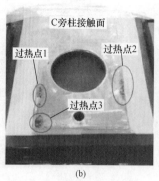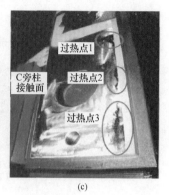

图 2-51　铁芯夹件接触面过热点

（a）A 旁柱接触面过热点；（b）C 旁柱接触面过热点；（c）C 柱接触面过热点

此次过热性故障的主因。建议立即对铁芯接地方式进行改造。

（1）将螺母、垫圈烧伤痕迹处打磨平整清理干净。

（2）更换烧蚀的铁芯拉板下部螺栓锁片。

（3）对铁芯接地方式改造，仅保留一个主变压器器身下定位钉接地，其他均改造为绝缘螺栓和垫片，确保铁芯一点接地；将铁芯接地和夹件接地分别引出，便于运行中及时监测接地电流。

（4）变压器组装后，进行全面出厂试验；现场安装完毕后，按照新变压器进行交接试验；投运后第 1、4、10、30 天各做一次油色谱分析。上述试验均未发现异常。

至此，故障终于得到彻底消除。变压器投运至今，运行正常。

过热故障案例 41

1. 设备情况简介

某核电厂一期工程为 2 台 650MW 压水堆核电机组，主变压器由 3 台 500kV 单相变压器组成，型号为 DFP250000/500TH，容量为 250MVA。

2. 故障分析

2012 年 4 月，1 号主变压器随机组换料大修进行预防性检修，运行期间和检修前各项电气试验正常，油色谱离线取样数据分析正常。变压器于 4 月 12 日投入运行，在线油色谱监测装置监测显示有 C_2H_2 产生，5 月 4 日发电机并网满负荷后，发现 H_2、CH_4、C_2H_4、C_2H_6 和总烃开始持续缓慢增高，5 月 16 日油中 C_2H_2 含量达 0.62μL/L，5 月 21 日总烃含量达到了 226.28μL/L，历史数据见表 2-82，油色谱趋势如图 2-52 所示。

表 2-82　　　　　　　　1 号主变压器 B 相油色谱数据（μL/L）

取样时间	H_2	CH_4	C_2H_6	C_2H_4	C_2H_2	总烃	CO	CO_2
2011 年 2 月 11 日	<5	3.66	0.49	0.72	<0.1	4.87	102	1222
2012 年 1 月 17 日	5.2	4.0	0.97	0.45	<0.1	5.42	182	1642

续表

取样时间	H_2	CH_4	C_2H_6	C_2H_4	C_2H_2	总烃	CO	CO_2
2012 年 4 月 11 日	<5	4.2	0.67	0.32	<0.1	5.23	167	1664
2012 年 5 月 16 日	39.2	41.9	10.4	42.8	0.62	95.72	172	1975
2012 年 5 月 21 日	57.7	87.6	24.7	113	0.98	226.28	172	2483
2012 年 5 月 31 日	78.8	133	35.9	155	0.94	324.8	168	2249
2012 年 8 月 29 日	60	134	38.5	157	0.64	330	183	2531

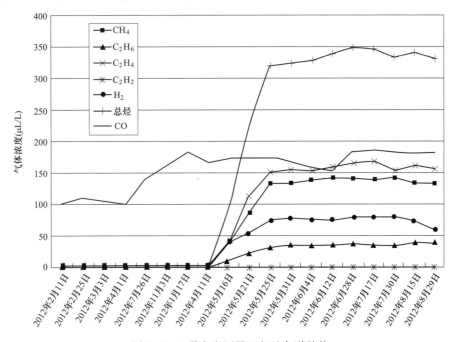

图 2-52 1 号主变压器 B 相油色谱趋势

三比值法编码为 "022"，判断设备存在高温过热故障（大于 700℃）。CO 和 CO_2 含量及比值无明显变化，可判断故障不涉及固体绝缘及绕组；C_2H_2 及其他特征气体含量较低，且变化比较平稳，可排除铁芯多点接地故障。

3. 故障确认及处理

2013 年 4 月，利用机组停机大修机会，对变压器进行了排油内检。检查发现变压器高压引线支撑板与垫脚的固定螺栓存在轻微过热痕迹；高压侧铁芯上腹板与撑板接触面存在过热点（如图 2-53 所示），并在其下方的铁芯、腹板及拉板上发现了数十粒直径在 0.2～0.5mm 的金属颗粒，最大的一粒直径达 3mm（如图 2-54 所示过热点附近收集的金属颗粒）；同时发现低压侧一器身定位螺钉垫

图 2-53 1 号主变压器腹板与撑板间的过热点

片有放电痕迹。

分析认为,变压器油色谱异常的原因是变压器内存在不按铁芯规定的磁路流动的漏磁通,其能量与电流的平方成正比。变压器铁芯的构架是用螺栓连接高、低压侧上、下腹板、拉板、撑板及垫脚等钢件组成。变压器运行中产生的漏磁通可能穿过构架的每一个方框,感应出电动势,产生环流,大容量变压器漏磁通密度高的部位流过的环流可达数百安,甚至上千安。检查发现,该变压器在生产制造时,高压引线支撑板与垫脚的固

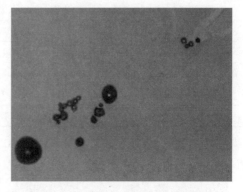

图 2-54　过热点附近收集的金属颗粒

定螺栓间,高、低压侧铁芯上腹板与撑板接触面间刷有油漆或去漆不彻底,这些油漆的存在,导致这些结构件间接触不良,存在接触电阻;当系统故障冲击、变压器励磁涌流等情况出现时,这些接触电阻偏大的部位将产生很高的电能损耗;电能转化为热能,形成局部过热故障,引起油分解产生特征气体,并有可能使少量金属熔化。

通过去漆及紧固处理,消除了变压器运行的隐患。由于现场不具备彻底去除结构件接触面油漆的条件,要想从根本上解决问题还须将变压器返厂解体,彻底去掉油漆或者将铁芯构架部分材质更换为低磁钢材料以断开磁路。

⚙ 过热故障案例 42

1. 设备情况简介

某 110kV 站 1 号主变压器,型号为 SSZ9-50000,2005 年 12 月 8 日投产,投产后设备运行正常。

2. 故障分析

2007 年 12 月 27 日主变压器本体油色谱预试中发现油中的一些特征气体含量异常,H_2、总烃、C_2H_2 等含量比同年 6 月份的数据异常增大,随后进行了几次复测跟踪,其数据准确、重复性好,可以排除人为的影响。油色谱分析结果见表 2-83。

表 2-83　　　　　　　　　　　油色谱数据　($\mu L/L$)

试验日期	H_2	CH_4	C_2H_6	C_2H_4	C_2H_2	总烃	CO	CO_2
2007 年 6 月 7 日	53.0	3.8	0.8	1.5	0.9	7.0	373.6	1156.7
2007 年 12 月 27 日	465.0	564.5	254.6	1300.2	7.9	2127.1	486.7	1254.3
2007 年 12 月 27 日	445.2	542.6	279.9	1384.8	8.3	2215.6	446.5	1326.5
2007 年 12 月 28 日	414.2	510.1	288.2	1432.5	8.5	2239.3	433.9	1289.2

三比值法编码为"022",判断设备存在高温过热(大于 700℃)故障。特征气体(H_2、总烃、C_2H_2)含量远超出正常标准值,说明故障发展迅速,于是决定立即停

止运行，对变压器进行吊罩，查找故障部位。

3. 故障确认及处理

主变压器停役后用 AVO 绝缘电阻表 2500V 分别对 1 号主变压器的铁芯及夹件进行测试，其数值均在 10000MΩ 以上，说明铁芯及夹件均无多点接地的隐患。本体绝缘、介质损耗值结果均无异常。

在测试主变压器直流电阻时发现高压侧 C 相 1～5 挡，14～17 挡的直流电阻明显偏大，C 相不平衡率超过 8%，其他挡位均无异常。该试验结果证实了油色谱分析中得到的结论，并进一步明确故障位置应该在主变压器高压侧 C 相的调压绕组的导电回路部分，为现场针对性吊罩检查处理提供了依据。

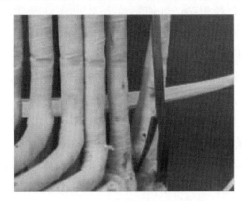

图 2-55　变压器故障解剖图

变压器吊罩后清晰地发现在变压器高压侧 C 相的调压绕组第 5 抽头处有绝缘纸过热变色的痕迹，经工作人员进一步对该处解体，发现其 T 形接头处扁铜线脱焊，接触不良，当有大电流经过该故障点（如图 2-55 所示）时，电阻发热引起烧蚀。

至此，可以明确该变压器油中总烃含量过高的原因正是由于 C 相高压侧第 5 调压绕组的 T 型焊接不良引起，同时也论证了主变压器绕组的直流电阻测试中 C 相 1～5 挡电阻值不正常的现象（14～17 挡电阻值异常的原因是 14～17 挡与 1～5 挡在有载分接开关极性相反）。从而可知该主变压器出厂时在该点的焊接就没有达到平整、光滑、牢固的工艺要求，因此留下了严重的安全隐患。

检修人员剥离掉烧蚀的弹性绝缘纸和包扎纱带，确保主变压器在动火安全措施保护下，在 T 型接头处重新进行低温磷铜焊处理，引线重新缠绕油浸绝缘皱纹纸及白纱带，加固绝缘强度。故障处理后进行电气回路试验，结果表明其焊接工艺良好，接触电阻小，主变压器高压侧绕组三相不平衡系数均低于 0.5%；短路阻抗、变压比试验均符合重新投产要求；主变压器内 25t 变压器油也进行滤油、真空脱气雾化处理，重新投产后至今油色谱正常。

过热故障案例 43

1. 设备情况简介

某 110kV 变电站 1 号主变压器系西班牙某公司 1999 年 5 月产品，型号为 TPAV-40000/110，容量为 40000kVA，制造厂编号为 88694，2001 年 8 月投运，投运后该主变压器例行进行色谱试验，油中溶解气体各组分含量正常。

2. 故障分析

2010 年 9 月 20 日，进行油色谱跟踪分析时，发现油中溶解气体组分含量异常。

2010 年 9 月 21 日取样至省电力科学研究院进行油色谱分析，试验结果与 2010 年 9 月 20 日油色谱跟踪分析数据吻合，见表 2-84。

表 2-84   1 号主变压器油色谱数据 （μL/L）

试验日期	H_2	CH_4	C_2H_6	C_2H_4	C_2H_2	总烃	CO	CO_2
2010 年 4 月 14 日	7.0	8.0	0.9	1.4	0.0	10.3	699.0	2813.0
2010 年 9 月 2 日	228.0	455.7	121.1	412.7	1.5	991.0	889.0	3487.0
2010 年 9 月 21 日	231.0	440.9	136.3	449.6	1.5	1028.3	864.0	3640.0

主变压器油中溶解气体组分总烃超出注意值、氢气含量超出注意值，且有乙炔产生；CH_4、C_2H_4 为主要气体组分，达到 80% 以上，总烃相对产气速率达 1831%/月，绝对产气速率为 102mL/d，远大于注意值（相对产气速率 10%/月及绝对产气速率 12mL/d）；三比值法编码为 "022"，CO、CO_2 的含量有增长但不太明显，$CO_2/CO>3$；综合分析主变压器内部存在高温过热（大于 700℃）故障，故障可能未涉及固体绝缘材料。建议尽快停电进行相关电气试验检查，并加强色谱跟踪分析。

3. 故障确认及处理

2010 年 9 月 27 日停电对主变压器进行常规的电气试验，低压侧线电阻不平衡系数为 8.358%，倒算至相电阻 $R_u=8.460mΩ$、$R_v=10.440mΩ$、$R_w=8.454mΩ$，不平衡系数为 17.694%，大大超过标准（小于或等于 2%），低压侧直流电阻不平衡系数严重超标，V 相电阻较大，初步判断可能为低压套管下端并紧螺钉松动或接头焊接、压接不良等故障。

2010 年 10 月 14 日，对主变压器进行停电检修，查找故障原因。经主变压器器身外部套管、桩头检查未发现异常，决定拆除主变压器低压侧散热器，排放主变压器油至手孔处下方，从手孔处对 10kV 套管下部连接部分进行检查，如图 2-56 所示。

该进口主变压器 10kV 套管下部连接部分与国产变压器有较大区别，其结构是套管的导电杆旋转固定在导电杆座上，其绕组扁铜线经压接管与多股铜芯线相连，再将多股铜芯线采用磷铜焊接在导电杆杆座的下部，如图 2-57 所示。

图 2-56 排油从低压手孔处检查

图 2-57 10kV 侧 V 相套管的导电杆

打开手孔后，没有发现接头部分松动或绕组与导电杆连接部分绝缘明显损坏的现象,外表绝缘层良好,如图 2-58 所示。

在回装套管前、后通过直流电阻测量,发现 10kV 侧 V 相直流电阻变化较大,套管回装后,直流电阻明显增大;打开绕组端部扁铜线与多股铜芯线连接处的外部绝缘,发现该绝缘外部两层无明显变色,内部绝缘层颜色逐渐变成黑色并烧焦;全部剥开绝缘层后,多股铜芯线便自动脱落,经仔细检查发现该连接处出厂前下端进行了压接,上端未压接,如图 2-59~图 2-62 所示。主变压器低压侧绕组为双扁铜线并绕,其中 1 股连接线压接正常,如图 2-63 所示。

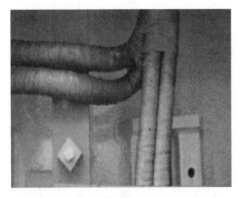

图 2-58 故障点外侧绝缘无故障

图 2-59 故障点外绝缘剥开后

图 2-60 内层绝缘纸变成了黑色

图 2-61 故障点露出了全部

图 2-62 烧损部位剥开后的情况

图 2-63 另一股不发热线的正常压接情况

随后检修人员与 ABB 公司人员对烧坏的多股铜芯线进行剪切和表面打磨处理后，重新进行现场压接处理，外包绝缘；回装 V 相套管紧固后，重新测量低压侧三相电阻值分别为 u-v：5.564mΩ，v-w：5.575mΩ，w-u：5.584mΩ，低压侧线电阻不平衡系数为 0.359％，已完全符合 DL/T 596《电力设备预防性试验规程》的要求。至此，整个故障分析处理完毕，检修后主变压器投入运行至今正常。

过热故障案例 44

1. 设备情况简介

某 110kV 变压器型号为 SSZ9-50000/110，2005 年 12 月 8 日投入运行。

2. 故障分析

2010 年 9 月 6 日，发现总烃含量和 H_2 含量较上次试验增加很多，于是增加油色谱试验频次。2010 年 12 月 10 日试验中发现 H_2 含量 218.78μL/L，总烃含量 253.9μL/L，2010 年数次油色谱跟踪分析数据见表 2-85。

表 2-85　　　　　　　　　油中溶解气体数据（μL/L）

日期	H_2	CH_4	C_2H_6	C_2H_4	C_2H_2	总烃	CO	CO_2
6 月 7 日	53.0	3.8	0.8	1.5	0.9	7.0	373.6	1156.7
9 月 6 日	97.4	15.8	2.6	4.8	1.1	24.2	406.2	1189.5
12 月 10 日	218.8	64.6	31.0	154.7	3.7	253.9	428.6	1207.5
12 月 19 日	296.2	119.0	81.0	412.6	5.6	618.1	429.9	1236.7
12 月 28 日	414.2	510.1	288.2	1432.4	8.5	806.8	433.9	1289.2

三比值法编码是"002"，判断设备存在高温过热（大于 700℃）故障。由于变压器运行的时间比较长，加上空气中 CO_2 对试验结果的影响，油中溶解气体中含有一定量的 CO 和 CO_2 是正常的；并且从表 2-85 可以看出，CO 和 CO_2 有微弱的增长趋势，但是增长的幅度较小；以 12 月 28 日计算得 $CO_2/CO=2.97<3$。因此，故障可能涉及固体绝缘。

2010 年 12 月 29 日做了变压器大修前全套电气试验，项目有直流电阻、绕组频率响应、短路阻抗、绕组及铁芯绝缘电阻及吸收比、介质损耗 tanδ 等。除变压器高压侧直流电阻有异常外，其余试验结果均正常。高压侧直流电阻数值见表 2-86。

表 2-86　　　　　　　　　高压侧直流电阻测试值

高压侧挡位	AO(Ω)	BO(Ω)	CO(Ω)	误差（％）
1	0.3951	0.3955	0.4292	8.38
2	0.3835	0.3893	0.4228	8.46
3	0.3835	0.383	0.4174	8.69
4	0.3762	0.377	0.4087	8.36

高压侧挡位	AO(Ω)	BO(Ω)	CO(Ω)	误差（%）
5	0.37	0.3716	0.4034	8.75
6	0.3637	0.3661	0.3651	0.63
7	0.3581	0.3582	0.3599	0.5
8	0.3512	0.3519	0.3549	1.02
9	0.344	0.3441	0.3437	0.11
10	0.3506	0.3526	0.3515	0.16
11	0.3572	0.3580	0.3579	0.22
12	0.3626	0.3643	0.3652	0.71
13	0.3689	0.371	0.3728	0.97
14	0.3754	0.3791	0.4091	8.68
15	0.3891	0.3829	0.4158	8.61
16	0.3878	0.3891	0.4238	8.94
17	0.3941	0.3955	0.4279	8.27

从表 2-86 可以看出，第 1～5 挡和第 14～17 挡的三相平均误差明显偏大，远远大于误差标准值 2%，第 6～13 挡的数据在合格的范围内，根据不同挡位绕组分接头的对称性，基本可以判定故障在绕组的第 5 抽头处；同时从表 2-86 可以看出，A，B 两相绕组直流电阻数据正常，C 相绕组直流电阻数据明显偏大，其中三相平均误差偏大正是 C 相绕组偏大导致的。因此，可以进一步判断此故障可能是 C 相绕组第 5 抽头接触不良所致。

结合电气试验和油中溶解气体分析，基本确定是 C 相绕组第 5 抽头处由于接触不良或者绝缘损坏引起的高温过热性故障，同时故障还可能涉及固体绝缘。为了能够尽快消除故障，确保电网稳定运行，决定吊罩检查。

3. 故障确认及处理

变压器吊罩后，检修人员进行了全面详细的检查，发现高压侧 C 相绕组第 5 抽头处绝缘表面颜色较深，有发黄的痕迹，剥开绕组绝缘表面，发现焊点脱落，有明显烧焦的迹象，如图 2-64 所示。造成这一故障可能原因有：

图 2-64 变压器故障位置

（1）绕组在运输过程中的振动、初次安装或重新安装过程中的反复扯动，导致绝缘擦伤。

（2）绕组在出厂时焊接部位未处理妥当，加之长时间的运行老化，在焊接部位出现过热现象。

（3）绕组本身结构及绝缘不合理，导致绕组有些部位绝缘性能较差。

由于接触不良或绝缘性能损坏，导致接触电阻增大，在大电流通过时表面发热烧损。如果变压器继续运行，可能导致绕组绝缘部分碳化，最终形成绕组短路，发展为致命性故障。

在焊接脱落处对削离烧损的绝缘纸和包扎纱带重新进行低温磷铜焊处理，再用绝缘纸和纱带包扎完好，最后检查并紧固各夹件和螺栓。变压器修理后再次进行试验，高压侧绕组各挡位的直流电阻值均恢复正常，误差在 0.5% 以内，短路阻抗、绕组频率响应、变比及绝缘电阻等各项试验均合格，变压器投运后油色谱跟踪试验，各项试验数据合格，运行正常。

⚙ 过热故障案例 45

1. 设备情况简介

某 220kV 变电站 2 号主变压器于 2013 年投入运行。

2. 故障分析

2014 年 5 月 21 日，试验人员在对各站变压器油在线色谱装置实时上传的数据检查过程中发现 2 号主变压器在线油色谱数据异常，油内气体含量超标，且增长速度快；当即去现场采取油样并进行油色谱分析，试验结果见表 2-87，乙炔和总烃的变化趋势如图 2-65 所示。

表 2-87　　　　　　　2 号主变压器油中溶解气体数据（μL/L）

日期	H_2	CH_4	C_2H_6	C_2H_4	C_2H_2	CO	CO_2	总烃
2014 年 3 月 15 日	14.8	21.7	6.5	23.5	0	254	630	51.7
2014 年 5 月 21 日	73.8	148	38.9	181	1.76	344	859	369.7

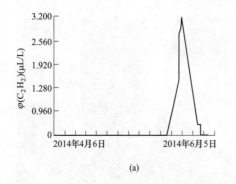

(a)

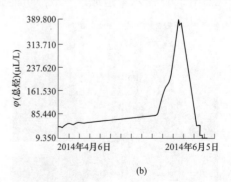

(b)

图 2-65　油中乙炔和总烃的变化趋势

（a）油中乙炔含量曲线；（b）油中总烃含量曲线

三比值法编码规则，编码组合是"022"，判断设备存在高温过热（大于700℃）故障。

3. 故障确认及处理

为了进一步查清故障，对该站2号主变压器进行停电试验，变压器高压侧绕组直流电阻测试结果见表2-88。

表 2-88 高压侧绕组直流电阻

分接位置	$R_{AO}(m\Omega)$	$R_{BO}(m\Omega)$	$R_{CO}(m\Omega)$	误差（%）
1	368.5	368.7	373.5	1.35
2	363.4	363.5	368.3	1.34
3	358.1	358.2	363.0	1.36
4	352.9	352.9	357.9	1.41
5	347.7	347.7	352.6	1.40
6	342.6	342.7	347.5	1.42
7	337.5	337.5	342.3	1.42
8	332.4	332.4	337.1	1.41
9	326.6	326.3	326.3	0.09
10	332.3	332.3	332.7	0.12
11	337.5	337.5	337.9	0.12
12	342.6	342.6	343.1	0.15
13	347.7	347.7	348.2	0.14
14	352.8	352.9	353.4	0.17
15	357.9	358.0	358.4	0.14
16	363.1	363.3	363.6	0.14
17	368.2	368.4	373.2	1.35

由表2-88可知，2号主变压器高压绕组的测量误差在允许范围之内，与初值相比，分接位置在1～8头和17头时误差较大，分析其数据得出高压1～8头和17头的C相绕组的直流电阻偏大，可判定高压绕组的分接开关1～8头和17头存在公共回路。查阅主变压器的分接开关连接图，如图2-66所示。由图2-66可知，高压1～8头和17头确实存在公共回路，因此判断为2号主变压器C相1～8头和17头公共回路的某一接头松动，造成接触电阻增大，使得直流电阻误差偏大，接头处发热导致油中产生乙炔并增长较快。

对变压器内部绕组进行检查，发现高压侧C相8分接调压绕组引出线接头压接松动，发热严重，如图2-67所示。检修人员随即对发热的导线进行更换并重新压接，更换后对变压器进行常规试验和局部放电、耐压等试验，各项试验结果均合格。

最终可判定故障原因为2号主变压器出厂时高压侧C相8号分接开关调压绕组引出线接头没有压紧，运行过程中由于变压器不停地振动导致接头松动，严重过热，产生乙炔。

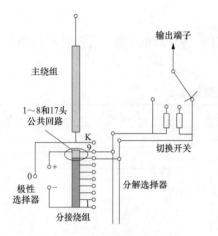

图 2-66　主变压器高压侧分接
开关接线图

图 2-67　绕组故障

（a）接头压接图片；（b）接头松动抽出图片

⚙ 过热故障案例 46

1. 设备情况简介

某变压器型号为 SFSZ8-11031500，1994 年产品，配 ZY1A-Ⅲ 500/60C±8 有载调压开关。

2. 故障分析

1999 年 3 月 26 日 1 主变压器本体轻瓦斯动作，气样及油样色谱分析（见表 2-89）。

表 2-89　　　　　　　1 号变压器瓦斯气样及油样分析（μL/L）

样品	H_2	CH_4	C_2H_6	C_2H_4	C_2H_2	总烃	CO	CO_2
油样	122.9	200.7	21.3	437.6	4.2	663.8	1135.7	9688.4
瓦斯气	38153.0	4470.0	11.0	353.6	8.0	4842.6	4702.1	7101.9

三比值法编码是"022"，判断设备存在高温过热（大于 700℃）故障。分析故障原因有以下几种可能：①铁芯多点接地；②内部连线接头或开关（包括有载开关的选择开关）接触不良而过热；③绕组绝缘损坏。

3. 故障确认及处理

1 号主变压器从 1999 年 3 月 24 日开始，35kV 侧的负荷即有所增长，故仅对该变压器进行了变压器直流电阻、绝缘电阻、泄漏电流、铁芯绝缘、有载分接开关试验及有载分接开关油位检查等检查和试验，发现 35kV 侧 A 相绕组的直流电阻比其他两相偏大，在拆除外接线头后，偏差数据更大，数据见表 2-90。

表 2-90   1 号主变压器 35kV 侧直流电阻测量值

35KV 第四挡	AO(Ω)	BO(Ω)	CO(Ω)	偏差（%）
拆除外接线头前	0.9775	0.9595	0.9630	1.86
拆除外接线头后	0.10350	0.9600	0.9641	7.6

放油检查发现 35kV 侧 A 相套管下端头螺母已松动，引线连接片已发黑并有烧蚀痕迹；35kV 中性点套管螺母也已松动，导致回路接触不良，接头严重发热，使变压器油裂解产生特征气体。处理该缺陷并经直流电阻测试、注油并做介质损耗、泄漏电流及绝缘油等试验合格后，变压器即恢复了运行，变压器油待以后适时停运进行脱气处理。

运行中采用油色谱跟踪监测几个月后，发现油中特征气体又有异常升高（见表 2-91），三比值法编码为"022"，显示故障性质仍为大于 700℃高温范围的热故障。分析认为故障原因有以下几种可能：①上次问题未处理好或又重新出现这类故障，还是接头发热；②铁芯多点接地、有载开关选择开关接触不好等内部故障；③有载开关油与本体连通。

表 2-91   1 号主变压器检修后油色谱分析（μL/L）

日期	H_2	CH_4	C_2H_6	C_2H_4	C_2H_2	总烃	CO	CO_2
1999 年 4 月 2 日	98.69	219.9	26.17	446.6	5.9	698.7	762.5	6698.1
1999 年 5 月 27 日	80.44	200.7	22.3	441.6	10.7	675.3	720.12	6839.1
1999 年 6 月 15 日	188.6	449.5	54.74	843.8	12.98	1361.0	1728.2	13890.4
1999 年 6 月 21 日	111.3	270.5	32.47	655.3	9.53	959.9	1042.9	10015.4
1999 年 6 月 28 日	106.9	258.9	24.76	508.2	8.42	800.3	928.9	8253.3
1999 年 8 月 26 日	94.6	258.4	30.5	626.3	7.8	923.0	979.0	9817.4

在运行状况下检测铁芯接地电流正常，观察有载开关油箱与本体油箱油位，后者略高；停电检查直流电阻、有载开关动作特性、铁芯接地电阻及本体绝缘等均未发现问题；解体后发现切换开关至选择开关的转动轴损坏导致有载开关与本体油连通，原因为该轴封出厂时就已受损变形，运行磨损后即出现渗漏；更换该轴封后，变压器正常运行。

⚙ 过热故障案例 47

1. 设备情况简介

某变电站 1 号主变压器型号为 SFPSZ4-120000/220，冷却方式为 ODAF，联结组标号 YNyn0d11，空载电流 0.386%，空载损耗 132kW，额定容量 120000kVA/120000kVA/60000kVA，绝缘油重 62t，沈阳某厂 1986 年 6 月产品。

2. 故障分析

2009 年 9 月 5 日，油色谱例行试验时发现 1 号主变压器乙炔气体较上次试验（7 月 5 日）有明显增长，且总烃超过注意值。2009 年 9 月 9 日取油样复测，两次分析结果基本一致，见表 2-92。

表 2-92 1 号主变压器离线油色谱分析数据（μL/L）

时间	H_2	CH_4	C_2H_6	C_2H_4	C_2H_2	总烃	CO	CO_2
2009 年 7 月 5 日	38.36	38.35	4.68	42.07	0.63	85.73	2212.07	8328.42
2009 年 9 月 5 日	43.62	66.66	9.05	111.38	4.52	191.61	1476.56	7950.63

对 1 号主变压器油色谱在线装置的数据进行比对分析，发现烃类气体也有增长，具体见表 2-93。

表 2-93 1 号主变压器油色谱在线监测数据（μL/L）

时间	H_2	CH_4	C_2H_6	C_2H_4	C_2H_2	总烃	CO	CO_2
2009 年 8 月 14 日	17.1	28.3	4.38	25.2	0	57.88	1638	5158
2009 年 9 月 11 日	60.5	75.9	15.7	81.8	3.05	176.45	2090	5501

根据表 2-93 中离线分析的油色谱数据进行计算，两次取样时间的间隔为 2 个月，总烃含量由 85.73μL/L 上涨到 191.61μL/L。

（1）总烃相对产气速率。

$$r_r = \{[(C_{i,2} - C_{i,1})/C_{i,1}]/\Delta t\} \times 100\%$$
$$= \{[(191.61 - 85.73)/85.73]/2\} \times 100\% = 61.75(\%/月) \qquad (2\text{-}1)$$

式中 i——组分名称，这里指总烃；

r_r——相对产气速率，%/月；

$C_{i,2}$——第二次取样测得油中总烃浓度，μL/L；

$C_{i,1}$——第一次取样测得油中总烃浓度，μL/L；

Δt——两次取样时间间隔中的实际运行时间，月。

（2）总烃绝对产气速率。

$$r_a = [(C_{i2} - C_{i1})/\Delta t] \times (m\rho)[(191.61.5 - 85.73)/61] \times (62/0.89) = 120.92(\text{mL/d}) \qquad (2\text{-}2)$$

式中 r_a——绝对产气速率，mL/d；

$C_{i,2}$——第二次取样测得油中总烃浓度，μL/L；

$C_{i,1}$——第一次取样测得油中总烃浓度，μL/L

Δt——两次取样时间间隔中的实际运行时间，d；

m——设备总油量，t；

ρ——油的密度，t/m³。

DL/T 722《变压器油中溶解气体分析和判断导则》规定相对产气速率的注意值为

10%/月，绝对产气速率的注意值为 12mL/d。可见，1 号主变压器油中气体组分含量上升速度很快，可认为设备有异常。

三比值法编码是"022"，判断设备存在高温过热（大于 700℃）故障。

（1）该主变压器自投运以来，一般情况下所带负载为 40000～50000MW；从 2009 年 7 月中旬至 2009 年 8 月底，所带负载为 80000～110000MW；从 2009 年 9 月 1 日至 9 月 27 日，所带负载为 20000～90000MW，最高负载出现于 9 月 17 日，日均负载 70000MW，高峰负载 90000MW。上述负载均未超过变压器的额定负载 120000MW，不存在过负载运行情况，变压器也未曾遭遇过出口短路等异常工况。

（2）2009 年 9 月 10 日下午，测试运行中铁芯接地电流为 4.5mA，排除了铁芯多点接地的可能。

（3）2009 年 9 月 12 日下午所有潜油泵加入运行，测试无异常温升现象，油色谱跟踪分析数据未见异常，可排除潜油泵故障导致的油色谱异常。

（4）对有载分接开关油室进行取样分析，排除了有载分接开关油箱渗漏的可能。

（5）分析油色谱数据，由于 CO 和 CO_2 含量没有明显增长，认为过热故障应不涉及固体绝缘，裸金属局部过热的可能性比较大。

3. 故障确认及处理

2009 年 10 月 24 日，1 号主变压器吊罩前，进行了电气试验项目的检查，试验项目全部合格，在对变压器吊罩进行内部检查时，发现了多处故障点。

（1）主变压器中相位置上夹件与绕组压环之间的接地连接铜片断裂，有过热痕迹。

（2）主变压器上压铁紧固螺钉运行中因振动松动，有过热痕迹。

（3）上夹件与绕组压环之间紧固螺钉的绝缘垫块碎裂。

（4）上夹件连接钢板松动后有放电痕迹。

变压器在运行中不可避免地要产生振动，特别是当投/切变压器或网络潮流发生变化时产生的振动更大，容易引发相关部件松动。1 号主变压器运行年限已超过二十年，一直未进行大修，导致内部多处出现松动，由于运行中负载较大，所以松动部位出现过热点并逐步累积造成过热性故障。

针对吊罩发现的故障点，现场对 1 号主变压器进行了如下处理。

（1）更换变压器中相位置上夹件与绕组压环之间的接地连接铜片。

（2）紧固所有压铁紧固螺钉。

（3）更换上夹件与绕组压环之间紧固螺钉的绝缘垫块。

⚙ 过热故障案例 48

1. 设备情况简介

某发电厂 3 号主变压器（SFP7-395000/500）是 1994 年 9 月出厂产品，同年投入运行。该变压器投运以来一直正常运行，未发现重大故障。

2. 故障分析

2011 年 3 月对变压器进行了冷却系统增容大修改造，其间，更换了三组冷却器（含潜油泵）。2011 年 12 月 7 日在对变压器进行周期性油色谱分析取样试验时，发现油色谱分析结果中含有乙炔，且总烃超标（DL/T 722《变压器油中溶解气体分析和判断导则》规定运行中变压器油色谱分析总烃小于 $150\mu L/L$）；其后，对变压器油进行了跟踪采样分析。油色谱分析结果见表 2-94，取样期间变压器负荷无明显变化，且无过励磁情况发生；由油色谱分析结果可推断，变压器内部出现了故障，且已影响了变压器的安全运行。

表 2-94　　　　　　　　3 号主变压器油色谱分析结果（$\mu L/L$）

取样日期	H_2	CH_4	C_2H_6	C_2H_4	C_2H_2	总烃	CO	CO_2
2011 年 1 月 8 日	4.5	19.3	4.9	15.4	0.0	39.6	561.2	1320.0
2011 年 6 月 6 日	5.0	21.0	6.1	17.5	0.0	44.7	615.6	1694.0
2011 年 12 月 7 日	41.1	120.2	29.3	265.4	0.5	415.4	676.2	2162.0
2011 年 12 月 11 日	43.3	125.3	31.3	271.2	0.7	428.5	682.4	2193.0
2011 年 12 月 28 日	46.1	136.3	35.1	283.3	0.8	455.5	696.2	2254.0

三比值法编码为"022"，判断设备存在高温过热（大于 700℃）故障。根据经验，当乙炔含量大于 $0.5\mu L/L$ 时，故障点的过热部位伴随放电的可能性比较大。

3. 故障确认及处理

将故障情况上报调度控制中心后，安排变压器停电检修；停电后，对变压器进行了直流电阻测量试验，以检查分接开关和引线紧固螺钉或接头焊接是否良好。高压侧绕组直流电阻测量在高压侧绕组出线端子与中性点出线端子之间进行，测量结果见表 2-95，低压侧绕组直流电阻测量在低压绕组出线端子之间进行，测量结果见表 2-96。

表 2-95　　　　　　　高压侧绕组直流电阻测量结果

测量部位（$m\Omega$）			相间差（%）	油温度（℃）
A-O	B-O	C-O		
633.7	633.7	633.2	0.78	28

表 2-96　　　　　　　低压侧绕组直流电阻测量结果

测量部位（$m\Omega$）			相间差（%）	油温度（℃）
A-B	B-C	C-A		
1.467	1.464	1.476	0.81	27

以上试验相间差小于 2%，符合 GB 50150《电气装置安装工程 电气设备交接试验

标准》的要求，试验结果合格，排除了分接开关和引线故障的可能；同时进行了变压器的电压比、介质损耗因数、绝缘电阻（包括铁芯、夹件等）、绕组泄漏电流测量等试验，试验结果亦合格；再对变压器进行了常规局部放电试验（未开启潜油泵），同时对变压器绕组进行超声定位测量。在试验电压下，试验结果未见异常放电产生，30min 内放电波形无异常脉冲，局部放电波形未见异常，局部放电量小于 260pC，符合 GB 50150《电气装置安装工程 电气设备交接试验标准》规定的在试验电压下局部放电量不大于 300pC 的要求，试验结果合格；变压器绕组超声定位测量亦未见异常，试验期间超声定位波形无异常变化，试验结果合格，排除了变压器绕组局部短路和层间绝缘不良的可能。

通过以上检测与检查，排除了变压器内部故障的可能性，通过对变压器组部件的分析，认为冷却器引发的可能性较大。考虑到变压器潜油泵绕组故障特性与变压器绕组故障特性具有相似性，如果潜油泵绕组有故障，也可能因短路放电，引起色谱异常，并通过油管路把故障气体传到主变压器油中，导致变压器油色谱分析结果异常。因此，有必要对潜油泵进行彻底检查。

随后，对每台潜油泵进行了绝缘电阻测量，结果未见异常，为慎重起见，对变压器全部潜油泵进行解体检查，重点检查绕组是否有损伤；当检查到第五组冷却器的潜油泵时，发现其绕组表面有部分烧伤，其后联系潜油泵生产厂家对潜油泵进行了更换，其余潜油泵未发现问题。

潜油泵返回制造厂后，厂家对其进行了更加细致的检查，解体后潜油泵轴承未发现磨损，经用 2500V、1000MΩ 绝缘测定器测量其绝缘电阻，未见异常；但发现潜油泵内有金属颗粒，对潜油泵定子进行耐压试验，在潜油泵定子下部与潜油泵的泵底座连接处出现放电现象；将潜油泵定子底板与潜油泵定子解体分开，发现潜油泵定子绕组有部分烧损，确定变压器产生乙炔的原因是潜油泵电机绕组烧损所致。

综合检查结果认为是潜油泵的故障引起的变压器油色谱异常，变压器本身不存在问题；随后经滤油，变压器恢复运行。经过以后几年的油色谱跟踪分析，油色谱分析未见异常，变压器至今运行良好，故障得到彻底解决。

⚙ 过热故障案例 49

1. 设备情况简介

某台 110kV 主变压器型号为 SF9-50000/110，额定容量为 50000kVA，冷却方式为 ONAF，联结组别为 Ynd11，制造日期为 2008 年 11 月 1 日，投运日期为 2009 年 4 月 1 日。

2. 故障分析

末次油色谱分析合格记录时间为 2012 年 11 月 15 日，首次油色谱分析超标时间为 2013 年 2 月 13 日，总烃值含量超标，达到了 540.27μL/L。为排除仪器造成误差，该厂于 2013 年 2 月 5 日主变压器带负荷 1h 后取样，分送本厂和当地电力中心试验院化验，结果均为超标，后续跟踪取样结果依然超标且呈快速增长趋势，油色谱数据见表 2-97。

表 2-97　　　　　　　　　　油中溶解气体记录（μL/L）

日期	H_2	CH_4	C_2H_6	C_2H_4	C_2H_2	总烃	CO	CO_2
2012 年 11 月 15 日	48.7	31.9	3.3	19.0	0.0	54.2	1289.8	8435.9
2013 年 2 月 3 日	98.5	173.9	53.2	312.4	0.8	540.3	1127.6	8113.6
2013 年 3 月 6 日	117.8	235.0	71.8	434.6	1.2	742.5	1498.6	12671.0

为确定故障原因并缩小可能故障范围，2013 年 2 月 5 日进行了直流电阻、绕组介质损耗、套管介质损耗试验，2013 年 2 月 16 日进行了绕组分接电压比、铁芯接地电流测量，各项试验结果均在标准范围内。结合主变压器出厂试验、验收试验、历年预试数据及本次检查试验数据分析研究，可初步排除绕组局部短路、分接开关接触不良、铁芯漏磁、层间绝缘不良的可能性。

2013 年 2 月 5 日和 2013 年 2 月 16 日对该主变压器进行红外成像检查，显示主变压器外部无异常高温高热部分，排除了导电部分接线头等处接触不良现象，并初步排除变压器内部离外壳较近处异常高温的可能性。该变压器与发电机为单元接线，查阅 2012 年 11 月 27 日到 2013 年 2 月 4 日时间段运行和缺陷故障记录，未发生事故及异常状况；主变压器大部时间为停运和空载，偶带较轻负荷无过负荷现象；查阅调度控制中心资料该时间段内主变压器未受系统故障冲击，未发生受外部破坏事件；地震局资料显示主变压器所在地区未发生地震等异常事件。

三比值法编码为"022"，判断设备内部存在高温过热（大于 700℃）故障。

3. 故障确认及处理

截至 2013 年 4 月 8 日，因主变压器油质色谱分析总烃值仍超标，为查找故障部位，该厂于 2013 年 4 月 9 日至 2013 年 4 月 22 日对该主变压器进行首次吊罩大修及故障查找，套管解体检查发现高压侧 B 相套管将军帽内有较为严重的放电痕迹，吊罩发现一颗上铁轭方铁夹紧螺栓有疑似过热痕迹。缺陷部位如图 2-68 和图 2-69 所示。

图 2-68　套管将军帽放电痕迹　　　　图 2-69　上铁轭方铁夹紧螺栓过热部位

检查发现高压侧 B 相套管将军帽出线头与高压侧引线导电杆接触不良，将军帽内螺纹和高压侧引线导电杆的外螺纹有明显烧灼痕迹。对此故障处理方案为：更换高压侧 B 相套管将军帽出线头，并对高压侧引线导电杆外螺纹进行修复。

吊罩检查发现上铁轭方铁夹紧螺栓有疑似高温变色痕迹，螺孔螺杆疑因高温过热烤黄，平垫圈上有烧灼痕迹。由于现场吊罩时间限制等原因，对此故障处理方案为：将夹紧螺栓拆除，对疑似高温变色处接触面打磨处理清洗，恢复紧固螺栓，并对其余铁轭方铁夹紧螺栓检查紧固。

大修完毕后对变压器油进行脱气处理至合格，并按规定做了大修后试验数据均正常，主变压器于 2013 年 4 月 23 日经递升加压和冲击合闸试验后投运正常。

⚙ 过热故障案例 50

1. 设备情况简介

某变压器 1 号变压器型号为 SFZ9-40000/1000；额定容量为 40000kVA；额定电压为 110±8×1.25%/10.5kV；联结组标号为 Ynd11；冷却方式为 ONAF；出厂日期为 2000 年 4 月；投运日期为 2001 年 8 月。

2. 故障分析

1 号主变压器故障前工作一直正常，常年处于轻载状态。该变压器历年来电气预防性试验和油色谱分析按规定试验周期，试验结果均正常，运行、检修亦未发现任何异常情况。

2004 年 12 月 7 日 14：00，2 号变压器停运小修，1 号变压器带全站负荷。15：00，运行人员巡检时发现，1 号变压器在线监测装置发出超标报警，在线装置读数从正常时的 120μL/L 左右，到 20：00 增至 380μL/L，油务人员随即对变压器油取样进行气体色谱分析，发现其中氢气、乙炔、总烃含量均超过 DL/T 722《变压器油中溶解气体分析和判断导则》中相关规定，如表 2-98 所示。由于 2 号主变压器小修工作尚未结束，不能对 1 号变压器停运检查。19：50，1 号变压器的气体继电器发信号，发生轻瓦斯动作。19：40 2 号主变压器小修工作结束。20：02，2 号变压器投入运行。1 号变压器于 20：14 退出运行进行故障检查。

表 2-98　　　　　　　　1 号主变压器油色谱分析数据（μL/L）

日期	H_2	CH_4	C_2H_6	C_2H_4	C_2H_2	总烃	CO	CO_2
2003 年 10 月 29 日	24.0	4.0	7.0	1.0	0.0	12.0	417.0	947.0
2004 年 10 月 25 日	11.0	4.0	6.0	1.0	0.0	11.0	639.0	1021.0
2004 年 12 月 7 日（故障后）	1275.0	1812.0	311.0	2070.0	40.0	4233.0	618.0	901.0
2004 年 12 月 10 日（处理后）	13.0	30.0	13.0	68.0	2.0	113.0	14.0	100.0
2004 年 12 月 12 日（投运后）	17.0	17.0	6.0	28.0	0.0	51.0	11.0	61.0
2004 年 12 月 13 日（投运后）	14.0	13.0	5.0	22.0	0.0	40.0	10.0	62.0

三比值法编码为"022"，判断设备内部存在高温过热（大于 700℃）故障，同时也可能存在电弧放电。经分析诊断，原因大致可能为：①引线及绕组接头部分接触不良；②分接开关接触不良；③铁芯两点或多点接地或铁芯短路等。

3. 故障确认及处理

（1）绝缘性能测试：分别测量变压器高压绕组对低压绕组和外壳的绝缘电阻、泄漏电流、介质损耗因数、电容量及低压绕组对高压绕组和外壳的绝缘电阻、泄漏电流、介质损耗因数、电容量，均未发现明显变化，说明变压器的主绝缘完好。

（2）直流电阻的测量：高压绕组的直流电阻均合格，可排除高压侧绕组裸金属引线接头焊接不良、接线桩头松动、分接开关接触不良等故障；而低压侧直流电阻变化规律与历年数据有很大差异，试验数据见表 2-99。低压侧绕组直流电阻三相不平衡率高达 81.73%，超过 DL/T 596《电力设备预防性试验规程》规定的小于或等于 1%，由于变压器低压侧为△接线（A-Y；B-Z；C-X），从直观上无法判断故障点在哪一相上，利用换算公式把测量的线电阻值换算成相电阻值，三相电阻分别为 $R_a = 0.0063707\Omega$，$R_b = 0.028843\Omega$，$R_c = 0.029475\Omega$，因此可进一步判定故障点可能在低压侧 B 相和 C 相上，可能是 B、C 相引线及绕组接头部分接触不良，这与先前进行的油色谱故障诊断结论是一致的。

（3）绕组变形测试：与上次测试数据比较未见明显异常。

（4）铁芯接地电流测试：变压器停运前用钳形电流表测量铁芯接地电流，无异常；停运后用绝缘电阻表测量铁芯对地绝缘电阻，达 2500MΩ，可排除铁芯故障。

（5）有载调压开关特性测试：有载调压开关切换时间、周期、切换的波形均正常，可排除有载调压开关故障。

结合变压器在线监测装置结果、气相色谱分析结果、低压侧绕组直流电阻结果，怀疑低压侧绕组接头部分可能存在接触不良的严重缺陷。

为进一步查明故障原因，放油后打开低压侧入口门检查，检查结果发现 10kV 绕组 B 相和 C 相引线接头紧固螺栓严重松动，铜螺栓已烧伤退火变色（如图 2-70 和图 2-71 所示），对三相螺栓紧固处理后，重测低压侧三相电阻，数据见表 2-99，三相不平衡系数 0.4%，已完全符合 GB 50150《电气装置安装工程 电气设备交接试验标准》的要求。

图 2-70 B 相引线接头螺栓退火变色　　　图 2-71 C 相引线接头螺栓退火变色

表 2-99　　　　　　　　　　1 号变压器低压侧绕组直流电阻数据

试验日期	A-B(Ω)	B-C(Ω)	C-A(Ω)	不平衡率（%）	油温（℃）
2003 年 10 月 26 日	0.006175	0.006209	0.006164	0.73	12
2004 年 3 月 7 日	0.006134	0.006165	0.006128	0.55	18
2004 年 12 月 7 日（故障后）	0.01562	0.01568	0.005621	81.73	15
2004 年 12 月 8 日（处理后）	0.006240	0.006256	0.006231	0.40	22

根据检查情况，对故障原因进行了全面分析，认为造成故障有以下三个方面：

（1）变压器出厂时，由于制造工艺不良，未将螺栓紧固好是导致故障的根本原因。

（2）1号变压器常年处于轻载状态，由于2号变压器停运，使得1号变压器负荷较正常值急剧增加造成低压侧负荷电流增加，从而引发故障。

（3）变压器运行时的振动造成螺钉松动也是引发故障的另外一个原因。

过热故障案例51

1. 设备情况简介

某220kV变电站2号主变压器（120MVA/220kV），系1985年5月由国内某厂生产，并在同年投入运行的，运行后工作一直正常。

2. 故障分析

在1992年4月3日春季变压器预防性试验中，该主变压器在高压试验中未发现问题。但做油色谱分析试验时，发现油中总烃含量已达402μL/L，超出DL/T 596《电力设备预防性试验规程》中注意值150μL/L的规定，CO也达到891μL/L，经技术人员判断认为主变压器有异常。色谱分析试验结果见表2-100。

表2-100　　　　　　故障后历次色谱分析数据（μL/L）

试验时间	H_2	CH_4	C_2H_6	C_2H_4	C_2H_2	总烃	CO	CO_2
1991年8月10日	6.0	4.0	0.0	8.2	0.0	12.2	143.0	2000.0
1992年4月3日	18.0	135.0	59.0	208.0	0.0	402.0	891.0	2078.0
1992年4月8日	17.0	165.0	59.0	229.0	0.0	453.0	1026.0	2413.0
1992年8月10日	16.0	265.0	65.0	345.0	0.0	675.0	982.0	3787.0
1992年11月19日	25.0	373.0	129.0	486.0	0.0	988.0	853.0	2996.0
1993年3月22日	19.0	386.0	214.0	579.0	0.0	1179.0	928.0	1884.0
1993年9月3日	19.0	431.0	214.0	772.0	0.0	1417.0	996.0	2087.0
1994年1月18日	19.0	458.0	190.0	774.0	0.0	1422.0	745.0	3919.0
1994年6月7日	19.1	455.5	201.0	8104.0	0.0	8760.5	614.0	2783.0
2001年3月15日	6.0	4.0	0.0	8.0	0.0	12.0	140.0	2008.0

三比值法编码为"022"，判断设备存在高温过热（大于700℃）故障。CO增长明显说明故障已涉及局部固体绝缘的严重老化。

3. 故障确认及处理

用红外线测温仪对变压器表温进行测量，表温测试情况见表2-101。从表2-101中的测温数据可以看出，110kV 侧 C 相套管接线端和升高座处温度尤为异常。由于对用测温技术来判断故障还没有经验，所以表 2-101 中数据仅供故障分析时参考。变压器发生故障时所带负荷为额定容量的 80%。

表 2-101　　　　　　　　　　表温测试情况（℃）

测试时间	高压套管			中压套管			低压套管			本体	环境温度
	A 相	B 相	C 相	A-m 相	B-m 相	C-m 相	A 相	B 相	C 相		
1993 年 3 月 22 日	43	42	43	43	42	53	43	43	43	40	15
1993 年 8 月 3 日	63	64	65	64	65	75	63	62	63	60	30

1994 年 6 月在进行变压器检修前的试验中发现 110kV 侧三相直流电阻不平衡，测试情况见表 2-102。从表 2-102 中看出，C 相直流电阻偏大，已超出 DL/T 596《电力设备预防性试验规程》规定的相电阻互差不应大于三相平均值的 2%。

表 2-102　　　　　　　　110kV 侧直流电阻测试情况

测试时间	AM-OM(mΩ)	BM-OM(mΩ)	CM-OM(mΩ)	相间互差（%）
1992 年 3 月	155.1	155.0	156.1	0.71
1993 年 9 月 10 日	155.0	155.6	156.3	0.83
1994 年 3 月 17 日	155.1	154.9	157.5	1.67
1994 年 6 月 4 日	155.2	155.1	158.3	2.05

1994 年 6 月大修吊罩时发现，110kV 侧 C 相套管导电杆严重烧损，套管穿缆引线与电容芯子铜管最下部接触处穿缆引线烧断 3 股（每股 27 根），故障部位有一层积炭。分析原因是环路或分流电路中电阻增大，导致电流减小，这也是 1993 年 3 月后故障不再发展，即总烃不再增长的原因。由于穿缆引线及导电杆严重烧损，无法修复，所以只好更换整个穿缆引线及导电杆。为了防止类似故障再次发生，把更换后新的穿缆引线长度增加了 0.5m，并用磷铜进行了焊接，而后用白布带包扎穿缆引线。故障处理后该变压器运行一直正常。

⚙ 过热故障案例 52

1. 设备情况简介

某 220kV 变压器型号为 SFPSZ9-180000/220，电压组合为（220±8×1.25%)/115/37kV，额定容量为 180/180/90MVA，冷却方式为 ODAF，绝缘油重 51t，于 1998 年 5 月生产，1999 年 9 月投运。

2. 故障分析

2007 年 7 月 30 日，在进行周期性绝缘油色谱分析时发现绝缘油色谱异常，其氢气、乙炔及总经均超过注意值，8月1日复试结果这三项也超过注意值，且呈现较快增长态势。该台变压器近期油中溶解气体的油色谱分析数据见表 2-103。

表 2-103　　　　变压器近期油中溶解气体的油色谱分析数据（μL/L）

日期	H_2	CH_4	C_2H_6	C_2H_4	C_2H_2	总烃	CO	CO_2
2006 年 3 月 6 日	5.2	9.5	1.15	2.5	0.0	12.0	905.4	3835.2
2006 年 8 月 18 日	5.4	8.9	0.0	2.4	1.23	11.4	503.8	2526.1
2007 年 1 月 24 日	10.4	13.8	3.2	8.5	0.0	25.5	624.6	2467.3
2007 年 4 月 9 日	16.7	24.3	4.5	45.7	0.0	74.4	270.3	1157.9
2007 年 7 月 30 日	248.0	508.8	133.9	725.5	5.9	1374.2	389.4	2324.2
2007 年 8 月 1 日	356.5	726.6	185.0	1018.3	7.6	1937.7	637.7	3492.7

三比值法编码为"022"，判断设备存在高温过热故障。

3. 故障确认及处理

该台变压器历年预试项目齐全、试验结论合格，调压次数 1000 余次，调压正常，变压器未出现过故障，2007 年以来所带线路也未出现过接地和相间短路情况，最大负荷达到 80% 以上，7 月 25 日以后，变压器负荷在 50% 左右，顶层油温在 50℃ 左右。变压器运行以来仅进行过常规的渗漏检修。

对变压器进行铁芯接地电流及红外热成像检测，发现外观检查及声音无异常，气体继电器内无气体，潜油泵运行正常，测量铁芯接地电流排除了铁芯多点接地故障；红外热成像监测油箱无明显过热点，可排除漏磁环流引起的油箱发热的故障，同时发现 35kV B 相套管温度高于其他两相。

8 月 4 日停电进行了电气试验查找故障点，首先进行低压绕组的直流电阻测量，结果 R_{ao}=0.15770Ω、R_{bo}=0.21400Ω、R_{co}=0.15270Ω，测量结果发现直流电阻不平衡率超标达到 35%，已严重超过 DL/T 596《电力设备预防性试验规程》规定的 2%，与历史数据比较发现 B 相直流电阻偏大；高压绕组各分接直流电阻、中压绕组直流电阻、铁芯绝缘均正常。B 相直流电阻偏大原因可能是绕组内部导线断股、引线与绕组接头焊接不良、套管导电板与绕组引线连接不良等，结合红外热成像 35kV B 相套管温度高于其他两相，初步认定导致 35kV B 相绕组直流电阻偏大的原因是套管导电板与绕组引线连接不良。

经过分析确认后，打开 35kV 套管手孔法兰进行检查，发现 B 相套管导电板与引线连接部分过热灼伤形成焦炭，下部紧固螺栓用手可轻松转动，引线与导电板之间有约 1mm 以上的间隙，如图 2-72 和图 2-73 所示，此处就是造成绕组直流电阻偏大和绝缘油总烃超标的故障点。

 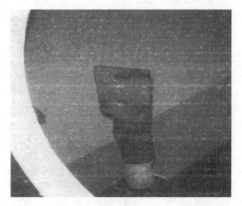

图 2-72　35kV B相导电板与引线连接螺栓松动　　图 2-73　B相引出线接线板过热灼伤形成焦炭

用清洁的毛巾围住接头，用锉刀及刀片清洁灼伤点，打磨平之后，更换连接螺栓及垫圈，重新紧固，测试 35kV 绕组直流电阻合格，封闭手孔回油，处理完毕。

过热故障案例 53

1. 设备情况简介

某热电厂一台主变压器（型号为 S9-20000/110）于 2003 年投运。

2. 故障分析

运行后不久，就出现轻气体保护动作，开始时轻瓦斯动作的次数较少，随着运行时间的增加，发生轻瓦斯动作次数逐渐增多。对于这一异常情况，运行人员仅采用对气体继电器进行放气的措施，未对气体继电器中气体做点燃试验或取气样、油样做油色谱分析，也未对变压器进行电气试验。2008 年 2 月，鉴于该变压器轻瓦斯动作频繁，取油样送电力部门做试验，结果发现油的闪点很低（闭口闪点为 127℃），而油闪点偏低往往与油中轻质馏分或可燃气体含量较高有关。于是运行人员又取油样和气体进行气相色谱分析，分析结果见表 2-104。

表 2-104　　　　　　　　主变压器油、气分析结果　（μL/L）

样品	H_2	CH_4	C_2H_6	C_2H_4	C_2H_2	总烃	CO	CO_2
本体油样	1400.0	7550.0	5120.0	19370.0	124.0	32164.0	340.0	9790.0
瓦斯气体	28800.0	44700.0	2900.0	25800.0	1500.0	74900.0	6200.0	85300.0
瓦斯气体折算到油中理论值	1728.0	17400.0	6670.0	37668.0	1530.0	63268.0	744.0	78476.0

从表 2-104 可知，该变压器油中 H_2、C_2H_2 和总烃含量均大幅超过注意值，特别是总烃含量达注意值的 213 倍，而且气体中 H_2 和烃类气体的浓度换算到油中的理论值大于油中实测值，表明变压器内部已存在较严重故障；故障气体主要由 C_2H_4 和 CH_4 组成，其次是 C_2H_6、H_2 和 C_2H_2，与高温过热故障特征相符。三比值法编码为 "022"，

判断设备存在高温过热（大于 700℃）故障。

3. 故障确认及处理

根据油色谱分析结果，随后由设备生产厂家对该变压器进行检查，通过直流电阻测量，发现其中一相分接头接触电阻很大。根据检查结果，认为故障是由该分接头接触不良导致过热引起，在长期的运行中，故障持续发展，造成分接头严重烧伤。

过热故障案例 54

1. 设备情况简介

某电厂 2 号主变压器 2009 年色谱分析时发现总烃超标，经过连续几次的跟踪分析，其油中总烃含量并未增长，初步分析内部有可能存在过热故障。

2. 故障分析

从表 2-105 中数据可知，油中主要故障气体组分为 CH_4 和 C_2H_4，次要气体组分为 H_2 和 C_2H_6，根据特征气体法判断该变压器内部存在着过热故障。

应用三比值法判断，由三对气体比值 C_2H_2/C_2H_4、CH_4/H_2、C_2H_4/C_2H_6 得到的编码组合为"022"，对应的故障类型为高于 700℃ 的高温过热故障，与特征气体法判断的结果一致。

由于油中 CO、CO_2 含量变化不大，由此估计故障可能未涉及固体绝缘。

表 2-105　　　　该电厂 2 号主变压器油色谱分析数据（μL/L）

分析日期	H_2	CH_4	C_2H_6	C_2H_4	C_2H_2	总烃	CO	CO_2
2009 年 4 月 18 日	5.31	4.42	4.31	12.07	0	20.8	93	2106
2010 年 4 月 2 日	16.82	35.44	21.74	112.56	0	169.74	88	1819
2010 年 4 月 6 日	18.47	36.16	22.91	114.24	0.88	174.19	84	1723
2010 年 4 月 13 日	20	40.28	24.42	123.52	0.9	189.12	90	1744
2010 年 4 月 19 日	16	33.92	21.35	114.95	0.75	170.97	65	1573
2010 年 4 月 26 日	14.5	30.1	20.91	108.84	0.68	160.56	66	1470
2010 年 5 月 3 日	14	29.12	20.36	106.34	0.64	156.46	73.71	1561

3. 故障确认及处理

2009 年 5 月 8 日停运，后经吊检发现为分接开关故障引起。

过热故障案例 55

1. 设备情况简介

某供电公司停电例行试验时发现 220kV 站用变压器的低压侧直流电阻三相严重不平衡，色谱分析发现总烃含量 3227μL/L，乙炔含量 4.2μL/L，存在严重绝缘缺陷，见

表 2-106。

表 2-106　　　　　某站用变压器油色谱试验数据（μL/L）

试验日期	H_2	CH_4	C_2H_6	C_2H_4	C_2H_2	总烃	CO	CO_2
2013 年 3 月 21 日	8.2	26	1003.2	2194.3	4.2	3227.7	28.2	1572

2. 故障分析

应用三比值法判断，由三对气体比值 C_2H_2/C_2H_4、CH_4/H_2、C_2H_4/C_2H_6 得到的编码组合为"021"，对应的故障类型为 300～700℃的中温过热故障。

3. 故障确认及处理

2013 年 3 月 30 日进行了更换处理并对缺陷设备进行了解体，如图 2-74 所示。解体后发现，低压侧 A 相套管存在严重高温过热现象，导电杆烧损与绕组引出线连接部位烧结，导致电阻增大，对损伤部位进行打磨，重新紧固处理后，设备试验正常。

图 2-74　故障现场

过热故障案例 56

1. 设备情况简介

北方某电厂 5 号机主变压器 C 相，投运日期为 2005 年 9 月。2015 年 6 月油色谱分析时出现微量乙炔。2015 年 8 月 7 号氢气、乙炔、总烃均超过注意值。具体数据见表 2-107。

表 2-107　　　北方某电厂 5 号机 C 相故障前后油色谱分析结果（μL/L）

分析日期	H_2	CH_4	C_2H_4	C_2H_6	C_2H_2	总烃	CO	CO_2
2015 年 6 月 25 日	46.4	36.5	35.1	8.4	0	80.2	203.0	1966.6
2015 年 7 月 9 日	39.9	36.6	38.3	9.6	0	84.8	168.4	1972.5
2015 年 8 月 7 日	221.7	313.7	372.7	71.1	0	760.4	167.9	1893.1
2015 年 8 月 20 日	343.2	486.6	531.2	103.7	0	1125.1	223.4	2263.0
2015 年 8 月 25 日	0	0.2	0.7	1.5	0	2.4	0	80.9
2015 年 9 月 15 日	2.9	3.9	2.8	0	0	6.7	4.6	213.5
2015 年 9 月 18 日	4.1	5.6	5.8	2.1	0	13.6	8.9	253.0
2015 年 9 月 25 日	4.3	7.8	8.4	3.2	0	19.3	13.0	318.9

2. 故障分析及处理

通过表中数据可以发现一个月内，油中 H_2 和总烃含量增长迅速，该主变压器的总烃值在 2015 年 7 月 9 日至 2015 年 8 月 20 日陡增，总烃的相对产气速率达 818%/月，远远大于总烃相对产气速率 10%/月的注意值。这些异常现象预示该变压器内部有可能已存在着某种故障。

可以看到，油中主要故障气体为 CH_4 和 C_2H_4，次要气体组分为 H_2 和 C_2H_6，根据特征气体发判断该设备内存在着过热故障。

三比值法编码为"022"，判定故障类型为高温过热故障（大于 700℃）。停机滤油并进行吊罩检查，发现高温点在变压器本体南侧从东至西第 9～11 个螺钉之间，滤油后油质合格如图 2-75 所示。2015 年 9 月 15 日为启机第一天数据。

图 2-75 北方某电厂 5 号机 C 相吊罩检查发现高温点

🔧 过热故障案例 57

1. 设备情况简介

某供电公司 1 号主变压器 2016 年 3 月进行正常色谱带电监测时，油色谱数据突发异常，见表 2-108。氢气、乙炔、总烃三项指标均超出规程规定的注意值。

2. 故障分析

三比值法编码为"002"，属于高于 700℃ 的高温过热性故障；同时根据特征气体分析，故障可能伴随着局部放电；CO、CO_2 未发生明显增长，判断该设备故障未涉及固体绝缘；对该主变压器开展了诊断性试验，未发现试验数据的异常现象，需要进行吊芯进一步检查。

表 2-108　　　　　　　　　　　　1 号主变压器 （μL/L）

试验日期	H_2	CH_4	C_2H_6	C_2H_4	C_2H_2	总烃	CO	CO_2
2016 年 3 月 15 日	268.6	222	68.5	335.2	14.3	640	103.1	379.9
2016 年 3 月 11 日	290.4	227.7	66.9	332.9	14.5	642	106.6	426.2

3. 故障确认及处理

3 月 27 日对变压器进行吊芯检查，首先对其铁芯进行分段绝缘电阻测试，试验结果符合 DL/T 596《电力设备预防性试验规程》要求，随后对夹件及绕组整体进行检查未发现异常情况，在对调压开关的极性开关检查时，发现正极性开关动、静触头的三相合不到位，不同期现象明显，并且 C 相动、静触头的放电烧蚀现象较为明显，AB 两相无放电烧蚀情况。放电部位如图 2-76～图 2-78 所示。

图 2-76　合不到位

图 2-77　C 相动、静触头放电烧蚀

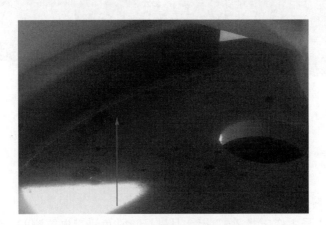

图 2-78　放电烧蚀熔流金属物质

手动将极性开关从正位置切换至负极性位置时，三相动、静触头动作正确可靠；随后又将极性开关从负位置转换至正极性位置时，三相动、静触头仍然合不到位，不同期现象同时存在。判断该变压器内部油色谱异常均由该极性开关合不到位产生拉弧放电引起。

⚙ 过热故障案例 58

1. 设备情况简介

某供电公司 500kV 2 号母线 52DK 电抗器的 C 相高压套管的测量引线带与测量引线板间其中的一个焊点焊接不良，导致甲烷、乙炔含量超过注意值。

2. 故障分析

2009 年 10 月 29 日油色谱检测时发现 500kV 2 号母线 52DK 电抗器的 C 相高压套

管的 H_2 含量为 375μL/L，CH_4 含量为 2164μL/L，C_2H_6 含量为 407μL/L，C_2H_2 含量为 3.8μL/L，甲烷、乙炔含量超过注意值，三比值法编码为"120"，经分析认为是电弧放电兼过热故障，并以过热故障为主；10kV 试验电压下电容量为 481.1pF，与铭牌值相

图 2-79 不良焊接点

比变化率为 -2.81%，介质损耗为 0.603%，已接近 DL/T 596《电力设备预防性试验规程》规定值（规定值为 0.8%）。

3. 故障确认及处理

经过解体检查，发现套管测量引线带与测量引线板间其中的一个焊点焊接不良（如图 2-79 所示），从而导致接触电阻增大，运行中引起过热放电。结合停电，及时安排备用套管进行了更换，更换下的套管运输到生产厂家进行了解体分析。

⚙ 过热故障案例 59

1. 设备情况简介

某供电公司 2211 电流互感器，厂家为湖南某电力电磁电器厂；型号为 LB-220W2 型；投运日期为 2008 年 12 月 14 日。

2. 故障分析

2014 年 6 月 20 日在例行试验工作中发现 2211 电流互感器 A 相的总烃、乙炔、氢气超过注意值，见表 2-109，根据数据分析该 TA 内部可能存在过热故障，之后对其进行跟踪检测。2015 年 4 月跟踪检测时发现氢气、乙炔、总烃等特征气体迅速增长，分析其内部可能存在电弧放电故障。5 月 18 日对其进行了更换及返厂处理。6 月 11 日，对该产品解体检查，解体后发现在产品头部，一侧有螺母松动，连接的螺母、平垫、软连接、螺杆有烧损变黑现象。分析认为，产品主绝缘良好，产生故障的主要原因为一次接线松动；刚开始造成超标可能是产品在周期性电流电压的作用下，受电动力影响，一次接线逐步松动，增大接触电阻，导致过热，烧损接触处，使接触面氧化，而氧化后接触电阻更大，发热更多；这种恶性循环作用，最终使接触处产生电弧放电，氢气、乙炔、总烃等含量严重超标。解体后放电图片如图 2-80 所示。

表 2-109　　　　　张北 2211 A 相电流互感器油色谱试验数据（μL/L）

试验日期	H_2	CH_4	C_2H_6	C_2H_4	C_2H_2	总烃	CO	CO_2
2014 年 6 月 20 日	153.7	108.8	46	238.7	2.9	396.4	174.7	365.6
2014 年 7 月 3 日	140.2	103	51.5	233.1	3	390.6	158.3	370
2014 年 7 月 24 日	152.7	108.6	45.5	228.7	2.5	385.3	165.1	338.3
2014 年 8 月 14 日	144.5	105.4	39.5	217.4	2.6	364.9	170.9	359.8

试验日期	H_2	CH_4	C_2H_6	C_2H_4	C_2H_2	总烃	CO	CO_2
2014 年 9 月 24 日	150.7	108.7	46.5	244.4	3	402.8	173.7	447.9
2014 年 10 月 24 日	161.5	113.9	51.8	278.4	3.9	448	175.8	473
2014 年 11 月 25 日	237.4	209.9	86.6	494.2	4.9	795.6	181.1	459.3
2014 年 12 月 17 日	262.9	234.7	97	550.9	4.8	887.4	187.3	461.7
2015 年 1 月 15 日	363.6	364.1	150	835.3	5.7	1355.1	185.6	473.2
2015 年 2 月 15 日	519.1	564	217.2	1268.9	10.7	2060.8	189.1	418.2
2015 年 3 月 19 日	526.3	577.2	200	1169.5	11.5	1958.2	187.4	577.2
2015 年 4 月 20 日	3313.5	3680.5	1010.1	8936.2	271	13897.8	200.9	494.6
2015 年 5 月 6 日	3115	3615.4	979.9	8621.5	238.7	13455.5	203.4	506.7
2015 年 6 月 11 日拆解变压器之前油色谱试验数据（厂家）	4191.8	4403.5	1986.9	6613.8	296.4	13300.6	194.4	358.5

图 2-80　放电点解体后

⚙ 过热故障案例 60

1. 设备情况简介

某变电站 1 号主变压器（型号 SFSZ8-31500/110）于 1999 年 2 月投产，运行后前几年，油中溶解气体含量一直都正常。2003 年 6 月 17 日，油色谱例行试验发现总烃值比前一年大幅度增长并超过注意值。这一情况引起运行部门高度重视，随后连续跟踪取油样试验，试验数据有逐渐增大趋势，其中部分测定值见表 2-110。

表 2-110　　　某变电站 1 号主变压器故障前后油色谱分析结果（μL/L）

分析日期	H_2	CH_4	C_2H_4	C_2H_6	C_2H_2	总烃	CO	CO_2
2002 年 8 月 15 日	32.5	19.4	3.28	16.6	0.10	39.4	1078	2426
2003 年 6 月 17 日	35.3	72.2	91.8	44.8	0	209	1057	2265
2003 年 6 月 28 日	43.8	76.9	105	44.8	0.08	227	1111	2253
2003 年 4 月 16 日	50.9	97.0	108	54.1	0	25	1227	3026
2003 年 8 月 6 日	51.6	99.1	122	61.0	0.07	283	1263	3478

2. 故障分析

运行变压器油中总烃含量注意值为 150μL/L；该主变压器总烃值由一年的 39.46μL/L 陡增至 200μL/L 以上，以 2003 年的 6 月 17 日至 7 月 16 日一个月的运行期计算，总烃的相对产气速率达 24%/月，超过了总烃相对产气速率高于 10%/月时应引起注意的规定。这些异常现象预示该变压器内部有可能已存在着某种故障。

从表 2-112 可知，油中主要故障气体组分为 CH_4 和 C_2H_4，次要气体组分为 H_2 和 C_2H_6，根据特征气体法判断该变压器内部存在着过热故障。

应用三比值法判断，取表中最后一次试验数据计算比值，由三对气体比值 C_2H_2/C_2H_4、CH_4/H_2、C_2H_4/C_2H_6 得到的编码组合为"021"，对应的故障类型为 $300 \sim 700℃$ 的中温过热故障，与特征气体法判断结果一致。

由于油中 CO、CO_2 含量变化不大，若以 2003 年 8 月 6 日的测定值减去 2003 年 6 月 17 日的测定值后，$CO_2/CO=6$，由此估计故障可能涉及固体绝缘。

3. 故障确认及处理

为了及时消除运行中的事故隐患，决定对该变压器进行停电检查。当检查到铁芯时，断开铁芯外引接地线后，用绝缘电阻表测铁芯的绝缘电阻，发现铁芯绝缘电阻为零；换成万用表测量，其电阻值为 300Ω，从而认定变压器内部的故障应为铁芯多点接地。

结合该变压器的实际情况经过分析，认为可能是由于某种金属异物在铁芯与地之间构成短接，从而引起铁芯出现另外的接地点；随即采取电容冲击法进行处理，用直流先对 0.5μF 电容器充电，然后再用该电容器对铁芯放电，利用高压电荷来冲掉构成铁芯接地点的金属异物；经过多次放电冲击后，再次测量铁芯的绝缘电阻值，发现已上升到 450MΩ，试验表明该接地点已经消除。

为消除油中的故障气体，后来对油进行过真空过滤的脱气处理。在之后的运行中，对该主变压器又进行了多次油色谱跟踪试验，结果显示有种气体含量稳定在较低值。这表明铁芯多点接地故障已经排除。

🔧 过热故障案例 61

1. 设备情况简介

某铝业公司 3 号整流变压器（型号 ZHFPT-43800/110）投产已 3 年，此前该变压器高压套管一直未做过油色谱分析。2005 年年底委托电力部门进行该项试验，结果发现 C 相 110kV 套管（型号 BRDW-110/630-2）油中溶解气体含量异常，随后又进行了两次追踪试验，结果表明大多数特征气体含量再继续增长。油分析结果见表 2-111。

表 2-111　　某铝业公司 3 号整流变压器故障前后油色谱分析结果（μL/L）

分析日期	H_2	CH_4	C_2H_4	C_2H_6	C_2H_2	总烃	CO	CO_2
2005 年 12 月 31 日	80.5	109	157	24.6	0	291	826	1732
2006 年 1 月 24 日	139	137	177	28.4	0	343	802	1700
2006 年 2 月 7 日	150	147	200	32.9	0	381	912	1889

2. 故障分析

110kV 套管运行油中气体含量的注意值为：$CH_4 = 100\mu L/L$、$H_2 = 500\mu L/L$、$C_2H_2 = 2\mu L/L$。对照这三项指标，该套管 CH_4 含量超标。鉴于总烃量较高，经计算发现在 2005 年 12 月 31 日至 2006 年 2 月 7 日期间，总烃相对产气速率达 25.2%/月，超过了 10%/月的注意值。因此判断该套管内部存在故障。

根据特征气体法，该套管油中总烃主要由 CH_4 和 C_2H_4 组成，与过热故障特征相符，初步判断套管内部存在过热，此外，C_2H_4 含量大于 CH_4，且 H_2 含量增长较快，表明故障温度可能较高。以表 2-111 中最后一次测定值作为三比值法的计算对象，得到编码"002"，对应的故障类型属于高于 700℃ 的高温过热故障。

3. 故障确认及处理

为防止故障扩大，随后对 3 号整流变压器做停役检查，拆下套管导电头后，发现导电头与引线头接头松动、导电头螺纹有烧黑痕迹。究其原因，发现是由于导电头与引线接头的并紧螺母被装反，导致导电头与引线机头不能完全紧固而引起过热。

⚙ 过热故障案例 62

1. 设备情况简介

某 330kV 主变压器（型号 OSFPSZ7-240000/330）于 1990 年 1 月投运，运行后油中溶解气体含量正常，烃总量增长缓慢。但在 1998 年 9 月以后，油中总烃增长加快；以后加强了油色谱跟踪分析，其中部分测定数据见表 2-112 和表 2-113。

表 2-112　　　　某 330kV 主变压器投运后油中总烃含量的变化　（μL/L）

试验时间	总烃含量
1990 年 11 月	1.8
1991 年 11 月	9.7
1992 年 9 月	21.6
1993 年 8 月	50.5
1994 年 9 月	50.6
1995 年 9 月	41.4
1996 年 9 月	73.9
1997 年 9 月	50.8
1998 年 9 月	98.5
1998 年 12 月	230.0
2000 年 6 月	533.0
2001 年 6 月	759.0

表 2-113　　　　　　**某 330kV 主变压器油色谱分析结果（μL/L）**

分析日期	H_2	CH_4	C_2H_4	C_2H_6	C_2H_2	总烃	CO	CO_2
2002 年 3 月 25 日	136	594	334	78.9	0.3	1007	767	1421
2002 年 4 月 11 日	168	859	387	69.6	0.3	1316	696	1957
2002 年 5 月 1 日	183	1032	558	115	0.3	1705	667	2033
2002 年 5 月 12 日	244	1145	723	171	0.6	2040	751	1354

2. 故障分析

从表 2-112 中可知，1998 年 12 月该主变压器总烃值已超过 150μL/L 的注意值，总烃增长率明显加快。特别是在表 2-113 中，2002 年 3 月 25 日到 5 月 12 日期间，总烃相对产气速率达 65.3%/月，是注意值的 6 倍多，据此可判定该设备存在故障。故障气体主要由 CH_4 和 C_2H_4 组成，符合过热故障的特征；总烃含量非常高，氢含量也增长较快，这是高温过热的特征，但 CH_4 的含量却又高于 C_2H_4，这一点与高温过热故障不相符。根据三比值法计算后得到的编码组合为"022"，对应的故障类型是高温过热故障；CO、CO_2 含量变化规律不明显，特别是 CO_2 测定值分散性很大，因此对故障是否涉及固体绝缘较难判断。

3. 故障确认及处理

2002 年 9 月，这台变压器返厂后解体检查，结果在铁芯柱拉板上发现多处过热烧伤点：①严重烧伤点两处：A 相低压侧拉板中部拉板槽处有一 40mm×60mm 烧黑的过热点，对应部位绝缘烧穿；C 相低压侧拉板中部的拉板槽处有一 30mm×40mm² 烧黑的过热点，对应部位绝缘烧伤，但未烧穿。②轻微烧伤点三处：C 相高压侧拉板中部拉板槽工艺垫处有 2 个过热点，对应部位的拉板绝缘轻度烧伤；B 相高压侧拉板中部拉板槽工艺垫块处有 1 个烧伤点。此外，在芯柱下部还有几处过热后留下的痕迹（油气变色或拉带变形）。

第三章

低能放电故障（火花放电故障）

低能放电故障案例 1

1. 设备情况简介

某公司高压厂用变压器（20kV）1988 年出厂，1991 年投入运行。制造厂为法国阿尔斯通 ALSTOM 公司，型号为 TTH，设备采用的绝缘油牌号为 Shell Diala F，总油量约 16t。在 2008 年 5 月 26 日的迎峰度夏油色谱普查中，发现该变压器油中的乙炔含量高达 25.46μL/L，超过了 DL/T 722《变压器油中溶解气体分析和判断导则》规定的注意值（5μL/L）。2008 年 5 月 27～29 日连续进行了油色谱跟踪监测，发现油中乙炔含量呈逐渐上升趋势。

2. 故障分析

该变压器油色谱异常前后的部分检测数据见表 3-1，与高压厂用变压器本体油的正常色谱检测结果比较，不仅乙炔高达 25.46μL/L，且油中 H_2、CH_4、C_2H_4 以及总烃含量均有较大幅度的增加。随后进行了多次的跟踪监测，发现油中的乙炔含量呈上升趋势，连续几次监测油中总烃含量虽未超过 150μL/L 的注意值，但较正常状态下的总烃值也有了近一倍的增长，表明设备内部已存在故障。

表 3-1　　　　　　高压厂用变压器本体油部分油色谱分析数据（μL/L）

时间	H_2	CH_4	C_2H_6	C_2H_4	C_2H_2	总烃	CO	CO_2
2008 年 5 月 26 日	79.1	35.6	24.9	13.9	25.5	99.9	161.8	1653.0
2008 年 5 月 27 日	85.3	37.3	25.9	14.6	26.8	104.6	168.0	1741.2
2008 年 5 月 28 日	85.1	37.4	26.0	14.4	26.7	104.4	163.3	1598.1
2008 年 5 月 29 日	85.6	38.0	26.5	15.0	28.2	107.7	170.2	1792.1

根据三比值法，对 5 月 26～29 日的油色谱分析数据进行计算。其故障编码组合见表 3-2。

表 3-2 高压厂用变压器油色谱三比值法数据

取样时间	C_2H_2/C_2H_4	CH_4/H_2	C_2H_4/C_2H_6	故障编号	故障类型判断
26 日	1.84	0.45	0.56	100	
27 日	1.83	0.44	0.56	100	
28 日 8:30	1.86	0.45	0.57	100	低能放电（火花放电）
28 日 13:18	1.86	0.44	0.55	100	
29 日 9:15	1.84	0.47	0.56	100	
29 日 14:00	1.88	0.44	0.56	100	

同时，从高压厂用变压器本体油部分油色谱分析数据看出，当高压厂用变压器本体油色谱出现异常时，油中一氧化碳、二氧化碳含量基本无变化，由此也可判断涉及固体绝缘材料的放电可能性不大，应属油中裸金属低能量放电。2008 年 5 月 26～29 日产气速率结果见表 3-3。总烃、乙炔、氢气的绝对产气速率分别超过了 DL/T 722《变压器油中溶解气体分析和判断导则》中（见表 3-4）的规定，说明高压厂用变压器内部确实已存在故障，而总烃、乙炔、氢气的相对产气速率又都大大超过了 DL/T 722《变压器油中溶解气体分析和判断导则》中（导则中提出的产气速率注意值）的规定，呈上升态势，更说明了故障发展趋势的严重性。

表 3-3 油中气体产气速率计算结果

产气速率	总烃	C_2H_2	H_2
绝对产气速率(mL/d)	67.9	18.6	33.2
相对产气速率(%/月)	108	117	67

表 3-4 导则中提出的产气速率注意值

产气速率	注意值		
相对产气速率(%/月)	>10		
	气体组分	隔膜式	开放式
绝对产气速率(mL/d)	总烃	12.0	6.0
	乙炔	0.2	0.1
	氢气	10.0	5.0

3. 故障确认及处理

为初步判断故障的确切部位及真实故障程度，停运设备后对高压厂用变压器进行了绝缘、直流电阻、直流耐压、介质损耗等常规试验，未发现异常，表明内部故障点不在电气回路和主绝缘部分，需送变压器厂做进一步的解体检查、大修。

2008 年 9 月在变压器厂对高压厂用变压器进行吊罩检查。发现其 3.15kV 侧 C 相的引线弯曲，对箱壁存在明显的放电点，如图 3-1 和图 3-2 所示；进一步检查后，结合高压厂用变压器故障前运行期间的负荷状况，确认发生放电故障的原因是 1 台前置泵曾发生短路，当时速断保护 C 相动作；由于瞬间电流变化，产生了强大的电动力，导致高压厂用变压器的 C 相引线弯曲，对箱壁放电；全面检修后，此变压器已修复正常留作备用。

图 3-1　高压厂用变压器 3.15kV 侧　　　　图 3-2　高压厂用变压器箱壁放电点
C 相引线铜排螺母放电点

低能放电故障案例 2

1. 设备情况简介

某变电站 3 号主变压器容量为 750MVA（3×250MVA），该主变压器于 1998 年 6 月 2 日投运。1998 年 7 月 9 日在油色谱分析中发现 B 相含有 0.3μL/L 的 C_2H_2，7 月 11 日 C_2H_2 上升至 0.7μL/L，随后进行了一系列的试验，包括常规电气试验、局部放电测量、局部放电定位等，并检查了有载分接开关和变压器内部，均未发现明显异常。1998 年 10 月对变压器油进行了脱气处理之后，该主变压器继续投运。1999 年 4 月初，发现该主变压器 B 相的 C_2H_2 含量为 0.3μL/L，油中 C_2H_2 含量缓慢增长。到 2000 年 1 月，油中 C_2H_2 为 0.8μL/L，在 2000 年全年中，该主变压器油中 C_2H_2 基本无变化，厂家认为，C_2H_2 含量增加是由于磁屏蔽的环流引起的，属于低能量放电，不会影响变压器的安全运行。2001 年 5 月 16 日，在油色谱分析中发现该主变压器 B 相的 C_2H_2 增加至 2.6μL/L，其他气体无异常变化。

2. 故障分析

主变压器油色谱数据见表 3-5。

表 3-5　　　　　　　　　3 号主变压器 B 相油色谱跟踪数据（μL/L）

时间	H_2	CH_4	C_2H_6	C_2H_4	C_2H_2	总烃	CO	CO_2
1998 年 6 月 3 日	11.0	1.6	0.1	0.1	0.0	1.8	13.5	124.0
1998 年 7 月 8 日	280.1	4.2	2.6	1.0	0.0	7.8	—	219.0
1998 年 7 月 9 日	37.0	6.8	5.7	0.6	0.3	13.4	36.5	446.0
1998 年 7 月 23 日	21.9	9.4	9.9	1.3	1.2	21.8	40.8	462.0
1998 年 8 月 10 日	22.2	11.1	10.9	1.5	1.4	24.9	44.0	514.0
1998 年 10 月 2 日	26.8	12.1	9.6	1.4	1.3	24.4	62.9	439.0
1998 年 10 月 26 日	0.0	0.4	0.0	0.0	1.3	1.7	1.1	90.0

续表

时间	H_2	CH_4	C_2H_6	C_2H_4	C_2H_2	总烃	CO	CO_2
1998 年 11 月 2 日	0.0	0.6	0.1	0.1	1.3	2.1	3.2	111.0
1999 年 9 月 9 日	8.0	5.5	1.9	0.8	0.6	8.8	64.0	504.5
1999 年 11 月 16 日	7.5	6.1	1.6	0.8	0.8	9.3	75.4	516.5
2000 年 4 月 11 日	6.4	7.7	1.9	0.9	0.8	11.3	89.2	521.0
2000 年 5 月 15 日	7.0	8.6	2.9	0.9	0.9	13.3	104	730.5
2000 年 8 月 7 日	6.3	7.5	1.8	0.8	0.6	10.7	114.8	720.8
2001 年 1 月 15 日	11.1	7.4	2.5	0.9	0.7	11.5	124	665.0
2001 年 2 月 26 日	6.4	8.7	2.8	1.0	0.7	13.2	147	578.4
2001 年 5 月 16 日	12.6	10.2	2.9	1.9	0.7	15.7	164.5	532.7
2001 年 5 月 21 日	11.6	11.9	3.3	2.4	3.2	20.8	137.9	812.7
2001 年 5 月 22 日	11.7	10.3	3.1	2.1	2.9	18.4	150.3	703.4
2001 年 5 月 31 日	12.5	10.3	2.8	1.9	2.7	17.7	141.5	616.8
2001 年 6 月 15 日	11.8	10.4	3.4	2.2	2.8	18.8	140.5	708.7
2001 年 10 月 8 日	11.1	11.7	3.3	2.3	2.6	19.9	147.4	843.6
2001 年 11 月 7 日	8.4	10.3	3.4	2.2	2.4	18.3	165.3	816.6
2001 年 12 月 8 日	9.9	12.0	3.0	2.1	2.4	19.5	178.5	816.3
2001 年 12 月 30 日	8.9	10.8	3.4	2.3	2.4	18.9	171.5	871.1
2002 年 4 月 1 日	9.0	11.5	3.6	2.2	2.0	19.3	178.0	773.0
2002 年 5 月 1 日	10.0	11.8	3.6	2.2	1.9	19.5	198.0	914.0

局部放电测量结果、超声测量结果和试验前后色谱数据结果均无异常，判定此主变压器 B 相在试验期间内部没有发生异常放电，说明变压器内部绕组和主绝缘没有异常放电；检查有载分接开关，在过整定位置时到了放电声，但变压器 B 相油色谱没变化，而 A 相油中 C_2H_2 从无到有，认为可能是有载开关在过整定位置时放电造成油中产生 C_2H_2；但从运行记录上看，有载分接开关很少在过整定位置操作，而且在不过整定位置操作时，油中 C_2H_2 还在增加，因此可以认为有载开关不是造成变压器油中 C_2H_2 的主要原因。经过以上分析和检查结果，认为 B 相变压器油中 C_2H_2 含量增加很可能是由磁屏蔽放电造成的。

3. 故障确认及处理

返厂解体检查将油箱切割开后，对变压器的内部进行了外观检查，未发现明显异常，并对所怀疑的油箱磁屏蔽逐一拆开检查，发现了磁屏蔽表面有放电痕迹，在磁屏蔽与油箱的接触面上和磁屏蔽表面有明显放电痕迹，如图 3-3～图 3-5 所示。

图 3-3 磁屏蔽与油箱接触表面的放电情况之一

检查中还发现，此台主变压器油箱磁屏蔽在靠近油箱表面没有绝缘，因此在变压器运行中油箱的振动以及油箱的局部变形就会造成磁屏蔽与油箱表面接触不良，而发生间歇性的放电，引起油中产生 C_2H_2。

为了防止类似故障的发生，建议在变压器油箱与磁屏蔽接触面之间添加绝缘。

 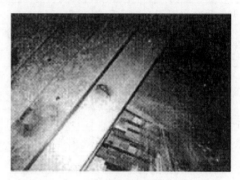

图 3-4　磁屏蔽与油箱接触表面的放电情况之二　　　图 3-5　磁屏蔽表面的放电情况

⚙ 低能放电故障案例 3

1. 设备情况简介

某变电站 220kV 主变压器油色谱周期性预防性试验报告发现 C_2H_2 含量有较大变化，数据见表 3-6。

表 3-6　　　　　　　　　某变电站 220kV 主变压器油色谱数据（μL/L）

时间	H_2	CH_4	C_2H_6	C_2H_4	C_2H_2	总烃	CO	CO_2
2006 年 12 月 7 日	61.9	7.2	1.9	11.0	5.1	25.3	570.5	3385.5
2007 年 4 月 21 日	127.2	12.4	2.9	19.0	8.2	42.6	1018.8	5618.7
2007 年 10 月 5 日	67.5	8.3	2.2	11.1	24.8	46.4	806.4	4751.7
2007 年 9 月 10 日	65.7	7.8	2.0	10.3	27.3	47.4	773.4	4701.7

2. 故障分析

由表 3-6 数据并利用特征气体分析：C_2H_2、H_2 含量增长较快，可能有放电性故障。

三比值法编码为"102"。依据 DL/T 722《变压器油中溶解气体分析和判断导则》判断为电弧放电。

经现场分析认为，此故障主要由分接抽头引线和油隙闪络及有载调压油箱和主变压器油箱相通等因素引起。

3. 故障确认及处理

2007 年 9 月 11 日进行了铁芯接地电流的测试，测得电流不到 2mA，证明铁芯绝缘良好，排除了多点接地的情况。2007 年 9 月 12 日进行停电检查，进行了全部预试项目试验，试验结果均合格。

为检查是否存在有载开关箱内油污染主变压器油箱的油的情况，2007 年 9 月 13 日放出了部分有载开关油箱内的油，并将有载开关储油柜的油位降至主变压器本体储油柜油位以下，同时对有载开关储油柜的油位进行了标注。2007 年 9 月 14 日早上观察发现有载开关储油柜油位上升约 8cm，分析认为主变压器本体向有载开关内渗油。

为查找渗漏点，放掉有载开关内的油，将有载分接开关吊出进行检查，发现有载开关的绝缘桶与主变压器本体连接的上法兰有一处明显渗漏点，经紧固螺钉后，也未见效果，怀疑法兰下密封垫破损；待主变压器本体油位放至绝缘桶下部后，拆下上法兰发现密封垫完好，但上法兰下部有一处约 7cm 的裂纹，如图 3-6 所示。

图 3-6　法兰上的裂纹

综合以上分析认为，由于有载开关操作产生的气体和低能量放电情况相符，当有载开关油箱和主变压器油箱密封不好时，会使有载开关油箱内的油污染主油箱的油，导致变压器本体油色谱试验异常，因此当变压器本体、有载开关注油后，应标记储油柜油位，静放后注意观察油位变化。

🔄 低能放电故障案例 4

1. 设备情况简介

2009 年 9 月 26 日，某 220kV 母线 B 相 CVT（型号 TYD220/$\sqrt{3}$-01H）投运 3 个月，电压回路出现"断线""二次回路电压异常"等报警信号，同时听到电压互感器内部时断时续、时大时小的异常放电声；取样进行油色谱试验分析，油中 C_2H_2 含量达 $5.9 \times 10^2 \mu L/L$（具体数据见表 3-7）。

表 3-7　　　　　　　　220kV 母线 B 相 CVT 油色谱分析数据（μL/L）

时间	H_2	CH_4	C_2H_6	C_2H_4	C_2H_2	总烃	CO	CO_2
2009 年 6 月 12 日	23.0	0.8	0.0	0.7	0.0	1.5	11.0	390.0
2009 年 9 月 26 日	260.0	54.0	13.0	190.0	590.0	847.0	55.0	1300.0

2. 故障分析

三比值法编码为"202"，故障类型为低能放电故障。

3. 故障确认及处理

检测电磁单元二次侧出线端，对地绝缘、绕组间绝缘均大于 2500MΩ；用双臂电桥检测 CVT 二次侧输出绕组的直流电阻，阻值与出厂数据偏差在正常范围，但 CVT 的变比增大 50%，且无法通过自激发测量介质损耗和电容量，初步怀疑中间变压器内部一次侧部分存在放电性故障；返厂解体检查，发现电抗器与接地端相接的连线断裂；拆除连接导线后，发现导线截面断裂处有明显的烧熔痕迹和放电痕迹；检查导线的压紧垫片，发现垫片加工面有明显的锯状加工痕迹。分析认为，该 CVT 连接导线断裂虚接系生产时绷得较紧，且垫片加工面的锯状尖角损伤到连接导线所致。

⚙ 低能放电故障案例 5

1. 设备情况简介

某变压器 112 B 相 TA1993 年 9 月 21 日投运，其型号为 LCWB6-110WB，电流比为 600/5A。

2000 年 3 月在对该变压器 112 TA 预防性试验时，油色谱试验中发现三相 TA 的 H_2、C_2H_2、总烃均超注意值，尤其是 B 相极为严重，试验结果见表 3-8。

表 3-8 112 TA 试验结果 （μL/L）

组分	A 相	B 相	C 相
H_2	182.0	6036.0	173.0
C_2H_2	5.7	3285.0	8.6
总烃	165.0	4865.0	189.0

2. 故障分析

因 B 相各气体组分含量严重超过注意值，所以无法再对其进行跟踪，随即将设备退出运行；经三比值法计算和分析，判断为低能放电兼过热故障，怀疑是引线对电位未固定的部件之间连续火花放电、不同电位之间的油中火花放电或悬浮电位之间的火花放电故障；随即取样进行对比试验，试验结果与试验的数据吻合，并于当天对 3 台 TA 进行了更换。

3. 故障确认及处理

对 B 相 TA 进行解体检查前先进行了绝缘及油化常规试验，H_2、C_2H_2、总烃含量严重超标，局部放电超标，而绝缘电阻、介质损耗、电容量等指标均正常，可以排除试品在运行过程中进水受潮引起缺陷的可能性。

该 TA 为电容式结构，其一次侧绕组呈 "U" 形，外包绕铝箔作为极板，油浸纸作为极间介质组成串联同心圆柱体电容器，形成电容屏式油纸绝缘结构。在串联电容的作用下，使一次侧绕组径向及轴向的电场分布均匀，最里边的屏（紧挨一次绕组且与其等电位连接的屏）称为零屏，包扎长度最长；最外层的屏（末屏）包扎长度最短，其通过小套管与地相连。2000 年 5 月对 B 相 TA 进行解体吊芯检查，在吊芯过程中发现，一次侧接线端子由于长时间运行发热，表面已严重氧化发黑；C 端子夹板部位有 1.5cm×1.5cm 的放电烧伤痕迹，造成此痕迹的原因不明；高压侧绕组（即一次导电棒）与零屏的等电位连接线严重过热，表面炭化变黑。二次绕组、末屏引线及主绝缘检查未见异常。

经过分析，认为造成该 TA 的 C_2H_2、H_2、总烃含量超注意值的原因如下：

（1）该零屏引线表面没有经过处理，零屏引线表面存在氧化膜，造成连接时接触不良，以致长期热效应造成引线过热，引起油劣化产生 H_2、C_2H_2、总烃。

（2）设备上部使用的绝缘介质较多，而且比较集中，设备下部的绝缘介质相对薄弱一些，这样造成电场分布极不均匀，长期局部放电及过热造成油劣化，产生 H_2、C_2H_2、总烃。

（3）在对一次侧绕组的绝缘包扎物（电容屏）进行破坏性解剖检查后，发现零屏端部绝缘包扎长度过短，属设计缺陷；零屏引线在绝缘包扎内部并没有过热现象，只是在裸露部分发生过热炭化，其他部分完好。从设备绝缘包扎看，零屏端部屏蔽不够，造成局部放电起始电压较低；如果系统出现过电压，局部放电将会更加严重，造成局部绝缘油劣化，从而出现 H_2、C_2H_2、总烃值偏高，这是缺陷产生的主要原因。

🔅 低能放电故障案例 6

1. 设备情况简介

某变电站 213 C 相 TA 于 2003 年 10 月 28 日投运，型号为 LB9-220W3，额定电流比为 600/5A，油重 335kg。

该 TA 投运时，绝缘试验、油化验分析均正常。2004 年 3 月 31 日，在对该站 3 号主变压器预防性试验期间，发现 213TA 的 C_2H_2 明显超注意值（$1\mu L/L$），随即进行了跟踪试验，试验数据见表 3-9。

表 3-9   213 C 相 TA 跟踪结果（$\mu L/L$）

时间	H_2	CH_4	C_2H_6	C_2H_4	C_2H_2	总烃	CO	CO_2
2004 年 3 月 31 日	85.4	5.1	6.8	4.8	29.6	46.3	19.0	190.7
2004 年 4 月 1 日	87.1	5.4	5.5	4.9	30.8	46.6	19.4	197.5
2004 年 4 月 6 日	87.5	5.6	7.3	8.2	33.3	54.4	20.9	246.6

2. 故障分析

由于 C_2H_2 含量超过注意值且较大，产气率亦超过注意值，判断设备内部可能存在放电故障。经计算，三比值法编码为"211"，属低能放电故障，可能为油隙闪络、尖端放电、悬浮电位之间的火花放电等。

3. 故障确认及处理

2004 年 4 月 21 日对 213TA C 相进行解体检查。将膨胀器打开，P1、P2、C1、C2各螺栓连接处紧固良好，没有放电痕迹；在对一次绕组解体的过程中，首先查看了末屏，未发现异常；在查看零屏时，夹件将零屏部分夹住，零屏与铝箔纸没有紧紧敷在一起，而是有一定缝隙；发现零屏引出线与铜带焊接处的焊点有焊瘤，在零屏背面焊瘤相对应处有黑色痕迹，如图 3-7 所示。

经过分析，认为造成该 TA 的超标的原因如下：

图 3-7　零屏引出线与铜带焊接处的焊瘤

（1）零屏引出线与铜带焊接处焊点处理不彻底（有焊瘤），致使局部场强集中，在强电场的作用下，物体表面曲率大的地方（如尖角、毛刺、细小物的顶端等）电位面密，电场强度剧增，首先发生放电，使其附近的绝缘油被电离分解，这是 C_2H_2 产生的主要原因。

（2）零屏与铝箔纸有一定缝隙，有产生悬浮电位的可能性。悬浮电位的产生，会使绝缘油分解，产生 C_2H_2。

低能放电故障案例 7

1. 设备情况简介

某 66kV 变电站 2 号变压器型号为 SZ9-31500/66，2006 年 4 月投入运行。

2. 故障分析

2010 年 6 月，发现 2 号变压器油色谱数据异常，存在较明显乙炔组分，氢气含量非常低，其他组分无明显异常，初步判断为设备内部存在火花放电缺陷，鉴于复测后乙炔组分无明显异常增长，采取缩短油色谱检测周期的方法监视设备运行，坚持监测周期不超过 1 个月，保证该设备异常状态可控、在控。

2012 年 10 月 10 日，2 号变压器油色谱检测，发现乙炔组分再次增加，达到 11.96μL/L（DL/T 722《变压器油中溶解气体分析和判断导则》要求不大于 5μL/L）；每月相对产气速率达到 204%，说明设备内部缺陷快速向严重故障发展。历次主要油色谱数据见表 3-10。

表 3-10　故障设备历次主要油色谱数据（μL/L）

时间	H_2	CH_4	C_2H_6	C_2H_4	C_2H_2	总烃	CO	CO_2
2006 年 4 月 16 日	4.0	0.4	0.0	0.0	0.0	0.4	22.0	402.0
2010 年 6 月 11 日	0.0	2.4	1.2	3.2	2.2	9.0	165.0	3168.0
2011 年 6 月 16 日	0.0	1.1	1.3	3.0	2.0	7.4	46.0	2455.0
2012 年 3 月 16 日	4.0	0.8	1.6	3.7	4.7	10.8	137.0	2758.0
2012 年 9 月 11 日	0.0	0.6	3.7	1.3	3.9	9.5	142.0	2352.0
2012 年 10 月 10 日	4.0	1.9	5.5	1.3	12.0	20.7	163.0	2559.0
2012 年 10 月 11 日	13.0	2.3	5.8	1.1	12.0	21.2	131.0	2494.0

三比值法编码为"200"，判断设备存在低能放电故障。

分析表中油色谱数据，认为 2 号变压器自 2010 年 6 月以来，一直存在火花放电缺陷，油中溶解气体乙炔为总烃的主要成分，氢气含量较低，与乙炔含量处于同一数量级，并且火花放电故障部位未发生在主要的导电回路内。同时，2号变压器内部的火花放电缺陷发展大致经历了2个主要阶段，2012年9月11日以前，为火花放电发展平稳期，设备内部缺陷持续存在，但未突变发展或消除，设备状态可控，缩短油色谱监测周期即可；2012年9月11日以后，火花放电完成量变到质变的积累，火花放电缺陷表现出突变发展，进入火花放电恶化期，如不及时发现并采取措施，火花放电将逐渐发展为高能量电弧放电，直接危及设备安全，严重时设备发生烧毁。

2012年10月15日，对2号变压器进行了局部放电及感应耐压试验，发现一次绕组V相局部放电量达到5000pC，设备内部存在严重的局部放电缺陷。局部放电试验数据见表3-11，其中U、V、W相放电起始电压30kV；放电熄灭电压23kV。

表 3-11   局部放电试验数据

相对地电压 (kV)	时间 (min)	局部放电量（pC）		
		U	V	W
30	5.0	200	300	210
63	5.0	860	5000	1700
71	0.8	1000	6000	1900
63	5.0	860	5000	1700
63	10	860	5000	1700
63	15.0	860	5000	1700
63	20	860	5000	1700
63	25.0	860	5000	1700
63	30	860	5000	1700
30	5.0	210	300	200

通过局部放电试验，发现虽然最大局部放电量在5000pC，但是变压器尚能承受住 $1.7U_{\mathrm{m}}/\sqrt{3}$ kV 相对地电压（即71kV）的试验电压，说明放电缺陷部位不在导电回路内，设备主绝缘、纵绝缘尚能经受住考核。

3. 故障确认及处理

2012年10月下旬，2号变压器运输到变压器厂的装配厂房内进行设备解体。

（1）对2号变压器进行吊心检查。检查过程中发现U、V相之间铁芯一处拉带断裂，器身每相的上部绝缘端圈的垫块都有部分脱落，尤其V相绕组变形最为严重，铁芯绑扎带开裂、压钉外移，与局部放电检测V相局部放电量最大相吻合。上述情况主要是因为设备内部绕组、铁芯在电动力的作用下产生的。

（2）对变压器进行了彻底拆解，将高、低、调压绕组及其绝缘全部从铁芯上拔出，进行多项重点检查，发现设备存在诸多严重问题：

1）低压绕组U、V相上端2～3匝线发生向上的轴向位移10～100mm，无法恢复。

2）U、V、W 3个二次低压侧绕组撑条发生严重倾斜。

3）U、V、W 3个一次高压侧绕组撑条严重倾斜，个别线段已出现轴向失稳，无法恢复。

4）所有绕组使用的内径绝缘筒材质为胶质材料，在过电压冲击下极易发生放电，且高、低压绝缘筒有不同程度的开裂。

5）铁芯外径侧围有聚酯薄膜，易产生爬电（在绝缘材料的性能降低时受天气等外界因素如空气湿度大，接连阴天梅雨季节，潮湿环境等使得带电金属部位与绝缘材料产生像水纹样电弧沿着外皮爬的现象）。

6）三相铁芯柱外表面有大面积锈蚀。

7）高低压撑条脱离绕组垫块及线段。

8）绝缘端圈、角环多处断裂。

9）铁芯片尖多处发生弯折，易发生片间短路。

对设备解体检查，虽然没有找到明显火花放电部位及放电痕迹，但却发现了变压器绕组、铁芯等主要部件已经存在严重缺陷，尤其 V 相绕组，这些缺陷已无法修复，强行修复后已无法保障变压器承受短路和过电压的能力，只能更换主要部件。

⚙ 低能放电故障案例 8

1. 设备情况简介

某电厂二期工程为 2 台 660MW 机组，分别于 2009 年 9 月和 2009 年 12 月投产，启动备用变压器型号为 SFFZ-63000/220，调压方式为有载调压，出厂日期为 2008 年 2 月，其中有载开关型号为 MⅢ-350Y-72.5/C-10193WR，出厂日期为 2007 年。

2. 故障分析

2017 年 11 月 22 日，取油样发现 2 号启动备用变压器本体油色谱试验数据异常。2 号启动备用变压器油化试验数据，见表 3-12。

表 3-12　　　　2 号启动备用变压器油化试验数据（μL/L）

试验日期	H_2	CH_4	C_2H_4	C_2H_6	C_2H_2	$C1+C_2$
2013 年 10 月 18 日	40.1	11.98	0.93	2.52	0.13	15.56
2014 年 4 月 18 日	33.02	13.15	1.04	3.20	0.14	17.53
2015 年 3 月 11 日	45.33	14.45	1.01	3.03	0.19	18.49
2016 年 3 月 28 日	38.59	12.37	0.87	2.94	0.22	16.18
2017 年 11 月 22 日	401.28	48.76	51.56	7.51	282.72	390.55

由表 3-12 可看出，氢气含量为 401.28μL/L，总烃含量为达到 390.55μL/L，乙炔含量达到 282.72μL/L，乙炔的含量远远超过标准注意值，较上一年度试验结果明显增长；本体油耐压试验结果 55kV，有载开关油耐压试验结果 42kV，均满足 GB 50150《电气装置安装工程 电气设备交接试验标准》要求；当日取油样进行复试，试验结果前后偏差不大，排除试验过程的影响；2 号启动备用变压器投运后带电测试及停电试验都没有发现异常，缺陷发现前，天气良好，无线路及母线跳闸故障发生，启动备用变压器

无过负荷运行历史。

油色谱试验结果三比值法编码为"202"，根据三比值结果判断设备内部存在低能量放电故障。特征组分气体乙炔含量严重超出注意值，总烃中乙炔和乙烯体积分数增长较为明显，氢气体积分数也有增长，但明显小于乙炔增长速率，综合分析，怀疑启动备用变压器内部可能存在火花放电。

判断导则比值 C_2H_2/H_2 大于 2 认为是有载分接开关向本体油箱渗漏造成，此次试验 C_2H_2/H_2 是 0.70，不满足该判据。鉴于其他特征气体增长相比乙炔不显著，C_2H_2/H_2 异常增长，且有载分接开关油室气体含量和切换次数和产生污染的方式（通过油或气）有关，C_2H_2/H_2 也不一定大于 2，因此判断为有载开关渗漏可能性较大。

CO、CO_2 体积分数变化很小，分析认为启动备用变压器内部缺陷没有涉及固体绝缘，即故障点没有位于绕组绝缘内部。

启动备用变压器本体内部乙烯含量并不太高，基本排除电回路内部过热可能。

综上所述，启动备用变压器有载分接开关在切换过程中会产生火花放电，有载分接开关油室向本体渗漏可能性较大，造成 2 号启动备用变压器本体色谱出现异常。

3. 故障确认及处理

2 号启动备用变压器历年带电测试未发现异常，11 月 22 日对 2 号启动备用变压器进行了带电测试，高频局部放电未发现异常放电信号特征图谱，红外热像检测未发现明显过热点，铁芯接地电流测试结果在 1.5mA 左右，远小于 100mA 的 DL/T 572—2010《电力变压器运行规程》的注意值，排除铁芯多点接地可能。

11 月 25 日对有载分接开关进行了吊检，现场检查未发现接触不良及过渡电阻异常情况，将有载分接开关油室油全部放出，利用启动备用变压器本体与有载分接开关油室的压差进行检查，未发现启动备用变压器本体油向有载分接开关渗漏情况；将启动备用变压器本体储油柜上方施加 0.3MPa 压力，未发现有载分接开关油室有渗漏情况，因此排除了有载分接开关油室渗漏导致启动备用变压器本体乙炔含量严重超标的可能。

对启动备用变压器进行直流电阻、绕组连同套管的介质损耗及电容量测试、铁芯绝缘电阻测试，与初始值比较均未发现异常，排除绕组电回路接触不良导致特征气体异常可能，同时佐证了铁芯不存在多点接地情况。11 月 26 日对启动备用变压器进行频响法绕组变形、阻抗法绕组变形测试，测试结果均未发现异常，数据纵、横比偏差均 GB 50150—2016《电气装置安装工程 电气设备交接试验标准》要求偏差范围内，排除了绕组存在变形的可能；同时进行局部放电测试，加压方式采用低压侧励磁，高、中侧中性点直接接地，从高压套管取信号的方式，分接开关处于 1 分接位置，环境背景在 $50\sim$ $60\sqrt{3}$ 电压下，高压侧三相局部放电量均小于 200pC，远小于标准要求的 500pC，试验前后启动备用变压器本体油样乙炔体积分数无明显增长，试验表明变压器内部放电故障不具有连续性。综合以上检查情况，判断启动备用变压器内部可能存在不连续的火花放电。

11 月 27 日对启动备用变压器进行吊罩检查，排净变压器本体绝缘油，拆除启动备用变压器所有附件，吊开启动备用变压器大罩，检查温度计座套、穿心螺杆、绕组压钉、铁芯接地线与硅钢片的连接排均无放电痕迹，油箱底部无金属粉末或异物，检查发现有载分接开关分接选择器极性转换触头三相动静触头正常接触位置没有放电痕迹（如图 3-8 所示），触头端部均有放电烧蚀痕迹（如图 3-9 所示）。

图 3-8　触头正常接触无放电痕迹

图 3-9　触头端部有烧蚀痕迹

对于正、反调压有载分接开关，在极性转换触头动作过程中，调压绕组瞬时与主绕组分离，调压绕组会瞬间悬浮，此时在极性触头断口（0→＋、0→－）间会产生恢复电压，此恢复电压的大小取决于相邻绕组的电压以及分接绕组与相邻绕组与对地部分之间的耦合电容，当恢复电压超过一定值时，在极性触头断口间可能会引起放电，从而在启动备用变压器本体中根据极性触头的烧损点在端部位置而非正常接触位置的现象，可以确定该次故障原因就是极性开关触头动作时因恢复电压过高引起的。

低能放电故障案例 9

1. 设备情况简介

某变电站的 1 号主变压器型号是 SFPSZ7-120000/220，1991 年出厂的产品，于 2007 年 2 月移到复州城变电站运行（原在市内变电站运行），在该变电站运行的 3 年多时间里，一直正常。

2. 故障分析

2010 年 4 月 26 日某变电站 220kV 1 号主变压器进行调整电压时，值班人员听到变压器内部有流水样的声响，此时各种保护及断路器没有动作。4 月 27 日对变压器进行有关试验和检查，包括绝缘试验和直流电阻试验；绝缘试验结果正常，直流电阻试验高、中、低压全部测试，无异常情况。从高压试验现有的试验项目来看变压器正常；油化验取油样进行油色谱分析，分析结果见表 3-13。

表 3-13　　　　　　　　变压器异常前后油色谱分析结果（μL/L）

试验日期	H_2	CH_4	C_2H_6	C_2H_4	C_2H_2	总烃	CO	CO_2
2010 年 1 月 7 日	8	7.1	2.1	4.4	0	13.6	238	3350
2010 年 3 月 2 日	10.2	7.8	2	5	0	14.8	356	4088

试验日期	H_2	CH_4	C_2H_6	C_2H_4	C_2H_2	总烃	CO	CO_2
2010 年 4 月 2 日	10	7.4	2.1	4.2	0	13.7	353	3619
2010 年 4 月 27 日	123	17.4	3.5	32.5	116.1	169.5	354	4386
2010 年 4 月 27 日	115.4	18.7	3.5	32.8	114.7	169.7	396.2	4416.7

27 日两次取样间隔时间约为 12h 左右，两次的检测数值变化不大。表 3-13 中的油色谱分析数据值已超出注意值要求，由此可以判断变压器内部有异常情况。

3. 故障确认及处理

由表 3-13 数值可以看出，变压器在调整电压前的油色谱值处于正常状态（只是绝缘有些老化，$CO_2/CO>7$，因该变压器已运行了近 20 年），说明变压器内部无异常情况。

而在操作调整有载调压开关后，出现的油色谱数据异常，应与本次调整电压有关。由于该变压器使用的是 M 型有载调压开关，该型号开关有选择开关和切换开关两部分。其中选择开关浸没在变压器本体油中，在调压的过程中可能会出现故障。高压试验结果未发现变压器绕组异常；而油色谱试验结果证明油中有电弧放电的情况，三比值法编码为 "202"，由此判断故障类型为低能放电故障；色谱试验数据还说明特征气体中没有大量生成 CO 和 CO_2，证明没有固体绝缘材料的分解，放电原因只可能是有载调压开关渗漏或动作不正确造成的；对于渗漏情况还可以利用上述试验数据来分析，因渗漏是一个比较缓慢的过程，4 月 2 日的试验数据中还没有发现 C_2H_2，在此之前也没有发现 C_2H_2；另外 $C_2H_2/H_2=0.4<2$，认为不应是有载开关渗漏造成的。由此推断可能是有载开关某项动作顺序发生了改变，造成选择开关在动作过程中发生电弧放电，因此产生大量 C_2H_2。即在动作过程产生电弧放电，在弧道中产生了大量 C_2H_2 和 H_2，而次要气体是 CH_4 和 C_2H_4，这又反过来证明故障类型是油中电弧放电，在变压器油中发生电弧放电的元件只能是有载调压开关。

对此决定放油进入本体内查看放电情况，从人孔进入本体内发现 A 相 9b 转换开关处有电弧烧伤，绕组没有发现异常。根据当时的具体情况，决定变压器的有载调压开关不调整情况下，变压器可以带电运行，同时加强油色谱的监测，油色谱监测数据见表 3-14。

表 3-14　　　　　　　　　检查处理后油色谱试验值（μL/L）

日期	H_2	CH_4	C_2H_6	C_2H_4	C_2H_2	总烃	CO	CO_2	备注
2010 年 4 月 29 日	8.4	4.7	2.4	14.9	40.8	62.8	60	1902	真空滤油后
2010 年 4 月 29 日	11.3	4.5	2.8	14.6	39.3	61.2	66.9	1835.7	冲击合闸后
2010 年 5 月 1 日	11.4	4.7	3.1	14.4	38.1	60.3	69.9	1863	送电两天后
2010 年 5 月 14 日	10	5.6	1.9	13.8	34.1	55.4	70	2005.1	送电 15 天后

表 3-14 数据中存在的 C_2H_2 等气体，主要是由于时间原因滤油不彻底，设备内遗留大量的成分气体。根据送电 15 天后的油色谱试验数据结果来看，各种成分气体都比较

稳定，没有增长的趋势，说明对异常原因的判断是正确的。该变压器有载调压开关于2011 年 5 月 20 日在现场进行了更换，更换后油色谱试验情况见表 3-15。

表 3-15 开关更换后油色谱试验情况（μL/L）

日期	H_2	CH_4	C_2H_6	C_2H_4	C_2H_2	总烃	CO	CO_2	备注
2010 年 5 月 24 日	0.9	0.4	0	0.2	0	0.6	0.9	196	修后真空注油后
2010 年 5 月 29 日	1	1	0	0.5	0	1.5	5.8	638.9	冲击合闸后
2010 年 6 月 1 日	2.1	1.5	0.4	0.6	0	2.5	8.3	707.3	送电 3 天后
2010 年 6 月 12 日	0.9	2.6	0.4	0.5	0	3.5	15.1	515.3	送电 14 天后
2010 年 8 月 2 日	6.9	5.7	0	1	0	6.7	55.7	950.9	例行试验

根据表 3-15 试验结果及运行时间再次说明绕组及固体绝缘部分没有发生放电故障，上述利用油色谱分析判断故障的方法是有效而可靠的。

低能放电故障案例 10

1. 设备情况简介

某 500kV 变压器 B 相系国外某变压器厂 1995 年 9 月产品，1996 年 9 月 27 日投运，型号为 АОДЦТН-267000/500/220YI，投运后设备运行正常。

2. 故障分析

2009 年 10 月 20 日，试验人员通过油色谱分析发现该变压器油色谱异常，其中C_2H_2 含量高达 77.3μL/L，三比值分析编码为"212"，初步判断设备内部存在低能放电故障，随即安排停电进行试验和检查。

3. 故障确认及处理

2009 年 10 月 21 日，试验人员进行常规高压试验，结果发现 B 相铁芯以及夹件的绝缘电阻异常，测量数据见表 3-16。

表 3-16 铁芯及夹件绝缘电阻测量结果

相别	夹件对地（MΩ）	铁芯对地（MΩ）
A 相	19770	16840
B 相	218500 并趋于无穷大	26300
C 相	14660	11880

注 在测量 B 相 1 号小套管对地绝缘电阻时，1min 的数值为 218500MΩ，并持续增长，由于绝缘电阻表的量程是 250000MΩ，约 2min 之后数值已经超量程而无法显示。

根据绝缘电阻测量结果，初步判断 B 相夹件的接地线断线，为便于发现内部是否有悬浮放电等异常状况，决定暂不进行绝缘油的脱气处理，先进行局部放电试验。

局部放电试验时，在升压过程中分别测量铁芯、夹件对地电流，为便于比较，对三台变压器均进行了测量，试验时各相铁芯及夹件对地电流数据见表 3-17。

表 3-17 各相铁芯及夹件对地电流

施加电压与最高运行相电压比值（%）	A相（mA）		B相（mA）		C相（mA）	
	夹件	铁芯	夹件	铁芯	夹件	铁芯
10	59.9	4.4	33	1.8	57.2	4.2
20	109	8.4	63	3.8	106.6	7.9
30	163	12.5	113	7.0	166	12.6
40	209	16.1	153	9.4	224	17.1
50	271	20.8	184	11.4	270	20.6
60	318	24.5	218	13.4	330	25.2
70	363	27.9	247	15.2	374	28.6
80	423	32.6	285	17.6	419	32.1
90	470	36.2	312	19.2	478	36.8
100	530	40.9	412	25.4	531	40.9

从钳形电流表测得的电流数据来看，A、C 两相数值在同一电压下大小基本相同，变化趋势一致，但 A、C 两相的数据都比 B 相大得多，另外施加电压直至 $1.0U_m/\sqrt{3}$ 都未出现明显的放电痕迹，但电压升至 $1.06U_m/\sqrt{3}$ 时，出现了最大幅值不超过 3000pC 的间歇性放电，随后脉冲放电消失，但 2～3min 之后脉冲再次出现。

另外对 B 相进行局部放电试验时，采用局部放电超声定位技术发现变压器的上端部的声信号反应强烈，在高压套管、中性点套管的下部尤为明显，类似于间歇性悬浮放电，但放电位置不集中，从高度上看与夹件有很大的并联性。

根据上述试验情况，分析后认为可能是铁芯与夹件的接地不良，但由于该主变压器是强油循环风冷变压器，对潜油泵需要逐一进行检查，以确认是否存在故障。

2009 年 10 月 26 日，技术人员进行主变压器内检，未发现明显放电痕迹，但检查发现冷却器侧与储油柜侧的下夹件之间未连接，在主变压器内没有发现该连接铜片和紧固螺栓，且螺孔表面油漆完好，没有安装过螺栓的痕迹，如图 3-10 所示。

检查夹件其他部位，类似螺孔都是为了夹件间等电位连接而设置的，凡是有螺孔的部位都有金属连接片，只有这两个螺孔之间没有任何连接迹象，而且根据厂家提供的设计图纸，夹件之间应该用连接片连接，最后接地；随后用绝缘电阻表对其连接情况做进一步检查，发现储油柜侧下夹件与主变压器油箱的引出套管相连，正常运行过程中接地良好，储油柜侧上夹件、冷却器侧上夹件及冷却器侧下夹件连接良好，但未与储油柜侧下夹件相连，也未通过其他部件与油箱相连，运行过程中，该处电位处于悬浮状态。

通过内检发现了两组下夹件没有按照设计图纸进行连接的异常情况，但该主变压器自 1996 年运行至今已达 13 年，油色谱分析从未出现如此高的乙炔含量，因此为彻底查找故障原因，对该相主变压器进行了吊罩检查。吊罩前在拆除变压器上部运输用稳钉时，发现多只稳钉顶部有不同程度的放电烧蚀痕迹，如图 3-11 所示。

主变压器器身共有 12 颗稳钉（作用是固定变压器器身），4 颗位于器身侧面下方，

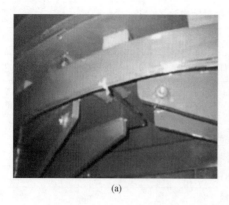
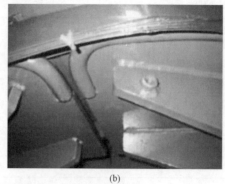

(a)　　　　　　　　　　　　　　(b)

图 3-10　变压器内检情况

（a）冷却器侧与储油柜侧的下夹件连接铜片未连接；（b）螺孔表面油漆完好

图 3-11　稳钉顶部放电烧蚀痕迹

长轴两侧各有 2 颗；8 颗位于器身侧面上方，器身四周各有 2 颗，侧面上方 8 颗分布情况如图 3-12 所示。

钟罩吊起后，即发现变压器器身上方第 4、8 号稳钉挡板处有黑迹，似乎为放电烧蚀痕迹，但由于位置比较高，不能确定，如图 3-13 和图 3-14 所示；随后取下 4 号稳钉挡板，清除表面炭黑后，发现挡板处有明显的放电烧蚀痕迹，如图 3-15 所示。

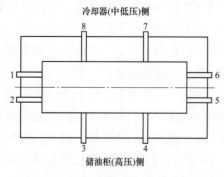

图 3-12　上部稳钉分布情况　　　　　　图 3-13　第 8 号稳钉挡板情况

图 3-14 第 4 号稳钉挡板情况

图 3-15 第 4 号稳钉挡板放电烧蚀痕迹

根据吊罩检查情况，最终确定第 4 号稳钉挡板处放电为此次油色谱异常的根本原因。

低能放电故障案例 11

1. 设备情况简介

某变电站 1 号主变压器是青岛双星变压器厂生产的 SSZ9-40000/110 型变压器，投产日期为 2006 年 6 月。

2. 故障分析

2008 年 4 月 28 日，在该主变压器油样的春检化验过程中，油色谱分析发现油样异常，其中特征气体以 C_2H_2 为主，含量为 100.81μL/L，严重超过注意值 5μL/L；在当天晚上 11 点 30 分的追踪分析中，C_2H_2 仍然严重超标，含量为 98.05μL/L，同时，总烃含量为 131.41μL/L，H_2 含量为 143.17μL/L，也接近超标。公司领导决定，采用倒负荷手段，每隔一天进行一次油色谱监测，严格监视其发展状况（油色谱分析演变过程情况见表 3-18）。

表 3-18   油色谱分析演变过程表 （μL/L）

试验时间	H_2	CH_4	C_2H_6	C_2H_4	C_2H_2	总烃	CO	CO_2
2007 年 12 月 4 日	51.01	6.63	1.55	4.20	0.88	13.26	497.85	1387.14
2008 年 4 月 28 日（上午 11 点）	92.44	14.33	3.28	17.09	100.81	135.51	364.40	1354.73
2008 年 4 月 28 日（晚上 11 点）	143.17	14.91	2.19	16.26	98.05	131.41	451.79	1330.21
2008 年 4 月 30 日	138.63	14.62	2.92	16.47	97.90	131.91	422.88	1322.44
2008 年 5 月 2 日	87.59	13.39	2.33	16.97	97.26	129.95	323.98	1309.95
2008 年 5 月 5 日	99.63	14.62	2.69	17.06	97.54	131.91	346.19	1390.12
2008 年 5 月 9 日（滤油处理后）	0.96	1.19	0.56	0.58	1.75	4.08	1.96	726.79
2008 年 5 月 11 日（注入本体内）	1.22	1.38	0.59	0.84	1.85	4.66	5.46	597.40

三比值法编码为"202"，判断设备存在低能放电故障。油中 CO、CO_2 含量未发生多大变化，可见，故障还未涉及绝缘，初步判定发热部位为裸金属。

3. 故障确认及处理

在 2008 年 5 月 5 日进行吊罩检查，检修工作人员在对各部位检查过程中，发现分接调压开关油箱中动触头弹簧疲劳，压力不够引起接触不良，造成接触电阻增大，发生放电现象，并且有烧伤痕迹。

更换分接开关下部转换触头，转换触头为山东青岛双星厂所生产；变压器油处理采用高真空滤油机进行脱气处理，注油时采用均匀速度抽真空，达到指定的真空度，并保持 4h 后，开始向油箱内注入；油处理后变压器投入运行前取油样做油色谱分析，试验数据合格，运行状况一直良好。

低能放电故障案例 12

1. 设备情况简介

某 500kV 主变压器型号为 DFP-21000/500，2001 年 9 月 16 日，运行人员听到运行之中的该主变压器 C 相内部有间歇性放电声，据判断放电声发出部位为低压侧右下方入口位置，当天即采取每隔 3h 取油样一次测定油中溶解气体的措施。当天和以前的几次油分析结果见表 3-19 和表 3-20。

表 3-19　500kV 主变压器 C 相故障前后油中溶解气体含量（μL/L）

分析日期	H_2	CH_4	C_2H_4	C_2H_6	C_2H_2	总烃	CO	CO_2
2000 年 12 月 6 日	0.4	6.6	0	1.6	0	8.2	755	1294
2001 年 6 月 6 日	5.3	11.2	2.0	2.5	0	15.7	328	1935
2001 年 9 月 16 日	41.4	18.3	0.5	2.4	22.7	43.9	382	2636

表 3-20　500kV 主变压器 C 相发现故障当天油中溶解气体含量（μL/L）

取样时间	H_2	CH_4	C_2H_4	C_2H_6	C_2H_2	总烃	CO	CO_2
11:00	41.4	18.3	0.5	2.4	22.7	43.9	382	2636
14:00	40.4	21.8	0.1	0.5	24.1	46.5	375	2428
17:00	43.4	21.0	0.5	0.6	26.7	48.8	361	2473
20:00	44.7	21.9	0.6	0.7	27.1	50.3	379	2492

2. 故障分析

从油色谱分析结果看，H_2 和 C_2H_2 含量比三个多月前有明显增长，特别是 C_2H_2 含量从原来的"0"突然增至为 20μL/L 以上，大幅度超过了 500kV 变压器 1μL/L 的注意值，C_2H_2 的产气速率明显过高，且设备内部存在间歇性放电声，故障气体主要由 H_2

160

和 C_2H_2 构成，而含量又不特别高，由此可判断设备内部发生了火花放电故障。三比值法编码为"200"，对应的故障性质也是低能放电故障。

3. 故障确认及处理

为了确定故障点，先利用超声定位装置进行探测，检查结果确定放电点为低压侧外壳箱壁上距低沿 400mm、自西向东 1600mm 处。随后，将设备放油后进入内部检查。该变压器器身箱体高、低压侧各有 12 块磁屏蔽，检查中发现其中有几块存在松动，当用 500V 绝缘电阻表测量其绝缘电阻时，发生了不固定地点对地火花放电现象；而且故障部位与超声定位结果相吻合，由此认为磁屏蔽松动引起的悬浮放电是导致设备出现放电声故障的原因。

低能放电故障案例 13

1. 设备情况简介

河北某电厂某变压器 2006 年时曾发生过内部放电故障，检查后也没有滤油就继续运行，各组分随着运行逐渐降低。2011 年 9 月 8 日试验时发现该变压器色谱数据突然增长，且乙炔和总烃都超过了注意值，判断内部有放电故障，2011 年 9 月 13 日该变压器停运待查。色谱分析数据见表 3-21。

表 3-21　　　　河北某电厂变压器油中溶解气体含量历史数据 （μL/L）

分析日期	H_2	CH_4	C_2H_4	C_2H_6	C_2H_2	总烃	CO	CO_2
2011 年 4 月 7 日	12.0	1.4	1.1	0.5	3.5	6.5	10.7	727.4
2011 年 9 月 8 日	75.3	32.0	50.1	7.8	198.0	287.9	120.8	2690.1
2011 年 9 月 13 日	68.5	32.6	53.8	8.1	204.6	299.1	120.8	2692.1
2011 年 10 月 25 日	13.4	1.4	0	0	0.3	1.7	1.7	522.6
2011 年 11 月 7 日	15.2	1.7	0.3	0	3.1	5.1	15.0	647.2
2011 年 11 月 16 日	15.2	2.2	0.4	0.3	3.1	6.0	19.0	657.7

2. 故障分析

2011 年 9 月 13 日前数据可以看出，H_2 和 C_2H_2 含量增长迅速，根据特征气体判断该设备内存在火花放电故障，之后用三比值法进行判断，因该设备之前发生过局部放电并未滤油直接使用，所以以 2011 年 9 月 13 日数据计算时减去 2011 年 4 月 7 日的数值进行计算得到编码"202"（本案例中不进行此步骤也可得到相同结果，但需要注意有的案例中在使用三比值法进行判断时，应减去未发生故障时气体组分含量），进一步佐证了特征气体法的判断结果。

3. 故障确认及处理

2011 年 10 月 24 日吊芯检查，发现变压器内一个支撑绝缘子被烧损，桶壁上有放电痕迹，换油后继续进行跟踪试验，目前数据稳定。

⚙ 低能放电故障案例 14

1. 设备情况简介

某 220kV 变压器（型号 SFPS-120000/220）投运以来，油中溶解气体组分含量均无异常。到 1996 年 5 月 27 日，油色谱分析发现 C_2H_2、H_2 含量比一个月前有较大幅度增长，其后的跟踪试验显示，这些气体组分仍在继续增长之中（见表 3-22）。

表 3-22　　　　　某 220kV 变压器故障前后油中溶解气体含量（μL/L）

分析日期	H_2	CH_4	C_2H_4	C_2H_6	C_2H_2	总烃	CO	CO_2
1996 年 4 月 25 日	13	11.7	14.0	5.8	0	31.5	425	8138
1996 年 5 月 27 日	120	20	23.5	8.9	58.0	110	817	9580
1996 年 5 月 29 日	245	26.4	28.0	5.9	73.9	134	892	12610

2. 故障分析

该变压器油中的 C_2H_2、H_2 含量均超过运行变压器的注意值，特别是 C_2H_2 含量从一个多月前的 0 增至 73.91μL/L，产气速度非常高；鉴于油中的故障气体主要是 C_2H_2 和 H_2，认为设备内部可能发生放电故障。在用三比值法判断中，若直接利用 1996 年 5 月 27 日或 5 月 29 日的测定数据计算比值，得到的编码组合为"101"，故障类型是高能放电故障；但若将 1996 年 5 月 27 日或 5 月 29 日的测定数据减去故障前（4 月 25 日）的测定数据后再重新进算比值，得到的编码组合为"212"，对应的故障类型为低能放电故障。

随后对该变压器停电放油后进行检查，结果发现 B 相高压套管均压球在导管的螺口上松动，仅剩不足一圈，均压球内有大量炭黑，导管与均压球间有明显的放电痕迹。由此可见，该设备内部确实存在低能放电故障。

在对 B 相高压套管均压球的故障进行处理后，该变压器于 1996 年 6 月 3 日恢复运行，此后跟踪试验发现油中的 C_2H_2 和 H_2 含量仍在继续增长（见表 3-23），说明设备内部还存在另一处故障，根据三比值法判断，故障类型仍为火花放电故障。

表 3-23　　　　　某 220kV 变压器故障处理后油中溶解气体含量（μL/L）

分析日期	H_2	CH_4	C_2H_4	C_2H_6	C_2H_2	总烃	CO	CO_2
1996 年 6 月 03 日	104	18.2	26.0	5.2	58.0	107	753	9731
1996 年 6 月 10 日	142	20.3	29.0	5.0	79.0	133	717	9329
1996 年 6 月 11 日	178	23.4	33.5	5.3	93.7	156	823	10347

3. 故障确认及处理

该变压器退出运行后，做返厂吊罩检查，发现 C 相高压套管的均压球松不下来，经检查是均压球处瓷套与底座间密封垫圈外径较大，与均压球内部严重摩擦，使均压球与导管接触不良，造成均压球与导管之间产生悬浮点位放电，球内积存大量放电产物游离碳。

低能放电故障案例 15

1. 设备情况简介

某 550kV 高压电抗器在停电检修时，对高压套管取油样分析后，发现其中 C 相油中一些溶解气体组分含量异常，试验数据见表 3-24。

表 3-24　　　　某 550kV 高压电抗器 C 相油中溶解气体含量（μL/L）

组分	H_2	CH_4	C_2H_4	C_2H_6	C_2H_2	总烃	CO	CO_2
含量	170	68.0	95.3	31.0	333	527	94.5	631

2. 故障分析

该套管油中 C_2H_2 含量超过注意值 330 多倍，且 H_2 和总烃含量均较高，据此判断套管内部存在放电故障。应用三比值法做进一步分析，得到的编码组合为"202"，故障类型属低能放电。

3. 故障确认及处理

根据油色谱分析判断结果，决定对套管进行检查，当打开末屏罩时，发现末屏有严重放电痕迹，末屏绝缘垫烧毁，接地罩内接地片脱落，且有烧痕；通过电气试验及必要的检查，在排除套管内部存在其他故障的可能性之后，认为油中的故障气体正是由于末屏失地后，套管对外部挡板发生间歇性放电引起。

低能放电故障案例 16

1. 设备情况简介

某电流互感器（型号 LB9-220W2）于 2003 年 10 月 29 日投运，投运时油中气体组分含量均正常；运行 5 个月后，预试时发现该设备油中 C_2H_2 和 H_2 含量大幅增长，随即进行了跟踪试验，试验数据见表 3-25。

表 3-25　　　　某 220kV 电流互感器油中溶解气体含量（μL/L）

分析日期	H_2	CH_4	C_2H_4	C_2H_6	C_2H_2	总烃	CO	CO_2
2004 年 3 月 31 日	85.4	5.11	4.78	6.82	29.6	46.3	18.9	190
2004 年 4 月 1 日	87.1	5.43	4.91	5.45	30.8	46.5	19.3	197
2004 年 4 月 6 日	87.5	5.58	8.22	7.29	33.3	54.4	20.9	246

2. 故障分析

该设备投运后 C_2H_2 和 H_2 产气速率很快，5 个月后 C_2H_2 含量已达注意值的 30 多倍，故障气体主要是 C_2H_2 和 H_2，因此判断设备内部可能发生低能量放电故障。用 2004 年 4 月 6 日的试验数据计算比值，三比值法编码为"211"，属于低能放电故障。

3. 故障确认及处理

随后对该设备进行解体，再检查一次绕组过程中，首先查看了末屏，未见异常。在查看零屏时，发现夹件将零屏部分夹住，零屏与铝箔纸没有紧密附在一起，而是有一定的缝隙；零屏引出线与铜带焊接出的焊点有焊瘤，在零屏背面焊瘤相对应处有黑色放电痕迹。

根据检查结果进行分析后，认为该设备发生低能放电的原因有两点：①零屏引出线与铜带焊接处的焊点未处理好，由于出现表面曲率大的焊瘤，使得局部场强集中，电场强度剧增，在该处首先发生放电；②零屏与铝箔纸间有一定的缝隙，存在悬浮电位放电的可能性。

第四章

电弧放电故障

电弧放电故障案例 1

1. 设备情况简介

某发电厂 0 号高压备用变压器型号为 SFZ8-8000/35，绕组方式为 YNd11，额定容量为 $37000\pm42\times2.5\%/6300V$，阻抗电压 7.2%，2000 年 8 月投入运行。2002 年 4 月，在进行年度油色谱送检时，发现该变压器 H_2 及烃类含量超标。此后，连续 2 次进行油色谱跟踪试验，均发现总烃、H_2、C_2H_2 超标，并有逐步上升趋势，且产气速率较快，但本厂常规试验未发现问题。0 号高压备用变压器数据见表 4-1。

表 4-1   0 号高压备用变压器油色谱数据

时间	H_2	CH_4	C_2H_6	C_2H_4	C_2H_2	总烃	CO	CO_2
2002 年 4 月 17 日	180.9	19.5	12.1	34.6	38.2	104.4	410.4	3339.98
2002 年 6 月 20 日	215.0	26.4	13.9	38.2	39.2	117.7	824.9	4240.0
2002 年 7 月 10 日	237.6	34.9	1411.0	55.7	62.8	1564.4	769.8	3944.7

2. 故障分析

三比值法编码为"101"，据此判断变压器内部可能存在电弧放电故障。

对变压器进行了常规项目的检查试验，绝缘电阻试验、直流电阻测量、介质损耗试验、泄漏电流试验结果均无异常。综合以上分析，认为 0 号高压备用变压器的主绝缘、匝间绝缘、高压绕组、低压绕组、分接开关均无问题；变压器油色谱超标的原因可能在铁芯及与其相关的轭铁、压钉及绝缘垫块部分，也可能是铁芯的某个金属部件存在悬浮电位放电。

3. 故障确认及处理

对该变压器进行返厂处理；吊芯后，摇测连接片绝缘时（与上夹件的连片已打开），发现其绝缘电阻为零。经仔细检查，发现了故障点，如图 4-1 所示。

所有压钉与压环的装配均存在不同程度的紧力松弛。由于压钉松弛，造成压环绝缘垫脱落，钢垫在压钉和压环之间形成焊接现象。本次吊芯后，发现该变压器共 6 根压钉出现了上述现象，有的仅与压钉焊接一点，有的又与钢连接片焊接，造成钢连接片两点接地或者多点接地；同时发现，大部分压环绝缘垫，即使没有脱落，也已经炭化，失去

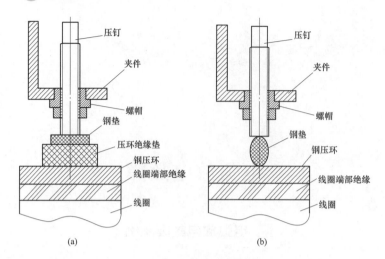

图 4-1　变压器连接片绝缘

（a）正常情况；（b）故障状态

绝缘性能，从而造成了连接片两点或者多点接地。

厂家对此进行了相应处理，在进行各项试验后于 2002 年 9 月运回，现场验收合格后投入运行。变压器投运后，油色谱试验数据一直合格，再未出现前述情况，变压器运行状况良好。

🔧 电弧放电故障案例 2

1. 设备情况简介

某变电站 2 号主变压器（型号为 SFZ9-8000/35，油重为 3.8t）于 2007 年 3 月投运。2007 年 8 月 13 日，在例行油气试验中发现该变压器本体油样中含有乙炔 1.6μL/L，氢气及总烃含量均正常。其跟踪试验数据见表 4-2。

表 4-2　　　　石鞋站 2 号主变压器油中溶解气体含量测定值（μL/L）

时间	H_2	CH_4	C_2H_6	C_2H_4	C_2H_2	总烃	CO	CO_2
2009 年 9 月 23 日	54.0	15.3	1.1	1.4	2.6	20.4	851.0	3146.0
2008 年 12 月 15 日	61.0	14.9	1.0	1.3	1.9	19.1	897.0	2586.0
2008 年 6 月 5 日	17.0	8.3	0.9	1.1	2.0	12.3	284.0	1552.0
2007 年 11 月 26 日	34.0	6.8	0.6	9.6	1.1	18.1	351.0	71.0
2007 年 9 月 4 日	50.0	7.0	0.0	0.8	1.8	9.6	394.0	1351.0
2007 年 8 月 13 日	40.0	5.2	0.6	0.8	1.6	8.2	286.0	958.0

2. 故障分析

三比值法编码为"101"，故障分类为电弧放电故障。经初步判断，变压器本体内可能存在不同电位的不良连触点间或者悬浮电位体之间的连续火花放电，导致变压器绝缘油内各类气体明显增加。

3. 故障确认及处理

2010年1月对2号主变压器进行了吊芯大修。检查发现存在以下问题：

35kV C相调压抽头引线绝缘有放电击穿的痕迹，附绝缘被击穿，如图4-2所示；将夹件及附绝缘拆除后，发现高压 C 相绕组的有载调压3、5抽头引线与绕组抽头焊接处对油箱壁放电，皱纹纸、白纱带被明显击穿，如图4-3所示；随即将3、5抽头与绕组焊接接头处剥开，发现接头处不光滑毛刺多，包扎的绝缘发黑变色，且厚度不够，对其余引线检查发现6号引线焊接接头处的绝缘包扎厚度不够。

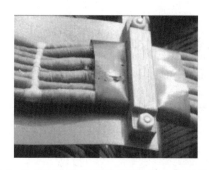
图4-2 C相调压抽头引线绝缘有放电击穿的痕迹

图4-3 皱纹纸、白纱带被明显击穿

针对发现的问题，严格按照检修工艺，对接头处重新打磨，用铝箔进行了包裹屏蔽，对发黑变色的绝缘进行了清除，采用烘后的皱纹纸重新包扎，对处理后的引线进行整形，用绝缘夹件固定，防止因变压器运行振动导致引线与变压器壳体触碰而引起放电击穿，如图4-4所示。

最后，采用真空滤油机对含有乙炔的变压器绝缘油进行循环过滤，直至油样合格；再将绝缘油注回变压器中，采用真空滤油机在器身内循环过滤，将残留在绕组中的乙炔过滤；过滤彻底后将绝缘油

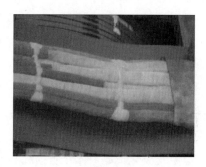
图4-4 重新处理后的 C 相调压抽头引线绝缘

温控制在55℃，并静止24h后取油样进行化验。试验结果中乙炔为0，总烃小于0.4μL/L，试验合格。

电弧放电故障案例 3

1. 设备情况简介

该变压器型号为SFSZ9-180000/220，于2004年12月投运。在2005年5月30日预试中发现有微量乙炔0.23μL/L，随后对主变压器进行了长达3年多的油色谱跟踪监测。其间在2006年10月12日因发现乙炔增至10.56μL/L，氢烃含量相应有明显增长，主变压器曾进行过一次停电检查并滤油处理。2008年8月5日，1号主变压器油中乙炔含

量增长明显，绝对产气速率达 20.6mL/d，含量达到 16.5μL/L，同时其余氢烃组分含量相应亦有明显增长，见表 4-3。

表 4-3   1 号主变压器油色谱监测情况 （μL/L）

时间	H_2	CH_4	C_2H_6	C_2H_4	C_2H_2	总烃	CO	CO_2
2008 年 8 月 6 日（中部）	75.0	29.9	4.5	40.0	16.3	90.7	312.0	1780.0
2008 年 8 月 6 日(下部)	73.0	29.4	4.4	39.3	16.3	89.5	301.0	1764.0
2008 年 8 月 5 日	73.0	29.4	4.4	39.3	16.5	89.7	285.0	1795.0
2008 年 8 月 1 日	68.0	27.1	4.0	35.9	14.9	82.0	298.0	1662.0
2008 年 7 月 23 日	56.0	23.6	3.9	32.2	12.5	72.2	274.0	1632.0
2008 年 7 月 10 日	47.0	21.9	3.5	30.0	11.8	67.2	243.0	1678.0
2008 年 6 月 26 日	53.0	20.2	3.3	27.2	11.8	62.4	250.0	1524.0

2. 故障分析

三比值编码为"102"，属于电弧放电故障。1 号主变压器在跟踪分析过程中对运行负荷、油温等采取了控制措施，具体控制情况见表 4-4。但从表 4-4 数据分析，主变压器运行负荷、油温等对故障发展情况并无明显影响。

表 4-4   1 号主变压器负荷、油温等运行参数变化情况

运行时间	每日最大负荷（MW）	本体油温（C）	绕组温度（℃）	铁芯接地电流（mA）	夹件接地电流（mA）
2007 年 3 月 22 日～2008 年 6 月 26 日	20～123	28～60	29～66	1.90～2.71	1.06～2.72

对 1 号变压器进行了诊断性高压试验，包括有各挡位变比试验、直流电阻试验、绝缘电阻及极化指数主体介质损耗和电容试验、中性点工频耐压试验、空载损耗试验、雷电冲击全波试验、空载损耗试验、感应耐压试验、局部放电、空载损耗试验、空载电流谐波试验、1.1 倍额定电压下空载运行 3h 试验、负载损耗及阻抗电压试验，其中，绝缘试验均施加 80％额定电压。除局部放电试验外［在电压分别升至 0.7、0.95、1.1、1.3、1.4、1.5（标幺值）时，均有明显的局部放电信号］，其余各试验项目均未见异常。

在对变压器进行真空滤油处理后，比较局部放电试验前、后的油样色谱分析结果，可以看到乙炔含量从 0.49μL/L 升至 1.69μL/L，总烃含量从 1.76μL/L 升至 5.32μL/L。

3. 故障确认及处理

在 A 相端部的绝缘连接片移开后，发现 A 相高压侧引出线附近的绝缘角环上，散落有较多的黑色碳化物；移开角环，可见高压静电屏的下部已烧蚀穿孔；继续解剖静电屏，可见烧蚀部位正是静电屏引线的搭接部位，搭接部位加包的绝缘皱纹纸，以及静电屏骨架已烧蚀，压在静电屏上方的倒角垫块也因过热而局部烧蚀。静电屏故障部位和现

象如图 4-5 所示。

主变压器故障的直接原因是静电屏的搭接部位受压于倒角垫块，垫块的边沿破坏了搭接部位的绝缘层，使得静电屏短路；在运行时，静电屏的短路部分存在很大的短路环流而发热，最终导致静电屏的烧毁。这与色谱监测异常一致，在静电屏的烧蚀过程中，首先是一个过热过程，并伴随有放电，这种放电是一种间歇性、不稳定的放电。这种现象与负荷没有直接关系，但在每次变压器投运后，由于受到合闸瞬间的电动力作用，而使得故障点扩大，

图 4-5 静电屏故障部位和现象

在油色谱分析中变现为每次投运后的一段时间里，各组分的增长速率较快。

针对故障存在的情况，对静电屏的结构作出了几处修改：

（1）改变了引线的搭接位置。将搭接区移到了引线的对面位置，并且严格控制在搭接区里不再有垫块，避免了垫块边沿对搭接部位的破坏。

（2）在搭接层之间增加了一层 0.5mm 厚的诺梅克斯纸［间位芳香族聚酰胺纤维（Nomex），我国称之为芳纶 1313，是美国杜邦公司在 60 年代发明并投入使用的，是一种良好的耐高温阻燃纤维，200℃下能保持原强度的 80％左右］，由于诺梅克斯纸有很好的机械强度和绝缘强度，本身不可能受压损坏。

（3）在静电屏的骨架上，在搭接区开了一个小槽，使得搭接部分全部沉在槽中，避免了由于搭接部分的凸起而受力。

经过厂家做出上述结构更改后，该主变压器重新投入正常运行中。

⚙ 电弧放电故障案例 4

1. 设备情况简介

某 110kV 变电站 2 号主变压器于 2006 年 12 月进行周期性油样检测，油色谱分析出现总烃超标现象，历年气体成分分析表见表 4-5。

表 4-5　　　　　　　　　　2 号主压器油色谱分析表

时间	H_2	CH_4	C_2H_6	C_2H_4	C_2H_2	总烃
2003 年 8 月 10 日	15.0	8.0	2.0	0.8	1.0	11.8
2004 年 8 月 4 日	15.0	5.0	1.8	0.9	0.6	8.3
2005 年 8 月 23 日	40.0	26.0	25.0	6.0	0.7	57.7
2005 年 11 月 21 日	34.0	40.0	45.0	9.0	1.2	95.2
2006 年 6 月 20 日	46.0	58.0	69.0	16.0	2.5	145.5
2006 年 12 月 8 日	60.0	130.0	190.0	22.0	4.0	346.0
2006 年 12 月 25 日	68.0	168.0	198.0	34.0	4.0	4.0

该主变压器在 2003 年 8 月的油色谱成分分析中出现了乙炔的成分，曾引起过注意，结合主变压器预防性试验进行了有载调压开关的吊芯检查，发现了开关筒壁的渗漏现象，进行了处理，有效地缓解了渗漏的情况但没有彻底解决，所以对该主变压器的油样进行每六个月的跟踪；从 2003 年到 2006 年的油色谱分析结果中，乙炔的含量在逐年增加，但不是很快。因为设备中存在有载调压开关渗漏，所以认为本体绝缘油中乙炔与总烃的增加都是由于开关筒的渗漏，而变压器设备本体没有故障，处于正常状态。

2. 故障分析

从表 4-5 中可以发现 2006 年 6 月的油色谱分析中发现乙炔与总烃都有了明显的变化，乙炔成分超过注意值 $2\mu L/L$，总烃成分已接近注意值 $150\mu L/L$，三比值法编码为"120"，表现为电弧放电故障兼过热故障。但是当时并没有引起注意，而还是认为是开关筒渗漏的问题。

图 4-6　垫片烧损图

3. 故障确认及处理

2006 年 12 月的油样分析数据远超注意值。采取停电处理措施后，发现中压侧绕组直流电阻已经超标。放油进行检查后，在中压侧的导电杆手孔处发现中压侧 B 相导电杆与引出线的紧固螺母已松动，桩头烧损严重，如图 4-6 所示。

发现问题以后，马上对该主变压器进行了停电试验，并进行了有载开关的吊芯检查。试验项目中主变压器直流电阻中压侧严重超标，三相不平衡率达到了 3.86%。主变压器本体放油后，打开中压侧引线桩头安装手孔后发现，中压侧 B 相导电杆与引出线的紧固螺母已松动，桩头严重烧损。由于该主变压器为 1996 年的产品，没有导电杆的备品，故将该导电杆进行处理后，与中性线套管（同型号）进行了交换安装。直流电阻试验数据达到要求，虽然有载调压开关筒渗漏依旧存在，但没有扩大的势态。本体变压器油经过处理，乙炔含量为零，达到了使用标准要求。

投入运行后，有载开关停止调挡一年，每月进行油色谱分析，油样跟踪各项指标正常。一年后，进行了主变压器预试，各项试验项目都合格。有载开关投入运行，每月进行油色谱分析。油样跟踪四个月后（2008 年 5 月）出现微量乙炔（0.2μL/L），跟踪一年后增长到 0.5μL/L，其他含气量都正常。该主变压器运行至今状态良好，没有异常。

电弧放电故障案例 5

1. 设备情况简介

某变电站 1 号主变压器一次主电流互感器（LB7-220W2）于 2005 年 12 月 25 日投运，2009 年 4 月 3 日发现油中氢气含量超过注意值，试验人员及时对其进行色谱跟踪监测，2009 年 4 月 16 日由设备厂家进行脱气处理。2010 年 4 月 8 日跟踪监测发现，油中氢气及总烃含量超过注意值，总烃中的主要成分为甲烷，另含有少量乙炔。当日进行重复跟踪监测发现油中氢气及总烃含量有增长趋势，油色谱数据见表 4-6。

表 4-6　　　　1 号主变压器一次主电流互感器 V 相油色谱检测数据（μL/L）

时间	H_2	CH_4	C_2H_6	C_2H_4	C_2H_2	总烃	CO	CO_2
2009 年 4 月 3 日	231.2	2.4	0.2	0.0	0.0	2.6	163.9	342.2
2009 年 4 月 16 日	3.6	1.6	0.0	1.9	0.0	3.5	16.5	658.6
2009 年 9 月 17 日	50.3	1.0	0.2	0.1	0.0	1.3	57.9	305.0
2010 年 4 月 8 日	12860.0	375.3	24.9	0.3	0.5	400.9	52.7	334.8
2010 年 4 月 8 日	12936.0	490.5	37.2	0.4	0.6	528.6	19.2	290.4

2. 故障分析

三比值法编码为"110"，故障类型为电弧放电故障。一般情况下，当电流互感器油中存在较高含量氢气、甲烷时，能证明设备内部存在典型的局部放电故障，属于夹层局部放电；当故障继续发展后部分设备会出现乙炔组分，此时发展为电弧放电。

3. 故障确认及处理

通过 1 号主变压器电流互感器 V 相运行记录可以查出该设备原来为单纯氢气超过注意值，后经过脱氢处理，处理后氢气很快增长且严重超过注意值，同时产生甲烷和乙炔。分析认为，该电流互感器在脱气过程中存在工艺缺陷，导致内部进入空气或杂质，加速缺陷的发生；故障设备返厂解体，均在电容屏间发现 X 蜡，而且故障部位主要集中在电流互感器一次绕组收腰部位的第 3～5 层电容屏间，综合分析结论为设备出厂干燥不良。

⚙ 电弧放电故障案例 6

1. 设备情况简介

某电厂有两台联络变压器，分别为 7 号联络变压器和 8 号联络变压器，1990 年安装，该设备为西安变压电炉厂制造，型号 OSFPSZ-240000/330，内充 25 号变压器油约 60t，强油风冷，自重 186t，承担着该电厂变电系统 330、220、35kV 三个电压等级之间的相互转换和提供机组启动/备用电源，8 号联络变压器于 1994 年 9 月投入正式运行。于 1994～1999 年间从 8 号联络变压器的油色谱分析结果并结合其他电气试验，判断出多起不同程度的过热故障和放电性故障，均进行了及时检修处理。1999 年设备检修并滤油处理后投入运行，至 2008 年间设备本体没有发生任何故障，油色谱分析结果均正常。

2008 年 4 月该变压器停运进行电气试验、清扫等例行春检维修工作，相关电气试验合格后投入运行。5 月 27 日设备通电运行 1 天后对本体变压器油取样做油色谱等相关试验，发现油中乙炔超标，含量为 33.91μL/L，判断该设备存在电弧放电故障；第二天又对有载分接开关三个油室的变压器油取样进行油色谱分析，排除了有载分接开关向本体漏油的可能性，此时各相关电气试验正常；由于设备不具备立即停电退出运行条件，之后连续 10 天对设备变压器油取样进行油色谱分析，各组分稳定并有下降的趋势。由于故障发生于设备停运后的重新启动阶段，很可能是设备油箱内已存在的金属异物发生位移，搭在某关键部位，导致铁芯局部短路形成环流，引起高能放电；金属异物放电后烧损，故障发展停滞。对设备加强监督，油色谱试验频率提高到一天一次。随着乙炔含量逐步下降，至 2009 年 6 月乙炔含量完全检测不到，其后恢复到正常的检测周期。

部分油色谱数据见表 4-7。

表 4-7 油色谱数据（L/L）

时间	H_2	CH_4	C_2H_6	C_2H_4	C_2H_2	总烃	CO	CO_2
2008 年 4 月 24 日	7.0	4.5	10.4	44.8	0.0	59.7	630.0	2383.3
2008 年 5 月 27 日	75.8	7.2	3.3	26.6	33.9	71.0	781.4	2473.3
2008 年 5 月 28 日	70.8	5.7	3.2	25.1	31.6	65.6	743.8	2431.8
2008 年 5 月 29 日	80.9	8.2	4.8	24.8	29.0	66.8	806.8	2491.8
2008 年 5 月 30 日	72.4	7.9	3.4	22.4	28.2	61.9	728.7	2392.7
2008 年 5 月 31 日	76.1	6.7	3.0	23.5	26.6	59.8	771.2	2387.5
2008 年 6 月 5 日	70.0	8.0	3.3	21.7	26.6	59.6	719.1	2317.0
2008 年 6 月 16 日	73.0	7.4	4.1	22.5	26.6	60.6	733.6	2539.6
2008 年 8 月 12 日	58.0	15.2	4.9	27.2	10.9	58.2	405.6	2945.4
2008 年 12 月 31 日	49.4	16.8	6.4	31.7	8.3	63.2	717.0	3005.9
2009 年 2 月 23 日	39.2	15.5	5.8	30.7	4.0	56.0	651.0	2907.4

2008 年 4 月 29 日 8 号联络变压器有载分接开关油室的油色谱分析结果见表 4-8。

表 4-8 有载分接开关油室色谱分析结果（μL/L）

部位	H_2	CH_4	C_2H_6	C_2H_4	C_2H_2	总烃	CO	CO_2
A 相	337.1	46.9	2.0	38.2	147.8	234.9	326.2	1085.9
B 相	480.4	55.6	9.3	54.3	192.8	312.0	318.2	1082.0
C 相	482.4	55.2	5.3	53.8	226.5	340.8	268.6	914.1

2. 故障分析

2011 年 4 月 25 日 20 时 19:58，8 号联络变压器差动保护动作并发生轻瓦斯动作信号；同时 2 号启动备用变压器差动保护动作。故障发生后立即对故障原因进行分析，并取样进行气相色谱分析，分析数据见表 4-9。

表 4-9 色谱分析数据（μL/L）

部位	H_2	CH_4	C_2H_6	C_2H_4	C_2H_2	总烃	CO	CO_2
绝缘油	461.4	89.8	13.1	130.2	185.7	418.8	707.4	4482.2
瓦斯气体	5499.4	4607.1	751.9	7350.7	22842.0	35551.7	3855.1	3304.1
气样换算为平衡状态下的油中溶解气体浓度	330.0	1796.8	1729.4	10732.0	23299.0	37557.2	462.6	3039.7

三比值法编码为"112"，在相关电气试验还没有进行以前，即可根据化验结果判断出该设备存在严重的电弧放电故障。

3. 故障确认及处理

2号启动备用变压器35kV电缆启动备用变压器侧C相有一根电缆头爆裂（4根并接），如图4-7所示。

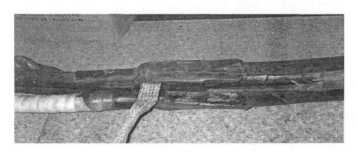

图4-7 启动备用变压器侧C相一根电缆头爆裂

27日8号联络变压器进行放油进箱检查，打开35kV变压器手孔，发现35kV电流互感器二次引线对A相出线（靠近端部）有放电痕迹，旁边的上铁轭夹件支板上也有放电痕迹，证实了色谱分析判断基本正确。A相出线（靠近端部）的放电痕迹如图4-8所示。

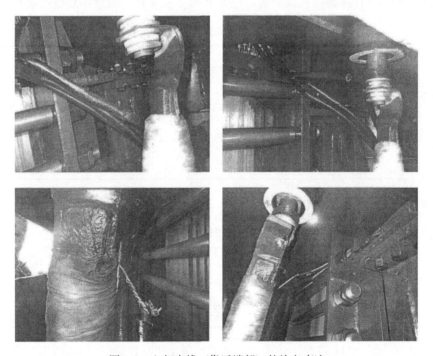

图4-8 A相出线（靠近端部）的放电痕迹

根据保护动作情况及故障后的检查情况，认为电缆相一根电缆头由于质量原因，在运行中发生热击穿，对地放电；8号联络变压器的35kV A相TA的二次引线与35kV A相出线距离太近，基本已经碰在一起，在油流中长期与A相出线碰撞摩擦，二次引线绝缘套管已损伤，当35kV A相出线电压上升为线电压时，发生击穿放电，电弧将二次引线烧断后，由于距离减小，对上铁轭夹件支板击穿放电；35kV系统为不接地系统，当C相一根电缆头对地击穿放电后，A、B两相上升为线电压，导致8号联络变压器的35kV A相出线对A相TA的二次引线及上铁轭夹件支板击穿放电，致使35kV系统形成A、C相间短路，差动保护动作；由于8号联络变压器内部35kV侧发生高能量电弧放电，使8号联络变压器的本体释压器动作并喷油。

⚙ 电弧放电故障案例 7

1. 设备情况简介

该主变压器型号为SFSZ9-31500/110，出厂时间2000年3月，投运时间2000年12月。主变压器套管型号为BRDLW-110/630，出厂时间2000年2月。

2. 故障分析

2006年5月20～21日连续降雨，降雨量37mm，21日白天天气阴，有中雨，气温19℃。根据故障录波图及主变压器保护装置分析，反映U相故障电流600A，V、W相故障电流300A，故障可能发生在绕组内部，而不是在外部引线部位。故障发生后对其进行高压试验和主变压器油色谱分析，色谱数据见表4-10，以判明故障基本状况。

表4-10　　　　　　　　　　故障发生后油色谱分析数据（μL/L）

试验日期	H_2	CH_4	C_2H_6	C_2H_4	C_2H_2	总烃	CO	CO_2
2005年6月13日（本体油）	11.0	14.5	3.1	2.0	0.0	19.6	962.0	2753.0
2006年5月21日（本体油）	313.5	41.7	5.4	25.1	53.9	126.1	957.9	2481.9
2006年5月21日（瓦斯气体）	2254745.0	4953.4	19.0	1019.2	5113.0	11104.6	64756.0	2910.0

故障前后变压器油理化指标对比见表4-11。

表4-11　　　　　　　　故障前后变压器油理化指标对比（μL/L）

变压器油理化指标	水溶性酸	酸值 mgKOH/g	闪点（℃）	机械杂质	游离碳	击穿电压（kV）	微量水（μL/L）
2005年6月13日	6.2	0.03		无	无	55	—
2006年5月21日	—	0.11	156	无	无	48	3

由表4-10和表4-11可知，此次故障之前，该主变压器2005年06月13日的例行油色谱数据正常；故障发生后，乙炔、总烃及各种特征气体的含量均有较大幅度增长，乙炔、氢气、总烃含量分别达到了53.9、313.5、126.1μL/L，三比值法编码为"102"，根据DL/T 722《变压器油中溶解气体分析和判断导则》，故障类型应属电弧放电故障（即存在绕组、线饼、线匝之间或绕组对地之间的电弧击穿），确认主变压器本体内

部发生了严重的放电故障。

瓦斯游离气体中 CO、H_2、CH_4、C_2H_2 均高，说明存在突发的匝、层间电弧放电造成的击穿，不饱和气体未能充分溶解就已释放到瓦斯中；变压器油样中检出微量水，印证了变压器故障时油浸纸的水分在高能放电时析出溶入油中。为了进一步查找故障点及故障原因，结合变压器油色谱分析结果，对该变压器进行了相关绝缘测试。

故障后，在5kV测试电压下进行绝缘电阻和吸收比测试，变压器绕组介质损耗因数及电容量测试数据均符合 DL/T 393《输变电设备状态检修试验规程》相关要求，数据见表4-12。

表 4-12 绝缘电阻和吸收比

测试部位及项目	绝缘电阻（MΩ）		吸收比
	15s	16s	
高、中、低、地	25000	30000	1.2
中、高、低、地	18000	25000	1.4
低、高、中、地	20000	35000	1.8

频响法曲线采用相间分析表明，高、中、低压绕组频率响应曲线非常相似，存在差异非常少，频率响应曲线如图4-9～图4-11所示。

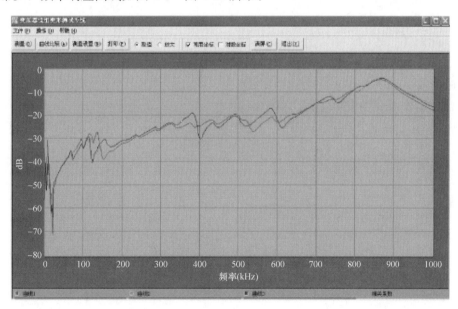

图 4-9 高压侧

2006年5月21日（故障后），上层油温30℃，使用3391A测试装备测试变压器绕组的直流电阻，高压侧U相绕组测试显示为异常状态，级差电阻不规则，大部分在20mΩ左右（正常在10mΩ左右），三相间互差最大达到7.28%，排除人为测试因素的影响后，说明U相绕组存在匝间、层间短路的可能；V、W两相未见异常，其他两侧测试结果也未见异常。综合分析上述各项试验的结果后，发现该变压器的整体绝缘系统

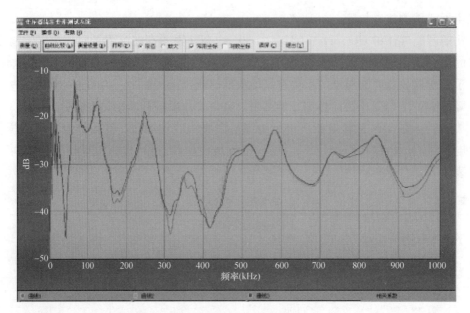

图 4-10　中压侧

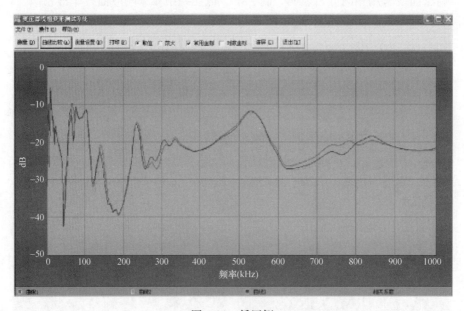

图 4-11　低压侧

在故障前后是处于良好状态；该变压器高压侧 U 相绕组存在故障，判断该变压器在突发电路故障后，在导电回路即绕组部分可能出现电弧放电，导致绕组匝间、层间击穿。

3. 故障确认及处理

现场对该变压器进行吊罩检查发现，高压侧 U 相绕组的上部调压绕组扭曲变形严重，绑扎带受力膨断，围屏有撕裂痕迹，有放电现象；导线烧损，绝缘层破损，导线外露，绕组存在多处放电及短路点；第 2 饼和第 3 饼间击穿（如图 4-12 所示），第 2、3、

4、7、8分接绕组线匝完全烧断，第5、6、9分接绕组部分烧断。绕组有严重的电弧放电烧伤痕迹，电弧放电是导致主变压器出现油色谱含量升高的直接原因，高温的同时还使附近的绝缘纸和油碳化，产生黑色的碳化物随油向上下两侧移动，并附着在绕组表面，形成了大块黑色区域，其余引线无短路变形，解体检查证明了测试及综合诊断的分析结果。

为确定是否存在由套管向器身内部渗漏水的可能，现场对变压器套管的密封性进行了检查：在U相引出线正下方的变压器底座平面上明显有水汇聚成片，检查其底部油槽也发现明显水分；对变压器高压侧三相套管检查发现，U相套管O形胶圈已明显变形，与其下端接触的法兰盘在连接部位发黑明显，产生原因可能是由于水分浸渍，或是胶圈材质差发生了黏连，如图4-13所示。

对将军帽的四条紧固螺钉进行检查，无松动。对变压器高压侧三相套管顶部密封处的尺寸进行了测量结果发现，U相从平台至橡胶顶高度较V、W相比均低0.4mm，即U相O形胶圈的可压缩量较小；对U相套管进行了40min喷淋试验，检查发现胶圈顶部与将军帽之间有水痕；对变压器内110kV U相引线的油浸绝缘纸进行了含水量测试，发现U相油浸绝缘纸存在明显的受潮现象，这说明水是沿套管引线进入的。

图4-12　U相调压绕组故障处

图4-13　A相高压套管上端帽

电弧放电故障案例 8

1. 设备情况简介

某110kV变电站2号主变压器型号为SFSZ7-63000/110，2000年1月投运。

2. 故障分析

在2008年3月27日，发现乙炔8.2μL/L超标准值（标准值为5μL/L）。2008年5月12日进行了消缺处理：现场发现有载分接开关的绝缘杆上有放电痕迹，这是由于压紧弹簧松动造成有载开关在切换过程中不到位，发生悬浮放电，引起乙炔含量上升。在2008年的消缺工作后，乙炔含量清零。至2012年，2号主变压器的乙炔含量逐步上升。由2011年4月测得乙炔含量2.39μL/L到2012年3月稳定在最高值4.9μL/L，接近了标准值5μL/L，为密切关注状态。同时根据2008年至2011年的两次电气试验中所得数据，该主变压器绝缘良好，介质损耗值、直流电阻值合格。针对此现象，可能存在以下故障：绕组匝、层间短路；绕组熔断；分接开关飞弧放电；因环电流引起电弧；引线对电位未固定的部件或其他接地体放电。综合分析，初步排除了变压器本体的绕组匝、层间短路及绕组熔断的可能性，故障可能存在于：分接开关飞弧；因环电流引起电弧；引线对电位未固定的部件或其他接地体放电。

图4-14　2号主变压器有载绝缘筒筒壁情况

3. 故障确认及处理

根据2号主变压器的跟踪监测情况，于2012年4月27日对该设备进行滤油、检修工作。工作现场中，发现该有载开关筒体采用的是硬纸绝缘材料，筒壁上已有多处气泡，初步分析判断起泡部位为绝缘纸接缝处，且筒壁颜色已呈深褐色，如图4-14所示。因变压器有载绝缘筒为油纸绝缘，据DL/T 573《电力变压器检修导则》中油纸绝缘等级划分来看，已经处于Ⅲ级绝缘状态，即筒壁已无弹性，绝缘等级差，需要更换，同时硬纸绝缘筒壁上已有多处气泡。这是因为硬纸绝缘在使用过程中，受到环境因素的长期影响，会发生一系列的化学物理变化，导致机械和电气性能逐渐降低。

从本次现场消缺检查的情况来看，曾出现放电问题的有载开关绝缘杆外观良好，无放电现象，可排除因其而引起乙炔值上升的可能；有载开关筒体底部存在渗漏情况，初步分析在运行中，当本体油压和有载筒体内油压在筒体上达到平衡时，有载筒体内和本体内的油产生对流，使本体内油受到污染，其受污染的程度取决于有载切换开关接触部分的接触情况和分接开关切换次数（经询问运行人员，2号主变压器有载动作次数并不频繁），同时也取决于有载油和本体油之间的流通程度。这些能初步解释4年间2号主变压器乙炔含量逐步上升并稳定于4.9μL/L左右的情况。

⚙ 电弧放电故障案例9

1. 设备情况简介

某变电站1号主变压器是由山东济南西门子变压器厂制造的，型号为SFPSZ9-120000/220/110/10，采用强迫油循环风冷冷却方式和新疆克拉玛依DB-25号变压器油。该主变压器于1997年12月投入正常运行。

2. 故障分析

2001年7月24日在对该主变压器油周期色谱试验时，首次发现油中含有乙炔0.84μL/L。2002年6月26日乙炔含量突增至5.88μL/L，此后坚持缩短检测周期进行严密跟踪，发现油中乙炔含量一直呈增长趋势，直至2003年9月16日，油中乙炔含量高达14.65μL/L。

典型色谱试验数据见表4-13所示。

从表 4-13 数据可知，三比值法编码为"102"，判断主设备内部存在电弧放电故障。

表 4-13 1 号主变压器油色谱分析跟踪试验数据（μL/L）

试验日期	H_2	CH_4	C_2H_6	C_2H_4	C_2H_2	总烃	CO	CO_2
2001 年 7 月 24 日	6.1	3.1	0.6	4.7	0.8	9.2	182.3	1794.1
2002 年 6 月 26 日	24.3	4.8	1.5	9.3	5.9	21.5	381.3	2737.4
2002 年 8 月 21 日	29.4	7.5	2.4	14.5	8.1	32.5	457.3	3088.0
2002 年 10 月 11 日	20.0	8.1	2.2	16.3	10.0	36.6	418.7	2601.9
2003 年 4 月 1 日	43.7	8.4	2.5	17.0	12.6	40.5	427.0	2826.0
2003 年 9 月 16 日	31.9	8.8	3.0	18.4	14.6	44.8	309.5	3179.8

3. 故障确认及处理

2003 年 9 月 25 日主变压器停电放油后，检修人员从人孔门进入变压器找到了故障点：因顶部铁芯松动导致铁芯末极有两块硅钢片掉落在铁芯下面的金属紧固拉带上造成直接放电，硅钢片烧成了四个大缺口，拉带也严重烧伤。为满足临时运行要求，将掉落的硅钢片修剪后压回铁芯内部，并在掉落的硅钢片和受伤拉带之间加垫了两层绝缘纸板。

2004 年 2 月 17 日对该主变压器进行吊罩彻底大修，取出了松动烧损的硅钢片，再用尼龙拉带更换了已经受伤的四根金属拉带，同时加固了顶部铁芯，并对其他未更换的拉带也加装了绝缘隔板，彻底消除了故障点。故障点及故障消除后照片如图 4-15 及图 4-16 所示。

图 4-15 故障点（掉落的硅钢片和受伤的拉带）

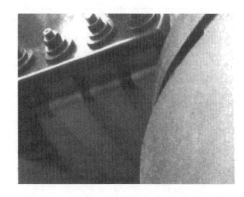

图 4-16 故障点（消除后的铁芯与拉带）

该主变压器经吊罩大修后于 2004 年 2 月 21 日重新投运，变压器油色谱跟踪试验数据见表 4-14。可见油中乙炔含量很少，而且随着时间的推移逐渐减少，可能是原油中残留的乙炔气体所致，因此可以判断该主变压器故障点已彻底消除。

表 4-14 某主变压器故障点消除后典型色谱试验数据 （μL/L）

试验日期	H₂	CH₄	C₂H₆	C₂H₄	C₂H₂	总烃	CO	CO₂
2004 年 2 月 18 日	0.0	0.9	0.0	3.6	0.7	5.2	44.5	1043.1
2004 年 3 月 26 日	2.8	1.2	0.9	3.8	1.0	6.9	42.2	1698.2
2005 年 3 月 28 日	6.2	2.2	0.9	5.3	0.4	8.8	198.1	2003.1
2006 年 3 月 20 日	14.1	3.1	1.2	5.0	0.2	9.5	229.0	2863.9

⚙ 电弧放电故障案例 10

1. 设备情况简介

某变电站 220kV 变压器，型号为 SFPSZ10-180000/220，总油量为 43.9t，由保定天威保变电气股份有限公司生产，2006 年 7 月出厂，11 月投运，设备一直正常运行，未发现异常现象。

2. 故障分析

2011 年 5 月，色谱监测数据正常，变压器油中乙炔（C₂H₂）的体积分数为 0μL/L。2011 年 7 月 27 日，在例行试验中，发现变压器油中溶解气体乙炔的体积分数增加至 3.5μL/L，其他气体的体积分数也有增加，烃类甲烷（CH₄）的体积分数增幅最大，增加至 9.5μL/L；随后加强油色谱监测，乙炔的体积分数逐渐增加至 7.0μL/L 左右，其他气体的体积分数基本稳定。2012 年 3 月 24 日，在线监测装置发现变压器油中乙炔的体积分数由 7.20μL/L 增加至 27.93μL/L，除 CO、CO₂ 外，其他气体的体积分数也相应增加。变压器油色谱数据见表 4-15。

表 4-15 变压器油色谱数据 （μL/L）

试验日期	H₂	CH₄	C₂H₆	C₂H₄	C₂H₂	总烃	CO	CO₂
2011 年 5 月 26 日	31.5	5.4	0.4	0.4	0.0	6.2	190.8	540.0
2011 年 7 月 27 日	24.3	9.5	1.0	2.0	3.5	16.0	264.2	831.4
2011 年 8 月 25 日	34.6	10.2	2.2	2.6	5.0	20.0	288.2	715.6
2011 年 9 月 29 日	39.6	10.8	2.0	3.6	5.9	22.3	301.0	738.4
2011 年 11 月 18 日	37.8	11.0	1.8	3.8	6.1	22.7	377.6	685.3
2011 年 12 月 23 日	29.7	10.8	1.8	4.2	6.7	23.1	225.7	633.8
2012 年 3 月 19 日	33.8	10.9	1.9	4.4	6.7	23.9	258.1	548.5
2012 年 3 月 24 日	65.1	15.0	4.4	12.7	6.7	38.8	244.3	670.2
2012 年 4 月 25 日	78.0	17.2	3.7	12.1	27.8	60.8	259.0	705.0
2012 年 5 月 19 日	91.5	15.2	4.3	13.2	27.0	59.7	254.0	683.0
2012 年 6 月 21 日	90.5	15.6	4.3	13.6	30.5	64.0	271.0	708.0

三比值法编码为"101"，判断主设备内部存在电弧放电故障。

2011 年 7 月 27 日，在变压器油中乙炔的体积分数出现第 1 次跳变后进行油位、潜油泵检查，铁芯接地电流监测，以及局部放电、高频局部放电试验，未发现明显放电信号；进行油箱液位检查，变压器本体油位一直指示在本体油箱 60% 位置，有载开关油位持续指示在储油柜 50% 位置，油位没有变化，对储油柜进行红外测温，未见油位变化，排除分接开关油箱向本体油箱内漏引起油色谱超标的可能性；潜油泵启动检查，潜油泵手动运行 1h 并进行油色谱分析，乙炔的体积分数没有明显变化，可以排除潜油泵绕组短路故障的可能；对该变压器铁芯接地电流测试，为 0.6mA，说明设备铁芯没有多点接地的缺陷。

2011 年 8 月 16 日，对变压器进行超声波局部放电检测，未发现明显局部放电信号。2011 年 8 月进行高频局部放电带电检测，共检测到两类信号（分类图谱中的Ⅰ簇和Ⅱ簇）。Ⅰ簇信号具备一定相位特征，放电平均幅值为 96mV，该信号放电图谱不具备局部放电信号的图谱特征，且放电波形无局部放电波形特征，Ⅱ簇信号具备明显相位特征，信号平均幅值为 120mV，该信号放电图谱具备局部放电信号的图谱特征，但放电波形无局部放电波形特征。此外对测试点相邻的变压器测试，同样测得该类信号，因此判断该类信号为尾部干扰信号。

2012 年 3 月 19 日，对该变压器停电检修，检查高、中压套管，进行例行试验和耐压及局部放电试验，均未发现异常。2012 年 3 月，该变压器检修投入运行后乙炔的体积分数发生第 2 次跳变；对该变压器进行油位、潜油泵相关检查，并进行铁芯接地电流监测，局部放电、高频局部放电试验，未发现异常。

3. 故障确认及处理

2012 年 7 月进行变压器吊罩检查。将变压器外罩吊开后，发现固定 U 相分接引线的支架与围屏表面发生局部放电故障，如图 4-17 所示。在 U 相中压侧围屏表面有树枝状放电痕迹，固定 U 相分接引线的支架上部、下部也有放电痕迹；在 U 相中压侧底部支架上发现掉落的胶垫残条，胶垫残条上有烧蚀痕迹；通过查找发现 U 相中压侧升高座底部法兰胶垫部分缺损，通过复原发现掉落的胶垫残条正是此处缺损的部分。法兰胶垫及掉落的残条如图 4-18 所示。

图 4-17　支架与围屏表面放电情况

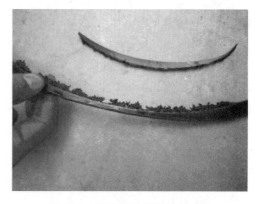

图 4-18　法兰胶垫及掉落的残条

通过对变压器吊罩检查，认为变压器安装不良造成 U 相中压侧升高座底部的法兰胶垫受力不均匀，导致部分胶垫挤压过度，在设备投入正常运行一段时间后，在设备启动或运行过程中，外界的轻微干扰造成挤压过度的 U 相中压侧升高座底部的法兰胶垫残条掉落，恰好落到 U 相分接引线的支架上，与围屏表面连接，造成局部瞬时放电故障。

查阅记录，2011 年 7 月 25 日潜油泵启动过 1 次，7 月 27 日乙炔的体积分数第 1 次跳变，分析认为变压器受外界干扰的影响，使受到挤压脆弱的胶垫残条与法兰胶垫脱离掉落到支架上，与围屏表面连接，造成局部瞬时放电，使乙炔的体积分数跳变。2012 年 3 月 24 日乙炔的体积分数第 2 次跳变，分析认为在变压器启动、油温变化等内外界环境的综合影响下，胶垫残条与围屏表面第 2 次连接，内部瞬时放电，造成乙炔的体积分数第 2 次跳变；第 1、2 次瞬时放电后，胶垫残条与围屏表面恰好未达到放电距离，变压器内部没有连续放电活动，此时电气试验正常。

图 4-19　变压器围屏局部修补示意

对变压器 U 相中压侧围屏放电部分进行局部切割，并进行修补，对中压侧分接引线等部分进行绝缘处理；更换变压器 U 相中压侧升高座底部法兰胶垫，如图 4-19 所示；对变压器油箱进行滤油处理，直到绝缘油中特征气体的体积分数为零为止。

电弧放电故障案例 11

1. 设备情况简介

某 2 号主变压器由西安变压器厂 1992 年 12 月制造出厂，型号为 OSFPS7-240000/330，1994 年 1 月安装。

2. 故障分析

1994 年 9 月 19 日及 11 月 3 日 2 号主变压器两次试投运均因油中溶解气体分析值严重超标、乙炔增长快而停运检查处理。

该 2 号主变压器油中溶解气体分析情况见表 4-16。从历次油中溶解气体分析的结果来看，2 号主变压器在试投运后不久油中的氢气、乙炔含量均超标，内部存在放电性故障。三比值法编码为 "102"，初步判定变压器内部存在电弧放电故障，可能是不同电位的不良连触点间或悬浮电位体间的连续火花放电等故障。

表 4-16　　　　　　　　　　2 号变压器油中溶解气体分析数据（μL/L）

试验时间	H_2	CH_4	C_2H_6	C_2H_4	C_2H_2	总烃	CO	CO_2
1994 年 9 月 20 日	441.2	57.9	9.5	86.7	204.9	349.5	32.8	186.0
1994 年 9 月 21 日	427.1	83.6	30.4	131.6	311.9	557.6	21.5	92.7
1994 年 9 月 22 日	420.8	87.4	12.0	135.9	339.2	574.5	23.7	124.1
1994 年 11 月 3 日	2.8	0.7	0	0	0	0.7	0	334.0
1994 年 11 月 3 日	32.7	6.9	0	10.6	24.7	42.2	6.1	84.6
1994 年 11 月 4 日	349.2	42.4	4.8	62.4	177.5	287.1	7.8	92.2

1994 年 10 月 9 日在现场进行了局部放电测试，B 相电压升到 1.0 和 1.2 倍额定相电压时局部放电量为 140pC，1.3 倍时为 160pC，1.4 倍时为 280pC，A、C 相在 1.0、1.2、1.3 倍相电压时局部放电量均在 100～200pC 之间。

由于最终测试的局部放电试验的放电值不大，与油中溶解气体分析值不对应，需进一步继续查找原因。为排除原电焊残留的可燃性气体对正确判断的影响，1994 年 10 月 20 日对该主变压器油做了彻底的脱气处理。

1994 年 11 月 3 日 13：24 带电空载运行，到当晚 21：57 轻瓦斯动作报警，23：20 检查气体继电器中积气 900cm³，放气点火闻爆炸声，23：20 停运。三比值法编码为"102"，说明变压器内部存在电弧放电故障。

3. 故障确认及处理

进箱检查发现该主变压器 A 相 330kV 套管下部的均压球脱落，掉在引线上悬浮放电；B 相高压出线的等电位连线太长，未进入均压球而电晕放电，而且 330kV 套管的将军帽的橡皮垫由于压偏进水已将引线绝缘泡涨发黑，说明其安装质量不良。

⚙ 电弧放电故障案例 12

1. 设备情况简介

某变压器 1989 年 3 月 10 日出厂，型号为 SFP7-63000/121，于 1991 年 9 月 1 日投入运行。自投运以来，运行正常，于 1995 年 5 月 1 日随机组大修。吊罩大修时，检查发现油箱底部有大量的铁屑，有 1.5～2kg，均为片状，最大有 15mm² 的面积，经现场清理，并用合格的变压器油冲洗干净后，测量其铁芯对夹件、穿心螺栓，铁芯下夹件对下油箱的绝缘电阻，均正常；装复钟罩，注入变压器油后，绝缘电阻、直流电阻、直流漏泄、介质损耗、变压比等试验结果均合格；测得铁芯一点接地对地绝缘 2MΩ，吊罩前后一样。主变压器投入正常运行后，于 1995 年 7 月首次取油样做气相色谱分析，发现有乙炔出现，但其值比较小；同时，测量其主变压器铁芯一点接地对地电位、电流时，出现铁芯一点接地电流达 1.8A。为了判别检测的正确性，缩短了油样色谱分析及铁芯检查的周期，特将油样送第三方复测，其结果基本一致，因此，决定停运检查主变压器。

主变压器吊罩后色谱分析结果及主变压器铁芯对地绝缘情况见表 4-17 和表 4-18。

表 4-17　　　　　主变压器吊罩后油色谱分析结果（μL/L）

试验时间	H_2	CH_4	C_2H_6	C_2H_4	C_2H_2	总烃	CO	CO_2
1995 年 7 月 21 日	—	2.7	2.0	10.9	1.9	17.5	105.4	1768.8
1995 年 7 月 30 日	—	1.2	1.2	9.2	1.4	13.0	77.1	1613.8
1995 年 9 月 22 日	6.7	13.0	3.5	39.9	5.1	61.5	671.1	5019.7
1995 年 11 月 17 日	21.3	16.4	4.4	47.4	5.4	73.2	859.6	4886.0
1995 年 12 月 19 日	32.0	11.6	5.0	39.6	3.6	54.8	786.0	3870

续表

试验时间	H₂	CH₄	C₂H₆	C₂H₄	C₂H₂	总烃	CO	CO₂
1996年2月7日	18.5	20.1	7.0	65.5	8.5	101.0	954.4	4826.3
1996年3月13日	39.3	21.2	9.7	74.2	8.5	109.0	1007.0	5386.5
1996年4月7日	21.8	22.0	5.5	67.6	6.7	102.5	508.8	3957.2
1996年4月22日	22.1	22.8	5.5	70.4	7.3	106.0	635.3	3598.8

表 4-18 主变压器铁芯对地绝缘情况

检测日期	铁芯对地电压 (运行状况)(V)	铁芯对地电流 (运行状况)(A)	铁芯对地绝缘 (运行状况)(MΩ)
1995年7月28日	35	1.8	1.7
1995年8月1日	35	1.3	1.5
1995年8月14日	35	1.3	1.5
1995年9月26日	56.3	0.15	0.1

2. 故障分析

特征气体 C_2H_2 的含量增长的趋势较快超过 $5\mu L/L$ 注意值，三比值法编码为 "122"，属于电弧放电故障兼过热故障。

在该主变压器吊开钟罩大修时，发现了大量的氧化铁屑，有 $1.5\sim2kg$，片状物，极有可能附在主变压器的冷却油道及铁芯和绕组上，同时根据铁芯一点接地的绝缘大修前、后均偏低，而且在大修后绝缘逐渐下降，接地电流也超标准值。因此，存在着不稳定多点铁芯接地。

由于该主变压器的特征气体 CO 和 CO_2 的增长速度较快，在大修时，检查变压器的铁芯、绕组、衬垫、纸绝缘等均无老化现象，况且，变压器新投运才五年时间，因此，认为 CO 和 CO_2 增长较快的原因，主要是由冷却器进空气造成。

综合上述三个方面原因的分析，认为：一是主变压器本体内有的地方所附的铁屑未彻底清理干净，在强迫油循环的作用下，就形成了"小桥"，同时，变压器油被金属微粒污染，造成气相色谱 C_2H_2 的含量从开始有到超标；二是变压器共有 7 组冷却器、漏点多、潜油泵本体的故障及在潜油泵的作用下形成负压区，使渗油处的地方吸进空气，造成 CO 和 CO_2 的含量增长较快。

3. 故障确认及处理

由于前一阶段对此变压器进行过吊罩，对设备内部的情况有初步的了解，此次不进行吊罩工作，主要进行以下工作：

(1) 从主变压器本体最上部进油，底部出油，使用压力式滤油机并串接一台真空滤油机，闭式循环 72h，冲洗 24h，在处理过程中，不断监测铁芯绝缘电阻。

(2) 重点逐组检查冷却器、潜油泵，杜绝在冷却器、潜油泵等地方渗油，清洗潜油泵油道，清除潜油泵轴承滤网杂质；排除因潜油泵滤网堵塞形成的负压区，不使空气进入到变压器本体。

通过上述处理后，主变压器的气相色谱测量值都趋于正常，主变压器铁芯的一点接地电流为零，通过处理后的跟踪分析，主变压器的运行状况良好。

电弧放电故障案例 13

1. 设备情况简介

某变电站 750kV 主变压器设备型号为 ODFPS-700000/750，额定容量为 700/700/233MVA，生产厂家为某变压器有限公司。

2. 故障分析

该主变压器 2011 年 9 月投运，2012 年 2 月 9 日，主变压器油在线检测系统一级报警，主变压器绝缘油中出现乙炔。2 月 10 日，主变压器乙炔含量为 2.7μL/L，增长比较缓慢，每天进行 2 次色谱数据跟踪监视。2 月 21 日，乙炔含量突增到 6.69μL/L，2 月 22 日，乙炔含量突增到 12.27μL/L。经讨论决定对主变压器进行停电检查，具体试验结果见表 4-19，绝缘油中气体含量增长趋势如图 4-20 所示。

表 4-19　　750kV 主变压器离线油色谱试验分析数据（实验室数据）（μL/L）

日期	取样时间	H_2	CH_4	C_2H_6	C_2H_4	C_2H_2	总烃	CO	CO_2
2 月 13 日	11:40	18.1	2.99	2.38	3.15	5.75	14.27	36.18	124.55
2 月 13 日	22:00	19.85	3.18	2	2.67	5.72	13.57	408	118.5
2 月 14 日	12:40	14.93	2.67	4.7	3.83	5.42	16.62	30.78	121.89
2 月 14 日	23:30	17.68	3.53	4.72	2.1	5.3	15.65	36.53	173.73
2 月 15 日	12:00	16.66	2.73	1.72	2.85	5.46	12.76	32.98	115.05
2 月 15 日	23:30	17.64	2.78	1.36	2.63	5.2	11.97	35.71	102.41
2 月 16 日	10:00	16.66	2.53	1.1	2.35	4.8	10.78	31.19	102.7
2 月 16 日	23:00	17.33	2.63	0.85	2.32	4 95	10.75	32.32	104.95
2 月 18 日	12:00	18.21	2.31	1.13	2.27	4.73	10.44	30.11	107.32
2 月 21 日	13:00	22.09	3.92	2.66	4.35	6.69	17.62	31.74	133.96
2 月 21 日	21:00	25.8	4.20	2.07	4.40	6.92	17.59	33.22	136.09
2 月 22 日	11:00	35.3	6.43	3.89	7.12	12.27	29.71	27.24	161.22
2 月 22 日	13:00	39.11	7.10	1.93	6.32	12.01	27.36	31.92	106.21

三比值法编码为"101"，判断设备存在电弧放电故障。

3. 故障确认及处理

按出厂内检项目对主变压器进行检查，内检时未发现明显放电点。在做铁芯油道绝缘电阻测试时，用 2500V 电压测试，主极油道的绝缘电阻为 0～2500MΩ，高压侧油道绝缘电阻为 0～20MΩ，低压侧油道绝缘电阻为 0～10MΩ，试验时内部有明显放电声，试验结果不符合 DL/T 596《电力设备预防性试验规程》要求（2500V 变压器浸油后油道间隙的绝缘电阻应为大于 50MΩ，现场实际为 0～20MΩ）。初步判断绝缘油乙炔超标

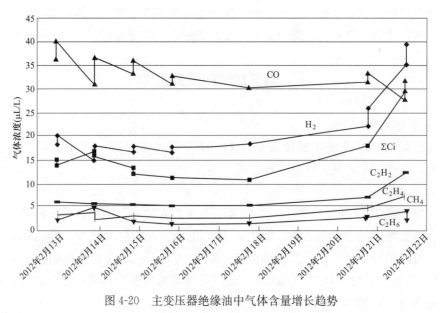

图 4-20　主变压器绝缘油中气体含量增长趋势

是由于主变压器铁芯的油道绝缘不良引起，需返厂进行吊罩处理，现场内检图片如图 4-21 和图 4-22 所示。

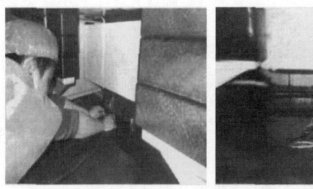

图 4-21　铁芯油道绝缘电阻测试

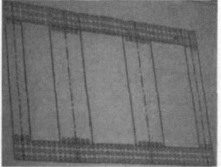

图 4-22　铁芯油道绝缘垫片及结构图

主变压器返厂后对铁芯油道进行解体检查，发现 Y 柱靠近下铁轭处有明显的放电痕迹，铁芯高压侧油道（Y 柱靠近下铁轭处）如图 4-23 所示。

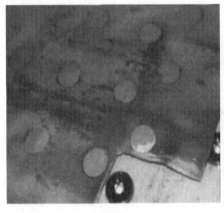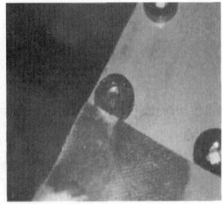

图 4-23 铁芯高压侧油道（Y 柱靠近下铁轭处）

由于铁芯油道绝缘方式设计不合理，从而引起铁芯油道绝缘电阻不符合设备制造相关标准，是主变压器乙炔超标的主要原因。

返厂检修后，对主变压器高、低压侧及主级油道绝缘方式进行以下改进：对原有铁芯油道绝缘材料进行更换，采用绝缘撑条，消除主变压器在运行中由于铁芯油道绝缘不良引起油中乙炔超标的隐患。改进后铁芯油道结构如图 4-24 所示。

图 4-24 改进后铁芯油道结构

750kV 主变压器返厂检修后投入运行，截至目前，设备运行正常。试验数据见表 4-20。

表 4-20   750kV 主变压器投运后离线油色谱试验分析数据（实验室数据）（μL/L）

分析时间	H_2	CH_4	C_2H_6	C_2H_4	C_2H_2	总烃	CO	CO_2
投运第一天	1.11	0.23	0	0	0	0.23	16.31	83.99
投运第四天	1.72	0.45	0	0	0	0.45	19.12	63.96
投运十天	2.08	0.48	0	0	0	0.48	20.96	65.20
投运三十天	2.22	0.39	0	0	0	0.49	39.02	122.49

⚙ 电弧放电故障案例 14

1. 设备情况简介

某 100kV 变压器型号为 SZ10-50000/110，2001 年 10 月出厂，2001 年 12 月投入运行。

2. 故障分析

2009 年 2 月 26 日，常规油样试验时发现 C_2H_2 含量为 7.22μL/L，大于 5μL/L，已超过规定的注意值，具体油色谱跟踪数据见表 4-21。

表 4-21　　　　　　　　气相色谱跟踪数据表 （μL/L）

日期	H_2	CH_4	C_2H_6	C_2H_4	C_2H_2	CO	CO_2	总烃
2007 年 6 月 25 日	4.79	5.3	1.3	0.76	0.84	179.76	1927.36	8.2
2008 年 6 月 19 日	19.7	14.15	3.13	2.91	3	1052.61	5093.34	23.19
2009 年 2 月 26 日	31.48	22.91	4.46	5.13	7.22	713.5	4001	39.72
2009 年 6 月 5 日	35.26	21.43	3.91	4.42	9.87	809.96	4791.36	37.71

从表 4-21 中可以看出，变压器油中特征气体在近三年来呈逐年递增趋势，尤其是 C_2H_2，在 2008 年 6 月已达到 3μL/L，接近 DL/T 722《变压器油中溶解气体分析和判断导则》规定的注意值（5μL/L），怀疑内部有放电存在，因此，决定缩短测试周期，制定了具体方案进行跟踪监督。到 2009 年 2 月已超过注意值（5μL/L），三比值法编码为"101"，判断设备内部存在电弧放电故障。

3. 故障确认及处理

在初步确定变压器内部确有放电存在后，检修人员立即申请了停运，并对变压器进行电气试验分析。

2009 年 6 月 2 日做了主变压器大修前全套试验，项目有直流电阻、绕组及铁芯的绝缘电阻、吸收比、介质损耗因素 $tanδ$、短路阻抗、绕组对其他绕组及地的泄漏电流等。介质损耗及电容量测试见表 4-22，并将每年数值换算至初值温度 22℃。

表 4-22　　　　　　　　介质损耗及电容量测试数据比较

测试时间：2001 年 11 月 21 日（初值，温度 22℃）				
绕组	$tanδ$ （%）	$Δtanδ$ （%）	C_x （pF）	$ΔC_x$ （%）
高-低、地	22.4	—	10110	—
低-高、地	51.2	—	18138	—
测试时间：2003 年 1 月 21 日（初值，温度 37℃）				
绕组	$tanδ$ （%）	$Δtanδ$ （%）	C_x （pF）	$ΔC_x$ （%）
高-低、地	16	−28	10070	−0.4
低-高、地	26	−49	17920	−1.2

续表

测试时间：2005 年 3 月 18 日（初值，温度 35℃）

绕组	tanσ（%）	Δtanσ（%）	C_x（pF）	ΔC_x（%）
高-低、地	18	—20	10060	—0.49
低-高、地	26	—49	17840	—1.64

测试时间：2009 年 6 月 2 日（初值，温度 26℃）

绕组	tanσ（%）	Δtanσ（%）	C_x（pF）	ΔC_x（%）
高-低、地	18	—20	10020	—0.89
低-高、地	28	—45	17770	—2.03

注 Δtanσ（%）表示本次试验值与初始值（2001 年 11 月 21 日）的变化程度，计算方法为（本次实验值—11
月 21 日值）/11 月 21 日值×100%。以 1 月 21 日高-低、地组为例，Δtanσ（%）=（0.16—0.224）/
0.224×100%=—28%。

从表 4-22 可以看出，2001 年投产至 2009 年 6 月 2 日，介质损耗值与电容量均在合格范围内，介质损耗虽然在 2003 年降低较多，但在 2005 年、2009 年变化则几乎无明显变化，只是高低压侧的电容量逐年有略微减小的趋势。

短路阻抗测试值见表 4-23，2009 年 6 月 2 日所测得的数据与 2005 年测得的数据以及额定值比满足 DL/T 596《电力设备预防性试验规程》小于 2%要求。因此，从常规电气试验中无法判断绕组是否有变形或其他异常存在。

表 4-23　　　　　　　　　短路阻抗测试数据比较（额定挡位）

时间	ZN（%）	ZX（%）	△（%）	初值差（%）
2005 年 3 月 18 日	15.36	15.371	07	0
2009 年 6 月 2 日		15.355	—03	0.1

为了尽快消除设备的隐患，决定吊罩检查，2009 年 6 月 6 日主变压器钟罩吊起后，对变压器进行了全面详细的检查。检修人员发现变压器绕组的夹件压钉横向及纵向共有 8 颗松动，如图 4-25 和图 4-26 所示；有 3 颗产生悬电位放电，在夹件压钉周围有黑色的放电痕迹，如图 4-25 所示；同时，变压器铁芯硅钢片有轻微移位，裂开约 2mm，如图 4-27 所示，说明变压器在运行中，夹件压钉存在松动现象，且由于变压器自身振动，使得压钉越来越松动，从而导致松动的夹件压钉悬浮产生局部放电；同时，多颗夹件压钉的松动，导致绕组饼间局部产生松动以及绕组的晃动，在绕组局部电容发生变化以及硅钢片产生相对位移。

本次故障发生的可能原因有以下几个方面：①绕组在安装过程中因安装人员没有检查仔细，绕组夹件压钉没有紧固，而变压器在长期运行中，铁芯及绕组的振动，导致绕组夹件压钉松动而产生的悬浮放电，夹件压钉松动后，导致变压器绕组固定不牢，出现部分移位；②变压器遭受不良工况，如出口短路等，从而使绕组产生巨大的电动力，导致变压器绕组整体移位，从而使夹件压钉松动，并产生悬浮放电；③夹件压钉本身有缺

图 4-25 绕组纵向紧固螺栓松动产生局部放电

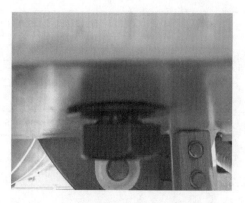

图 4-26 绕组横向紧固螺栓松动明显

陷，如螺栓与螺孔匹配不良，在变压器长期振动中容易松动，从而使得夹件压钉脱开夹产生悬浮放电，并使得绕组松动，产生移位。

根据综合测试数据及厂方人员意见，变压器常规试验数据符合要求，无劣化趋势，且铁芯轻微移位对变压器运行影响较小，可以暂时运行，但将无法承受短路冲击。检修人员更换了绕组夹

图 4-27 铁芯硅钢片有位移

件夹件压钉，并且确定无其他故障后，将变压器绕组经过干燥处理后，重新安装，在经过滤油后真空注油，并静止 48h 后，进行相关电气试验检查，各项数据合格，高、低压侧绕组的频率响应特性基本与 2005 年试验数据一致。于是将变压器投入运行至今，该变压器运行良好。

⚙ 电弧放电故障案例 15

1. 设备情况简介

某 220kV 变压器为葫芦岛电力设备有限公司 2006 年 10 月产品，型号为 SFP11-180000/220，油重 31.5t。2006 年 12 月 12 日 12 时，按照原计划 2 号变压器开始空载运行，13 日正式带负荷运行。投运当天和 1 天、3 天、1 周、2 周共进行了 6 次试验，试验期间，运行负荷一直稳定在 60MVA 左右，色谱数据正常。

2. 故障分析

1 月 9 日，由于 1 号主变压器停电检修，将 1 号主变压器的负荷转到 2 号主变压器上，2 号主变压器负荷增加至 100MVA 左右，直到 2007 年 1 月 12 日油色谱数据异常被迫停止运行，试验结果见表 4-24。

表 4-24 投运后 1 个月油色谱试验数据（μL/L）

日期	H_2	CH_4	C_2H_6	C_2H_4	C_2H_2	CO	CO_2	总烃
2006 年 12 月 25 日	2.48	0.32	0.1	0.28	0.5	25.92	177.21	0.75
2007 年 1 月 12 日	166.67	17.17	0.18	31.57	47.61	64.14	225.83	96.53

由表 4-24 可知，乙炔和氢气均超过注意值，复试确认后，将变压器停止运行。变压器投运至今本体及附件等都未曾动过火焊，潜油泵运行正常。因此，可以确认是变压器内部潜伏性故障。

三比值法编码为"102"，判断设备内部存在电弧放电故障。

3. 故障确认及处理

经过专业人员检查，发现变压器一次侧 A、B 相之间上的铁轭有一条夹紧拉带的绝缘管失去绝缘作用（可能是安装工艺问题或者是由于变压器本身的振动将绝缘管挤压变形所致），使夹紧拉带与上铁轭搭接，形成短路环，巨大的感应电流造成铁拉带的一端的端部高温熔化（螺杆已经烧掉直径的 1/3 左右），绝缘管端部炭化，金属垫圈部分熔化；另一端（低压侧）等电位拉带的接地线熔断（如图 4-28 和图 4-29 所示），但轻、重瓦斯没有动作。其原因是形成短路环只发生在一瞬间，$16mm^2$ 的铜制拉带地线承受不了上千安的电流，随即被烧断，可能产生以下两种情况。

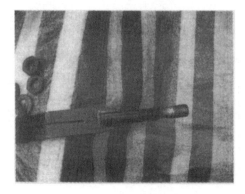

图 4-28 拉带一端熔化部分

图 4-29 拉带接地线烧断部分

（1）拉带另一端被"焊接"在上铁轭上（这种"焊接"是非常脆弱的），拉带"被动"接地，故障反而消除了。

（2）拉带另一端"焊接"不牢，产生悬浮电位，对上铁轭产生"悬浮放电"，这种故障的能量很小。

以上两种情况暂时消除或减缓了事故的进一步扩大，因此，变压器的轻、重瓦斯没有动作。如果故障不能及时发现并消除，拉带可能会掉下来碰到下面的绕组或放电产生的金属碎末进入绕组，后果将不堪设想。

🔧 电弧放电故障案例 16

1. 设备情况简介

某抽水蓄能电厂 2 号主变压器是法国 GECALSTHOM 公司产品，1991 年出厂，设备编号为 224869-01，1992 年 6 月投入运行。主变压器容量为 340MVA，电压等级为 500kV，油总量 51t，是全密封式三相变压器，采用强迫油循环水冷却方式。主变压器自投运后至 1997 年 9 月的 5 年间，油色谱监测一直正常。

2. 故障分析

在 1997 年 12 月 5 日的常规预防性试验中发现油色谱分析异常：氢含量 198μL/L，总烃为 96μL/L，乙炔含量达 22.5μL/L。这三项指标均比三个月前的试验结果有大幅度增长；总烃绝对产气速率 2.2mL/h，相对产气速率高达 159%/月，其中，乙炔含量从零突然增长到 22.5μL/L，已超出规定注意值 23 倍。2 号主变压器油色谱分析数据见表 4-25。

表 4-25　　　　　　　2 号主变压器油色谱分析数据 （μL/L）

日期	H_2	CH_4	C_2H_6	C_2H_4	C_2H_2	总烃	CO	CO_2	备注
1997 年 3 月 14 日	13.0	10.0	3.3	1.4	0.0	14.7	290.0	1431.0	
1997 年 6 月 6 日	13.0	11.0	3.6	1.3	0.0	15.9	293.0	1838.0	
1997 年 9 月 5 日	11.0	12.0	3.4	1.2	0.0	16.6	340.0	1987.0	故障前
1997 年 12 月 5 日	198.0	39.0	7.1	27.0	22.5	95.6	240.0	1468.0	故障后
1997 年 12 月 5 日	255.0	48.0	8.3	33.0	29.8	119.1	378.0	2070.0	复检
1997 年 12 月 10 日	268.0	49.0	9.6	41.0	34.0	133.6	348.0	1762.0	12.6 停运复检
1997 年 12 月 17 日	279.0	41.0	9.7	42.0	34.0	126.7	378.0	1739.0	复检

三比值法编码为"102"，判断设备存在电弧放电故障。

3. 故障确认及处理

为了更进一步确定变压器的故障部位，首先进行了三相绕组的直流电阻测量，结果未发现异常；然后，在法国专家指导下，于 1998 年 1 月 23 日采用了局部放电-超声波定位方法，在现场进行定位测试。同时，在变压器三个不同部位取油样进行油色谱分析，以观察油样中各组分含量变化。为避免原变压器油组分含量高所造成的误差，在进行定位测试前，先对主变压器油进行 48h 过滤，然后在电压为 $1.2U_N$、$1.3U_N$、$1.4U_N$ 的情况下进行局部放电测试。虽然现场测试结果仍无法确定故障部位，但油色谱分析发现，右上部位油样各组分有明显变化，特别是乙炔含量有明显增加，而其余取样口油样各组分含量基本不变。这表明故障部位很可能在 C 相位置，油色谱数据见表 4-26。

表 4-26 第一次局部放电后色谱分析数据（μL/L）

日 期	取样部位	H_2	CH_4	C_2H_6	C_2H_4	C_2H_2	总烃	CO	CO_2	备注
1998年 1月23日	右上口	痕	0.2	0.0	0.5	1.5	2.1	10.0	454.0	油过滤48h后， 第一次局部放 电前
	右下口	痕	0.2	0.0	痕	1.4	1.6	11.0	205.0	
	左下口	痕	痕	0.0	0.5	1.7	2.2	12.0	219.0	
1998年 1月23日	右上口	56.0	13.0	2.4	22.0	22.1	59.5	14.0	223.0	第一次局部放 电后，立即取样
	右下口	1.7	0.4	痕	0.9	2.0	3.3	10.0	196.0	
	左下口	0.7	0.1	0.0	0.7	1.5	2.3	12.0	289.0	
1998年 1月25日	右上口	23.0	5.6	1.9	9.7	1.5	18.7	22.0	298.0	第一次局部放 电后，48h取样
	右下口	26.0	6.7	2.8	8.3	1.5	19.3	20.0	322.0	

　　为了进一步证实变压器故障部位，在对变压器油进行再次过滤后，再进行第二次局部放电测试。第二次加压试验从 $1.0U_N$ 开始进行，加压 3h，当时在试验过程中听到变压器内部右上方有间歇性放电声，测试仪器显示的放电量随之增大；当继续加压到 $1.2U_N$ 时，听到连续不断的放电声，而且声音越来越大，测试仪器无法读取试验数据（已超出量程）；3h后，立即从各部位取油样进行油色谱分析，结果右上部位油样各组分含量剧增，右下部位油样各组分亦有明显变化，而左下部位油样各组分基本不变。局部放电试验后24h再从各部位取油样试验，结果各部位油样组分趋于平衡，从而证明变压器内部存在严重的放电性故障，且故障部位在 C 相位置，油色谱分析数据见表4-27。

表 4-27 第二次局部放电后色谱分析数据（μL/L）

日期	取样部位	H_2	CH_4	C_2H_6	C_2H_4	C_2H_2	总烃	CO	CO_2	备注
1998年 2月9日	储油柜油	0.0	0.0	0.0	0.0	0.0	0.0	4.2	120.0	第二次油过 滤后
	右上口	0.0	0.0	0.0	0.5	0.7	1.2	10.0	168.0	
	左下口	0.0	0.0	0.0	痕	痕	0.0	7.5	133.0	
1998年 2月21日	右上口	2.0	0.2	0.4	1.1	2.9	4.6	6.9	202.0	第二次局部放 电前
	右下口	2.4	0.2	0.5	1.3	2.7	4.7	6.8	164.0	
	左下口	1.6	8.0	0.0	0.9	1.8	10.7	6.5	152.0	
1998年 2月21日	右上口	1229.0	417.0	82.0	1045.0	1.8	1545.8	687.0	301.0	第二次局部放 电后立即取样
	右下口	393.0	66.0	8.1	114.0	1.8	189.9	116.0	233.0	
	左下口	1.5	0.2	1.0	1.4	2.1	4.7	6.5	132.0	
1998年 2月22日	右上口	835.0	208.0	33.0	455.0	616.0	1312.0	418.0	240.0	第二次局部放 电后24h取样
	右下口	1046.0	223.0	41.0	485.0	656.0	1405.0	459.0	176.0	
	左下口	202.0	47.0	8.1	91.0	129.0	275.1	96.0	220.0	

　　在对 2 号主变压器进行了认真分析和讨论之后，决定进行吊罩检查。1998年3月26日，在法国专家同意和指导下，对 2 号主变压器进行开封切割，并将箱壳吊离本体，发现 C 相高压侧引线的周围纸板上有放电击穿和烧焦痕迹，形同树枝状；另在第一层围

屏纸板上还发现纸板内层有多处鼓泡现象，C相绕组有数点放电黑点。这就证实了油色谱分析的正确性，同时也说明开展油色谱监测以及严格执行预防性试验规程的重要性和必要性，有效地防止了一场重大事故的发生。

⚙ 电弧放电故障案例 17

1. 设备情况简介

某220kV变电站2号主变压器型号为SFSZIO-180000/220。

2. 故障分析

在1次年终例行的油色谱试验中发现乙炔含量出现显著上升，引起运行人员的注意并在后续1个月中持续进行跟踪，油色谱分析结果见表4-28。

表 4-28 油色谱分析结果

日期	H_2	CH_4	C_2H_6	C_2H_4	C_2H_2	总烃	CO	CO_2
2015 年 6 月 26 日	13.6	17.7	4.4	7.4	2.5	32.0	372.0	3264.0
2015 年 12 月 1 日	22.8	23.7	5.6	15.1	5.2	49.6	350.3	3119.9
2015 年 12 月 10 日	24.4	23.8	5.7	15.6	5.5	50.6	375.6	3142.1
2015 年 12 月 25 日	31.1	27.5	6.4	19.4	7.4	60.7	385.8	3087.9
2015 年 12 月 29 日	32.5	28.1	6.9	20.6	7.4	63.0	357.7	3177.6

三比值法编码为"121"，判断设备存在电弧放电兼过热故障。

3. 故障确认及处理

鉴于该台主变压器所带负荷为重要负荷，同时乙炔含量没有出现突然变大，因此没有安排主变压器立即停运，而是通过其他带电检测手段，如红外测试、高频局部放电检测、超声波局部放电检测等，对该主变压器进行深入分析和监视，均未发现异常情况。

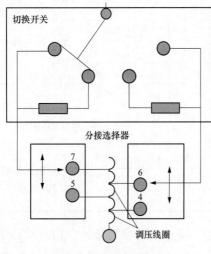

图 4-30 分接开关接线
4、5、6、7—分接开关挡位

因各种带电检测数据均未表现任何放电或过热缺陷，与油色谱数据中的特征气体含量稳步上升产生矛盾，故初步怀疑有载分接开关油箱与本体油箱存在渗漏可能性。有载分接开关为变压器运行中的重要附件，也是稳定电压的关键部件，随负荷情况调节电压输出范围；有载分接开关由切换开关和分接选择器组成，其中切换开关部分作为拉弧的主要部件，起到了带负载电流切换的作用。有载分接开关的组成原理如图4-30所示（图中数字为挡位）。有载分接开关需要在带电情况下切换分接位置，在其油箱内必然存在放电拉弧现象，因此有载分接开关油箱内存在乙炔、氢气等放电气体成分属正常现象。为防止含有故障特征气体的变压器油进入本体油箱，必须保证分接开关油箱与本体油箱的密封性。

为进一步验证上述猜测，自 2016 年 1 月 19 日起该台主变压器的有载调压开关停止切换，并持续检测其油色谱数据变化情况发现，在暂停有载调压开关切换操作之后，油色谱数据中的特征气体乙炔（C_2H_2）和氢气（H_2）在峰值过后均出现了明显下降，因此有理由怀疑分接开关油箱与本体油箱存在部分渗漏情况。

为进一步验证分接开关存在渗漏情况，在征得调度同意后，将 2 号主变压器安排停电转检修，在停电试验中对变压器进行了直流电阻、变比、介质损耗测试，同时按照 DL/T 596《电力设备预防性试验规程》进行了局部放电试验，均未发现任何异常，进一步验证了变压器本体油色谱分析中的特征气体不是来自变压器绝缘缺陷和内部放电。

分接开关油箱正常运行时，其中的油与变压器本体油不存在联通关系，为检查其油箱与本体密封性问题，在停电检修时将分接开关的油箱排空后，向变压器本体油箱注入干燥并有一定压力的空气（保持压力 0.2MPa），在 24h 内观察气压变化及分接开关油箱内是否有本体油渗出。

图 4-31 现场检查渗漏情况

通过密封性检查，发现分接开关与本体之间在上部法兰处存在渗漏情况（如图 4-31 所示的电弧红色框标记部分）。现场进行缺陷处理并对变压器本体进行滤油处理后，将变压器再次投运，油色谱数据恢复了正常，且未出现异常变化。由此进一步验证了变压器本体并不存在绝缘故障，仅仅是由于有载分接开关油箱内渗引起了油色谱分析数据异常。

电弧放电故障案例 18

1．设备情况简介

某 110kV 主变压器为某变压器有限公司 2006 年 2 月制造，型号为 SSZ9-63000/110，油重 26000kg，2006 年 7 月正式投入运行。

2．故障分析

2010 年 11 月 25 日进行周期取样分析时发现 H_2 含量为 162.27μL/L，总烃数值为 11.01μL/L，且出现 C_2H_2 为 0.35μL/L。试验人员发现 H_2 含量超出注意值 150μL/L，且出现 C_2H_2 后，为排除不良工况的干扰，又重新做了一次油色谱分析，试验结果与前次相比无太大差别，因此试验班组缩短了此台变压器的油色谱监测周期，定为每月一次进行跟踪监测。H_2 含量数值虽超出注意值，但并无明显增长趋势，C_2H_2 含量也基本保持恒定。油色谱监测具体数据见表 4-29，观察各组分增长情况进行故障分析。

表 4-29　　　　　　　　　油色谱监测数据表（μL/L）

监测日期	H_2	CH_4	C_2H_6	C_2H_4	C_2H_2	总烃	CO	CO_2
2008 年 3 月 31 日	76.24	4.77	0.55	0.49	0	5.81	352.2	210.16
2008 年 11 月 14 日	94.75	6.54	0.81	0.85	0	8.2	477.29	385.47
2009 年 9 月 4 日	115.94	7.29	0.93	0.71	0	8.93	593.78	505.68
2010 年 11 月 25 日	162.27	9.29	1.01	0.36	0.35	11.01	672.57	437.58
2010 年 11 月 25 日	162.67	7.72	1.02	0.39	0.33	9.46	707.40	454.99
2010 年 12 月 8 日	153.40	6.76	1.20	0.61	0.33	8.90	624.64	452.88

三比值法编码为"110"，判断设备存在电弧放电故障。

3. 故障确认及处理

观察一氧化碳、二氧化碳两种气体呈现有规律的增长，计算其比值，$CO/CO_2=$ 1.54<3，判断局部放电故障涉及固体绝缘材料。由 2010 年 11 月 27 日绝缘油微水试验，测得 3.2mg/L，并未超出注意值 30mg/L，于是，排除设备受潮的原因。由表 4-29 中历史数据发现，甲烷、乙烷、乙烯数值稳定无显著增长，则可排除设备过热故障的可能。

为进一步确定故障点，由高压试验班组进行绝缘电阻、吸收比、介质损耗因数 tanδ、直流电阻及铁芯接地电流等常规试验，最终确定故障原因是铁芯与对销螺丝接触不良，由检修班组及时到位检修消缺，保证了设备持续稳定运行。

电弧放电故障案例 19

1. 设备情况简介

某供电公司 2 号主变压器 2 月 13 日气体继电器两次动作，取油样进行油色谱分析，乙炔及总烃含量严重超标。停电检查后发现 35kV 侧分接开关接触不良，进行处理后将油真空脱气，油色谱检测正常。6 月 26 日夜间该主变压器气体继电器再次动作引起主变压器掉闸，取样分析发现，油中的乙炔含量与游离气体中的乙炔含量相差近千倍，见表 4-30，判断属于突发性故障。

2. 故障分析

三比值法编码为"102"，故障类型为电弧放电故障。

3. 故障确认及处理

厂家解体发现 35kV 引线与外壳距离过近，引起放电，导致瓦斯动作。该设备已返厂处理。

表 4-30　　　　　八里庄 2 号主变压器油色谱分析数据（μL/L）

分析日期	H_2	CH_4	C_2H_6	C_2H_4	C_2H_2	总烃	CO	CO_2	备注
2009 年 5 月 18 日	5.6	3.2	0	3.5	0	6.6	102	1266	油中
2009 年 6 月 26 日	13.6	7	0	10.9	3.7	21.6	229	—	油中
2009 年 6 月 26 日	71475	4204	19.4	782	3479	8485	84806	4165	气中
2009 年 6 月 27 日	23.6	8.7	0	14	8	30.6	223	2225	油中

⚙ 电弧放电故障案例 20

1. 设备情况简介

某供电公司 1 号主变压器 2010 年 12 月 3 日夜间重瓦斯动作，主变压器掉闸。色谱分析结果显示主变压器内部存在高能量放电故障，乙炔达到 330μL/L。

2. 故障分析

1 号主变压器油色谱数据见表 4-31。

表 4-31　　　　　　　　1 号主变压器油色谱数据

分析日期	H_2	CH_4	C_2H_6	C_2H_4	C_2H_2	总烃	CO	CO_2	备注
2010 年 4 月 22 日	7.9	23.3	14.5	5.5	0	43.3	1402	6902	本体油中气体含量
2010 年 10 月 29 日	7	21.8	15.1	6.3	0	43.2	1196	5973	本体油中气体含量
2010 年 12 月 3 日	151.4	96.2	209.7	18.3	330.5	654.7	1311	5756	本体油中气体含量（01:30 取样）
2010 年 12 月 3 日	72956	5756	8679	575	11749	26759	64480	5149	本体瓦斯气体（01:30 取样）
2010 年 12 月 3 日	302	116.14	211.17	17.81	354.46	699.58	1371	5817	本体油中气体含量（13:30 取样）

从表 4-31 中数据可知，油中主要故障气体组分为 H_2 和 C_2H_2，次要气体组分为 CH_4、C_2H_6 和 C_2H_4，根据特征气体法判断该变压器内部存在着电弧放电故障。

三比值法编码为"100"，对应的故障类型为电弧放电故障，与特征气体法判断的结果一致。

3. 故障确认及处理

经过连夜的故障排查，确定是进线电缆接头相间短路造成，变压器内部绕组出现变形，造成匝间放电。经返厂解体分析后，确定中压绕组严重变形，中压与低压绕组绝缘击穿，造成短路，产生电弧，引起油温突然升高，产生特征气体。12 月 22 日，已更换一台新主变压器。

电弧放电故障案例 21

1. 设备情况简介

某供电公司 1 号变压器的分接开关的油污染了变压器本体绝缘油，导致氢气、乙炔含量超标，且增长较快。

2. 故障分析

1 号变压器在 2009 年 5 月预防性试验中发现油中出现乙炔，半个月后采样，数据增长较快，氢气、乙炔含量超标，见表 4-32，三比值法编码为 "112"。在线局部放电测试、铁芯接地电流等诊断性测试结果均未见异常。针对色谱和电气试验数据分析，特别是油中氢气、乙炔组分含量增长较快，而甲烷和乙烷组分较少且无明显增长的情况，怀疑是有载分接开关的油污染了变压器本体绝缘油造成，为此采取降低有载开关储油柜油位的措施后进行观察。在采取降低有载开关储油柜油位的措施后，进行了多次油色谱监视，油色谱数据呈下降趋势，监视周期两月一次。

表 4-32　　　　　　　　　　　　油色谱跟踪数据（μL/L）

日期	H_2	CH_4	C_2H_6	C_2H_4	C_2H_2	总烃	CO	CO_2
2009 年 5 月 27 日	3.5	146.3	3.2	9.2	0	15.9	288.3	294.8
2009 年 6 月 16 日	7.5	180.9	4.4	14.8	2	28.7	563.1	316.8
2009 年 6 月 20 日	8	188.6	4.4	12.6	1.4	26.4	563.2	311.2
2009 年 6 月 22 日	8.6	202.6	3.8	14.3	1.4	28.1	548.6	304.3
2009 年 6 月 26 日	8.6	218.8	4	14.8	1.4	28.8	573.7	275.7
2009 年 6 月 29 日	8.5	214.1	4.3	14.5	1.4	28.7	563.6	298.8
2009 年 7 月 6 日	8.8	203.5	4	15.2	1.4	29.4	566.7	229.8
2009 年 7 月 20 日	8.2	214.5	4.3	13.8	1.6	27.9	601.6	329.6
2009 年 9 月 10 日	7.9	201.6	4.1	14.4	2	28.4	551.3	204.5
2009 年 10 月 12 日	7.4	190.8	4.3	13.4	1.4	26.5	523.7	302.4

3. 故障确认及处理

从后期色谱结果可以发现乙炔和氢气含量都呈逐渐降低趋势。基本可以确定为有载开关渗漏缺陷，已安排 2010 年检修并滤油。

电弧放电故障案例 22

1. 设备情况简介

某供电公司 2 号变电站 1999 年 12 月投运，2011 年 8 月试验室在线监测显示乙炔含量达 0.9μL/L 之后连续跟踪监视，数据见表 4-33。

2. 故障分析

根据数据结果初步分析产生乙炔的原因，可能是变压器潜油泵故障造成。

表 4-33   2 号变压器油色谱数据 (μL/L)

日期	H_2	CH_4	C_2H_6	C_2H_4	C_2H_2	总烃	CO	CO_2
2011 年 5 月 26 日例行	25.5	28.7	7.8	9.2	0	45.7	873.3	7072.1
2011 年 9 月 6 日	21	25	10.1	10.4	1.3	46.8	679.4	8827
2011 年 9 月 29 日	23.1	24.1	11	13.8	2.4	51.3	617.6	6660
2011 年 10 月 8 日	28.9	26.9	9.7	13.3	3.1	53	751.9	8225.2
2011 年 10 月 20 日	33.1	27.2	7.7	12.1	2.6	49.6	849.5	8920.1
2011 年 10 月 28 日	32.5	26.3	10.6	12.3	2.5	51.7	750.2	6874.7
2011 年 11 月 10 日	24.9	23.2	9.6	11.7	2	46.5	646.2	7018.3
2011 年 11 月 30 日	34.2	25.2	10.3	12.8	2.3	50.6	762.1	9181

3. 故障确认及处理

10 月 8 日检修人员对可能出现故障的潜油泵进行了处理。10 月 20 日采油试验乙炔有所下降，后来几次的跟踪，乙炔呈下降趋势，总烃变化不大，基本证明对故障的诊断是准确的。

⚙ 电弧放电故障案例 23

1. 设备情况简介

某供电公司电流互感器在 2006 年隐患排查专项工作中发现异常。该设备型号为 LB6-110 GYW2，于 2006 年 6 月 1 日出厂，同年 7 月 10 日投运。

2. 故障分析

电流互感器 C 相的试验数据（见表 4-34）的特征气体主要表现 H_2、C_2H_2、总烃高，C_2H_2 是构成总烃主要成分，CH_4、C_2H_4、C_2H_6 有一定量增长，上述气体组分均成数倍高出注意值，判断该电流互感器 C 相内部可能存在电弧放电故障。

3. 故障确认及处理

经解体发现该电流互感器内部有明显放电点，B 相根据特征气体内部可能存在低能量放电故障。

表 4-34   电流互感器 B 相、C 相油色谱数据 (μL/L)

日期	相别	H_2	CH_4	C_2H_6	C_2H_4	C_2H_2	ΣC	CO	CO_2
2011 年 4 月 3 日	B	1108.1	46.1	10.1	1.1	0	57.3	149.7	287.8
2011 年 4 月 3 日	C	17141	3255.9	479.6	2050	4108	9894	1447.6	234.2

114 电流互感器 C 相解体后照片如图 4-32 和图 4-33 所示。

图 4-32　电流互感器 C 相解体后照片

图 4-33　电流互感器 C 相解体后照片

⚙ 电弧放电故障案例 24

1. 设备情况简介

2008 年 9 月 17 日，某热电有限公司在对 2 号主变压器进行油色谱分析时，测试结果乙炔为 0.14μL/L、总烃为 16.23μL/L。11 月 3 日复检时乙炔降到了 0.05μL/L，总烃降到了 13.99μL/L，继续跟踪试验。12 月 3 日复检时乙炔为 0.08μL/L、总烃为 15.29μL/L。每周进行一次测试，结果比较稳定。2009 年 5 月对其进行检修，发现 A 相分接开关虚接触，进行了处理，随后进行油色谱试验，数值有所下降，数据见表 4-35。

2. 故障分析

7 月 21 日 15 时 46 分该主变压器重瓦斯动作，随即专业人员取样进行油色谱分析，乙炔、氢及总烃含量严重超过 DL/T 722《变压器油中溶解气体分析和判断导则》规定的注意值，分析结果表明变压器内部有高能量放电性故障。

表 4-35　　　　　　　　　　　2 号主变压器油色谱数据（μL/L）

日期	H_2	CH_4	C_2H_6	C_2H_4	C_2H_2	总烃	CO	CO_2
7 月 10 日	10.4	16	0.9	1.6	0.4	18.9	199.8	854.3
7 月 21 日（油样）	1356.4	210.2	12.3	195.4	628	1045.9	243.2	671.5
7 月 21 日（气样）	381979	4751.8	49.9	2229	5183.8	12214.3	38716	806.7
8 月 6 日油样	0.3	0.6	无	0.1	0.9	1.7	3.2	113.2
8 月 8 日带电 1 天	2	0.6	无	0.3	4.1	5	7.7	101.8
8 月 12 日	3.5	1	0.2	0.6	7.1	8.8	12.9	148.8
8 月 17 日	4.5	1.4	0.1	0.7	8.7	10.9	24.3	245
8 月 21 日	5.3	1.7	0.2	0.8	9.3	12	30.1	274.1
8 月 24 日	5	1.7	0.4	1.7	9.2	12.3	30.3	271.7
8 月 31 日	5.1	1.8	0.5	0.9	9.7	12.9	34.4	306

3. 故障确认及处理

7 月 27 日经生产厂家某电气股份公司吊罩检查，发现 B 相无载开关 6 片触头两侧有放电烧毁痕迹，变压器绕组未受损伤。7 月 28 日对变压器油进行了脱气处理。8 月 7 日投入运行后，每周进行检测一次，目前每个月检测一次。

电弧放电故障案例 25

1. 设备情况简介

某热电厂在进行例行油样分析中发现，2 号主变压器油中总烃含量超过注意值，乙炔接近注意值后缩短监测周期，加强监督。3 月 3 日，乙炔、总烃、氢气均有明显增加，通知检修及相关人员并连续进行监测，到 4 月 18 日进行机组大修。某热电厂 2 号主变压器故障前后连续监测数据值见表 4-36。

表 4-36　　　　某热电厂 2 号主变压器故障前后油色谱分析结果（μL/L）

分析日期	H_2	CH_4	C_2H_4	C_2H_6	C_2H_2	总烃	CO	CO_2
2010 年 2 月 3 日	41.3	52.3	72	23.3	4.7	152.3	288.1	3250.5
2010 年 3 月 3 日	97.2	73.2	84	23.5	12.9	193.6	325.6	3488.5
2010 年 4 月 18 日	114.9	92.1	114	25.2	33.4	264.7	363.6	3424.2

2. 故障分析

根据表中数据发现各特征气体含量不断增加，且主要特征气体为 H_2 和 C_2H_2，次要特征气体是 CH_4、C_2H_4、C_2H_6。根据这些特征，判断故障类型为电弧放电故障。

以 2010 年 4 月 18 日数据计算，三比值法编码为"102"，同特征气体判断结果相符。

3. 故障确认及处理

2010 年 4 月 18 日进行机组大修，在大修检查中，发现低压侧夹件对地为多点接地；高压 B 相绕组直流电阻过大，造成高压三相直流电阻的平均值及百分比超标；高压三相局部放电量均超标，尤其 C 相超标严重。经过处理，现在 2 号主变压器油色谱分析转为正常监督。

电弧放电故障案例 26

1. 设备情况简介

某供电公司 3 号主变压器，型号为 SSZ11-50000/110，厂家为山东泰开变压器有限公司，2011 年 12 月投入运行。2013 年在 2 月进行带电油色谱试验时发现油中含乙炔，同调度控制中心核实，该变压器未发生出口短路等不良工况，未带负荷，连续进行监测，甲烷和 H_2 含量呈增长趋势，见表 4-37。

表 4-37 吉城 3 号变压器油色谱数据（μL/L）

试验日期	实验数据							
	H_2	CH_4	C_2H_6	C_2H_4	C_2H_2	总烃	CO	CO_2
2013 年 2 月 28 日	120.2	7.5	1.8	2.6	4.1	16	286.7	532.8
2013 年 5 月 29 日	214	10	2.2	3.1	4.1	19.4	412.6	724.6
2013 年 8 月 29 日	228	12.3	2.9	3.9	4.6	23.7	477.8	1089.6
2014 年 1 月 22 日	370.15	15.4	3.53	4.53	3.33	26.8	520.4	830.52
2014 年 2 月 26 日	367.07	15.91	3.75	5.11	4.19	29	499.9	782.78

2. 故障分析

连续进行油色谱跟踪分析 13 个月，油中气体组分呈增长趋势，2013 年 6~8 月增加较快，8 月，氢气含量超标达到 228μL/L，乙炔含量最大达到 4.56μL/L。2014 年，该变压器油中氢气含量最大达到 370.15μL/L，乙炔含量接近注意值达到 4.19μL/L，综合判断，变压器内部存在电弧放电。

3. 故障确认及处理

2013 年 12 月 5 号联系厂家对 3 号主变压器进行局部放电试验，现场局部放电无异常。试验结果见 4-38。

表 4-38 局部放电试验数据

试验电压	A 相（pC）	B 相（pC）	C 相（pC）
$1.1U_m/\sqrt{3}$	22	5	5
$1.5U_m/\sqrt{3}$	65	36	35
$1.7U_m/\sqrt{3}$	120	120	120
$1.5U_m/\sqrt{3}$	80	60	60
$1.1U_m/\sqrt{3}$	30	10	10

2014 年 4 月 3 日对该变压器进行吊罩全面检查，检查发现该变压器铁芯制造工艺不良，叠铁边角存在多处黏联，铁芯叠铁上部存在开裂、撞痕等多处问题，如图 4-34~图 4-38 所示。

图 4-34 吊罩检查情况

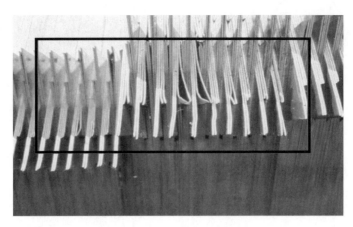

图 4-35 吊罩检查情况

图 4-36 吊罩检查情况

图 4-37 吊罩检查情况

图 4-38 吊罩检查情况

该变压器油色谱异常及吊罩检修结果暴露出厂家变压器制造及工艺控制不良，把关不严，需加大同类产品的监督检查，防止同类事件发生。油色谱分析及跟踪判断与吊罩检修结果基本吻合，如图 4-39 所示。

图 4-39　吊罩检查情况

电弧放电故障案例 27

1. 设备情况简介

某供电公司 220kV 1 号主变压器，衡阳变压器厂 2000 年产品。

2. 故障分析

在 2012 年 7 月油色谱试验中发现油中含有乙炔，含量达到 4.97μL/L。2012 年 11 月 15 日监测出现最大值含量达到 5.3μL/L，数据见表 4-39。2013 年 11 月 27 日对 1 号变压器进行了有载调压开关的吊检、套管检查和全面诊断性试验，均未发现异常。2014 年 6 月，油中乙炔含量为到 2.37μL/L，三比值法编码是"101"，怀疑变压器内部存在电弧放电故障。

3. 故障确认及处理

该变压器于 2010 年进行风冷强油循环系统改造。改造前油色谱数据正常，含微量乙炔，没有增长趋势；自改造送电后发现乙炔，随后进行相关检修试验，未发现问题。铁芯在线监测装置显示电流为 30～50mA，综合判定为风冷系统改造的过程中，焊渣等杂质未清除干净，运行中随着油流流动，在高电压、高场强的作用下产生瞬时放电，导致变压器油色谱数据异常，目前已趋于稳定。

表 4-39　　　　　　　　　　变压器油色谱数据

设备名称	试验日期	实验数据（μL/L）							
		H_2	CH_4	C_2H_6	C_2H_4	C_2H_2	总烃	CO	CO_2
1 号	2012 年 7 月 11 日	30.3	6.29	1.9	8.6	4.97	21.8	100.9	2655.8
1 号	2012 年 11 月 15 日	32.93	7.13	2.57	102	5.3	25	101.05	2743.21
1 号	2013 年 3 月 5 日	25	5.5	3.3	7.2	3	19	80.9	1752.5

续表

设备名称	试验日期	实验数据（μL/L）							
		H_2	CH_4	C_2H_6	C_2H_4	C_2H_2	总烃	CO	CO_2
1号	2014年6月5日	38.8	7.02	2.18	8.66	2.37	20.2	109.89	2445.3
1号	2014年10月22日	41.75	7.68	2.92	9.74	2	22.3	98.2	2600.6

电弧放电故障案例 28

1. 设备情况简介

北方某供电公司 821 变电站 1 号主变压器，型号为 SSZ-31500/110，生产厂家为济南某股份有限公司，出厂日期为 2007 年 12 月，投运日期为 2008 年 5 月。2016 年 4 月 12 日 09:45 821 变电站 1 号主变压器差动保护动作，本体轻瓦斯动作，101、301、501 开关跳闸。

2. 故障分析

进行油色谱分析试验（试验数据见表 4-40）后发现主变压器本体油中已经出现少量的乙炔气体，表明变压器本体内部已出现放电缺陷。

表 4-40　　　　　　　　　油色谱分析试验（μL/L）

H_2	CH_4	C_2H_6	C_2H_4	C_2H_2	总烃	CO	CO_2
68.2	12.8	3.3	1.4	0.4	17.9	804.7	987.9

对 1 号主变压器进行绕组变形试验，发现高压侧绕组、中压侧绕组、低压侧绕组已严重变形，如图 4-40～图 4-42 所示。

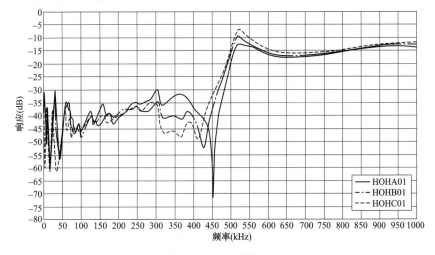

图 4-40　高压侧绕组

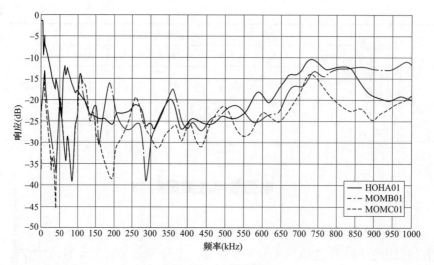

图 4-41　中压侧绕组

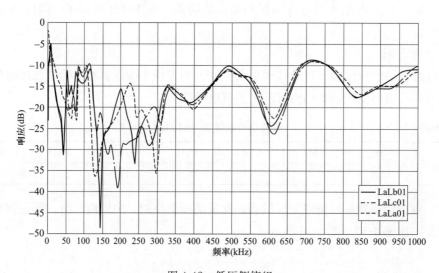

图 4-42　低压侧绕组

对 1 号主变压器进行直流电阻测试时发现，中压侧绕组直流电阻相间差别已达到 18.54%，表明中压侧绕组已发生严重的匝间或层间短路故障，数值见表 4-41。

表 4-41　　　　　　　　　　　　　　中压侧绕组直流电阻

Am0（mΩ）	Bm0（mΩ）	Cm0（mΩ）	差值（%）
46.25	56.20	58.58	18.54

315 间隔电力电缆 B 相单相接地，致使 A 相、C 相电压升高，最终发展成为三相短路故障，造成变压器中压侧绕组出口短路，在短路电流冲击下，致使变压器中压侧绕组发生匝间或层间短路故障，最终导致变压器差动保护动作跳闸。

3. 故障确认及处理

2016 年 4 月 28 日，利用备用的主变压器对故障主变压器进行更换。对损坏的 1 号主变压器进行返厂解体分析后发现：

（1）吊开变压器油箱外壳，发现变压器 A、B 相绕组已经移位，紧靠在一起，如图 4-43 和图 4-46 所示。

图 4-43　A、B 相绕组　　　　　　　　　　图 4-44　B、C 相绕组

（2）将 A、B 相绕组连接片吊开后，发现 A、B 相中压侧绕组均有明显变形，如图 4-48 和图 4-49 所示。

图 4-45　中压侧 A 相　　　　　　　　　　图 4-46　中压侧 B 相

（3）将 A 相高压侧绕组吊起后，发现 A 相中压侧绕组外部存在严重变形、绝缘纸脱落现象；将中压侧绕组吊起后，发现 A 相中压侧绕组内部存在明显放电烧蚀痕迹，如图 4-47 和图 4-48 所示。

（4）将 B 相高压侧绕组吊起后，发现 B 相中压侧绕组外部存在严重变形、绝缘纸脱落现象，并有放电烧蚀痕迹；在吊中压侧绕组时，中压侧绕组与低压侧绕组已咬合到一起，无法分开，如图 4-49 所示。

对 315 电缆终端的制作工艺进行解体分析，找出制作工艺问题所在，并对 315 电缆两侧的终端重新进行制作。

图 4-47　A 相中压侧绕组（外部）　　　　图 4-48　A 相中压侧绕组（外部）

图 4-49　B 相中压侧绕组外部

🔄 电弧放电故障案例 29

1. 设备情况简介

某供电公司某变电站 2 号主变压器型号为 SFS8-50000/110，生产厂家为沈阳某变压器厂，出厂日期为 1995 年 5 月，投运日期为 1995 年 9 月 19 日。

2. 故障分析

2016 年 10 月 27 日某变电站 2 号主变压器 10kV 侧 B 相故障，差动保护动作跳开主变压器的 102、302、502 开关，2 号变压器退出运行；随后，保护人员现场检查，发现变压器低压侧 C 相有变压器保护区外接地情况；检修人员现场检查没有发现设备外绝缘存在明显放电痕迹，10kV 低压母线耐压试验通过，变压器轻气体保护装置内气体量为零。

当天对变压器本体取油进行油色谱试验，试验结果显示 2 号主变压器油中溶解气体乙炔含量超标，测试值为 22.4μL/L，三比值法编码为"102"，说明变压器油中有电弧放电故障；油耐压与微水测试结果未见异常。油色谱数据见表 4-42。

表 4-42　　　　　　　　　　油色谱测试数据表（μL/L）

测试日期	H_2	CH_4	C_2H_6	C_2H_4	C_2H_2	总烃	CO	CO_2	备注
2015 年 12 月 4 日	6.9	24.9	8.2	32	0	65.1	1145	8046.3	—
2016 年 10 月 27 日	30.1	26.9	8.7	45.4	22.4	103.4	824.9	7935.4	底部取油

10 月 28 日，对变压器开展诊断性试验，绕组变形试验、绕组直流电阻试验均合格。低压绕组绝缘电阻 15s、60s 测试值分别为 159MΩ、151MΩ，其吸收比为 0.95，小于 1.3，见表 4-43；低压侧绕组整体对高、中压绕组及地介质损耗、电容量测试过程中，试验电压升至 4kV 时，可于变压器低压侧油箱底部听到清晰放电声，其他正常，见表 4-44。

表 4-43　　　　　　　　绕组绝缘电阻及吸收比测试数据表

测量部位	绝缘电阻（MΩ）		吸收比
	15s	60s	
高压-中、低压、地	14200	18500	1.3
中压-高、低压、地	6150	9550	1.55
低压-高、中压、地	159	151	0.95
铁芯-地	3000		

表 4-44　　　　　　　　绕组介质损耗及电容量测试数据表

测试部位	电容量（pF）	介质损耗（%）
高压-中、低压、地	10130	0.273
中压-高、低压、地	22400	0.364
低压-高、中压、地	试验电压加至 4kV 时放电	

综合故障录波及电气试验结果，可以初步判断某 2 号主变压器低压侧 B 相绕组在变压器内部存在严重放电现象。

随后对某 2 号主变压器进行吊罩检查。吊罩后发现变压器低压侧绕组 B 相引线与下夹件间存在严重放电痕迹：绕组引线与下夹件接触，其绝缘皱纹纸和白布带均击穿且严重烧灼，下夹件上有黑色放电痕迹，如图 4-50 和图 4-51 所示。

将绕组引线的皱纹纸及白布带剥开，发现下夹件紧固螺栓的金属压片经严重放电烧蚀已破损（如图 4-52 所示），脱落三角形金属碎片（如图 4-53 所示）。该三角形金属片为变压器夹件螺钉锁片，经检查发现该锁片未完全压紧而存在突出部位，突出部位与导线绝缘接触，变压器长期运行使绝缘薄弱点击穿。经分析认为该故障点为造成变压器跳闸的主要原因，此故障点与故障录波和高压试验分析结果相吻合。

图 4-50 绕组引线局部放电痕迹图

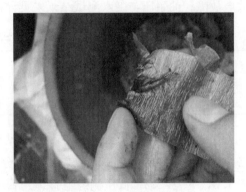

图 4-51 烧伤皱纹纸图

图 4-52 紧固螺栓金属压片烧蚀图

图 4-53 三角形金属碎片图

检修人员用手对绕组引线探伤，发现绕组约 20 股引线中靠近下夹件螺栓处有 2 股引线因剧烈放电存在未完全贯通断口，这 2 根断股引线部位正与螺栓固定锁片立角接触。

变压器低压绕组三相引线均存在与下夹件直接接触且绝缘缠绕较薄弱的问题，决定对其安排返厂大修，并过滤含特征气体的变压器绝缘油。

某变电站 110kV 2 号主变压器经返厂大修后，11 月 14 日投入运行，16 日 16 时 40 分某变电站 110kV 2 号主变压器差动、速断保护动作，非电量保护装置本体重气体保护、本体轻气体保护、压力释放保护动作。变压器跳闸前已转至空载运行，未造成负荷损失。

11 月 15 日变压器投运 1 天后，油色谱分析发现油中乙炔含量为 4.5μL/L。11 月 16 日乙炔含量为 18.4μL/L，产气速率为 210mL/d（注意值为 0.2mL/d），三比值法编码为"102"，故障类型为电弧放电故障。与维修厂家沟通后，厂家认为乙炔增长为片式散热片中残存气体所致，建议不停电继续观察。16 日 16：40 变压器跳闸后乙炔增长到 2018.7μL/L。某 2 号主变压器绝缘油化验色谱数据见表 4-45。

表 4-45　　　　　　　某 2 号主变压器绝缘油化验油色谱数据表（μL/L）

分析日期	H_2	CH_4	C_2H_6	C_2H_4	C_2H_2	总烃	CO	CO_2	备注
11 月 15 日	8.1	1.3	0.3	1.6	4.5	7.7	10.5	426	投运 1 天（第 1 次结果）下部取样
11 月 16 日	40.9	8.3	1.6	11.8	18.4	40.1	17.5	407.5	投运 2 天（第 1 次结果）09：10 下部取样
11 月 16 日	45.3	9.3	2.1	13.9	22	47.3	16.5	451.7	投运 2 天（第 2 次结果）15：30 下部取样
11 月 16 日	1654.7	591.5	83.8	1401	2018.7	4095	188.2	477.2	投运 2 天 17：30 下部取样差动保护动作后

主变压器跳闸后进行了绕组变形试验、低电压短路阻抗试验，结果未见异常。绕组直流电阻试验和绕组绝缘电阻及吸收比试验结果异常。

高压绕组 A 相直流电阻增大，不平衡率超标，怀疑存在绕组经烧灼后有断线、断股现象，见表 4-46。

表 4-46　　　　　　　　　某 2 号变压器绕组直流电阻测试表

高压绕组直流电阻（mΩ）				
分头	A-O	B-O	C-O	不平衡率（%）
1	456.4	396.6	396.4	15.13
2	447.6	387.6	387.4	15.53
3	438.0	378.0	377.8	15.93
4	428.1	368.2	367.8	16.39
5	419.2	358.9	358.9	16.80
中压绕组直流电阻（mΩ）				
分头	Am-O	Bm-O	Cm-O	不平衡率（%）
5	36.70	36.70	36.87	0.46
低压绕组直流电阻（mΩ）				
A-B	4.938	B-C	4.938	C-A	4.968	三相不平衡率（%）	0.61

高压侧绕组的绝缘电阻较前次交接试验数值显著降低，不足 10000MΩ。高压侧绕组绝缘电阻值与交接值有较大降低且吸收比存在异常，测试数据见表 4-47。

表 4-47　　　　　　　　绕组绝缘电阻及吸收比测试数据表

测量部位	15s 绝缘电阻（mΩ）	60s 绝缘电阻（mΩ）	吸收比
高压-中、低压、地	2400	2740	1.14
中压-高、低压、地	3490	5700	1.63
低压-高、中压、地	3980	5800	1.46
铁芯-地	3000		

通过诊断性试验结果分析，初步判断变压器绕组无明显新增形变；高压侧绕组绝缘性能下降，高压侧绕组吸收比超标；高压侧绕组的直流电阻不平衡率超标，A相绕组存在导流性故障。

3. 故障确认及处理

11月24日变压器在厂家解体查找故障，过程如下：

（1）拆卸铁芯夹件，上夹件未发现明显放电痕迹（如图4-54所示）。

（2）上夹件拆出后，作业人员开始拆卸上铁轭硅钢片（如图4-55所示），见证人员全程站在旁边监督其作业流程，经检视全部硅钢片未发现明显放电痕迹。

图4-54　变压器上夹件

图4-55　拆卸上铁轭硅钢片

（3）拆除连接片。

（4）拆除A、B相的相间隔板，发现在相间隔板的上部靠近中、低压侧处约1/6面积被烧毁（如图4-56所示）。

（5）起吊出高压侧A相绕组，拆掉围屏后发现A相围屏内侧靠近放电点处有一条裂缝（如图4-57所示），裂缝周围有烧伤痕迹。

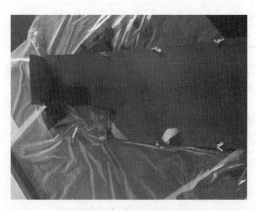

图4-56　相间隔板受损图

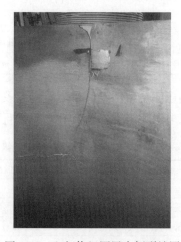

图4-57　A相绕组围屏内侧裂缝图

A 相绕组第一饼和第二饼有放电后烧灼痕迹，第三饼绕组导线被烧断（如图 4-58 和图 4-59 所示）。

图 4-58　A 相绕组烧损图 1

图 4-59　A 相绕组烧损图 2

（6）起吊高压侧 B 相绕组，发现绕组第三饼有一根导线烧断并翘起，第四饼和第五饼间有放电点，怀疑为异物造成的匝间短路点；第三饼导线其紧密缠绕结构已发生扭曲形变，原同层导线间已存在明显位移，同时内侧导线在局部向外侧突起（如图 4-60 和图 4-61 所示）。

图 4-60　高压侧 B 相绕组烧损整体图

图 4-61　高压侧 B 相绕组烧损局部图

电弧放电故障案例 30

1. 设备情况简介

某供电公司电流互感器 111 电流互感器 B 相和 145 电流互感器 B 相内部放电，导致油色谱数据超出注意值。

2. 故障分析

2009 年 2 月 11 日发现 111 电流互感器 B 相和 145 电流互感器 B 相的油色谱数据异常，见表 4-48 和表 4-49。

表 4-48　　　　　　　　111 电流互感器 B 相油色谱数据（μL/L）

相序	日期	H_2	CH_4	C_2H_6	C_2H_4	C_2H_2	总烃	CO	CO_2
A	2009 年 2 月 11 日	92.7	4	0	0	0	4	81.2	236.4
B	2009 年 2 月 11 日	15331.8	1195.6	119.8	355.4	533	2203.8	170.4	143
C	2009 年 2 月 11 日	548.2	5.3	0	0	0	5.3	78.8	210

表 4-49　　　　　　　　145 电流互感器 B 相油色谱数据（μL/L）

相序	日期	H_2	CH_4	C_2H_6	C_2H_4	C_2H_2	总烃	CO	CO_2
A	2009 年 2 月 11 日	54	3.5	0	0	0	3.5	25.9	126.1
B	2009 年 2 月 11 日	39379.9	1601	73.7	0	0	1674.7	35.2	71.3
C	2009 年 2 月 11 日	33	2.8	0	0	0	2.8	27	92.8

由上述数据分析，根据 DL/T 722《变压器油中溶解气体分析和判断导则》，三比值法编码为"110"，特征气体主要表现为 H_2、CH_4 高，次要气体 C_2H_6、C_2H_2 较高，总烃高，上述气体组分均成倍的超出注意值，判断为该电流互感器内部可能存在放电故障。对该两台 TA 已做更换处理。

3. 故障确认及处理

对换下的原 111 电流互感器 B 相，进行了局部放电和运行电压介质损耗试验，该互感器的局部放电量达到 850pk，介质损耗值变化不大。随后在生产厂家的指导下对该互感器进行解体检查（如图 4-62 所示），并在电容屏的上部发现放电部位（如图 4-63 所示），并发现其放电点已将多层电容屏击穿。

图 4-62　互感器解体检查　　　　　　　　图 4-63　电容屏上部的放电位置

电弧放电故障案例 31

1. 设备情况简介

某供电公司 2217 B 相电流互感器（型号为 LB10-220W3，生产厂家为保定某有限公司，出厂日期为 2009 年 6 月，投运日期为 2010 年 6 月 19 日）。

2. 故障分析

2011 年 4 月 8 日，在对某开闭站保定天威互感器有限公司产品进行油色谱普查时发现，2217 B 相电流互感器氢气和总烃含量超标，其中氢气含量为 537μL/L，总烃含量为 404μL/L；2011 年 5 月 27 日对此台互感器进行跟踪试验时发现总烃、氢气含量增长很快，氢气含量为 27882.7μL/L，总烃含量为 756μL/L，并且出现了乙炔，乙炔含量为 1.1μL/L，超过了注意值，试验数据见表 4-50。该产品于 2011 年 5 月 31 日返厂，6 月 18 日解体。

表 4-50　　　　　　　　　　油色谱试验数据（μL/L）

试验日期	H_2	CH_4	C_2H_6	C_2H_4	C_2H_2	总烃	CO	CO_2
2011 年 4 月 8 日	537.4	386.8	17.6	0.2	0	404.5	31.6	161.2
2011 年 5 月 27 日	27882.7	702	54.7	0.4	1.1	758	48.2	206.6

3. 故障确认及处理

解体检查情况及原因分析：①发现膨胀器已变形。②并联一次直流电阻测试值为 0.106mΩ，设计值为 0.075mΩ；超出设计值 41％，是由于绕组一次接引不良造成，当在负荷电流作用下，一次绕组局部过热，致使变压器油中烷烃的裂化产生氢气和总烃。③局部放电：在施加电压升至 70kV 左右时，出现明显放电，约 500pC，起始放电电压很低，从形态看为气体放电。

电弧放电故障案例 32

1. 设备情况简介

某供电公司 113C 相电流互感器型号：LB7-110W2，厂家：江苏某电气股份有限公司，生产日期为 2011 年 10 月，投运日期为 2011 年 12 月 30 日。

2. 故障分析

电站运行人员在 2013 年 2 月 26 日检查发现 113 C 相电流互感器膨胀器变形，上盖脱落（如图 4-64 所示）；在进行油色谱检测分析时，发现油中氢气、乙炔及总烃含量超标（见表 4-51），三比值法编码为

图 4-64　电流互感器膨胀器变形

"110"，判断为高能量密度的局部放电故障。2013 年 2 月 28 日对此台电流互感器进行

了更换处理。

表 4-51　　　　　　　　　　　油色谱试验数据（μL/L）

测试时间	H_2	CH_4	C_2H_6	C_2H_4	C_2H_2	总烃	CO	CO_2
2013 年 4 月 12 日	6.8	6.9	0	1	0	7.9	74.7	474
2013 年 2 月 27 日	13556.7	640	529	4.3	5.1	1178	1118	196.9

3. 故障确认及处理

2013 年 5 月 13 日，在江苏精科智能电气股份有限公司生产车间内对故障 TA 进行了解体分析。从解体过程中可以看到，主绝缘的 2 主屏至 6 主屏间由于在一次导体并紧过程中模具放置不当，造成绝缘挤压变形引起高压电缆纸存在起皱现象，即高压电缆纸表面存在凹凸性，那么在凹槽中就可能存有空气；而制作过程中的工艺分散性加剧了其表面电场分布的不均匀程度，成为设备长期运行过程中产生放电的隐患；从解体过程中可以看到相邻的绝缘纸上肯定也出现对应的褶皱现象，这就是在理论上形成了放电通道。因此一次导体并紧过程中模具放置不当造成绝缘挤压变形引起高压电缆纸起皱是本次故障的根本原因。

防范措施是：

（1）互感器生产厂家应进一步完善该产品主绝缘的包扎工艺并强化包扎人员培训，严格包扎过程的质量控制；加强一次导体并紧模具的管理，按照不同的绝缘外径增加配套模具并定期检查，及时执行报废程序；加强一次导体并紧过程的质量控制，严格管理操作记录。

（2）对江苏精科智能电气股份有限公司于 2010～2013 年生产的 110kV 以及上电压等级油浸、正立式电流互感器进行油中气体油色谱分析普测的专项隐患排查工作。加强对在运行中的同类型设备的检测，缩短检测周期，应尤其注意油中含气量的变化情况。

❋ 电弧放电故障案例 33

图 4-65　电流互感器膨胀器变形顶起

1. 设备情况简介

某供电公司 101 B 相电流互感器，型号为 LCWB6-110W2，厂家为保定天威互感器有限公司，出厂序号为 20084$H_4$2-29，投运时间为 2008 年 10 月。2015 年 7 月 9 日，运行人员发现 101 B 相电流互感器膨胀器变形顶起（如图 4-65 所示）。

2. 故障分析

2015 年 7 月 10 日，对此台电流互感器进行油色谱试验分析发现乙炔、总烃及氢气含量超标，三比值法编码为"110"，故障性质是高能量密度的局部放电故障。油色谱试验数据见表 4-52。

表 4-52 油色谱试验数据（μL/L）

相别	H_2	CH_4	C_2H_6	C_2H_4	C_2H_2	总烃	CO	CO_2
101 B	19331.2	862	357.9	3.6	2.4	1226	138.1	471.6

2015 年 7 月 16 日，对此台电流互感器进行了电气试验：介质损耗为 0.979%，电容量为 776.9pF，介质损耗值超出 DL/T 596《电力设备预防性试验规程》规定的 0.80%注意值；一次侧绕组直流电阻为 569.2μΩ，远超出 DL/T 596《电力设备预防性试验规程》规定的 50μΩ 数值。

2015 年 12 月 28 日对该产品进行解体检查，发现一次导体各金属面连接正常，无放电痕迹；零屏引线连接良好，无放电痕迹；二次侧绕组及末屏引线连接正常，无放电痕迹；主绝缘解剖过程中未发现放电痕迹；其他部件均无异常。

综合分析导致该产品氢气超标的原因可能是：产品在膨胀器注油时有残余的游离气体存留；随着运行时间的延长和电压的波动，诱发短暂局部放电，而气体的低能放电，使油裂解产生氢气、甲烷、乙炔等气体，恶性循环，最终使膨胀器顶开。

3. 故障确认及处理

处理情况：①2015 年 7 月 16 日，对此台电流互感器进行了更换处理；②针对 2006~2010 年保定天威互感器有限公司 110kV LCWB6-110W2 型电流互感器下发了技术监督预警单，要求开展一次油中溶解气体分析试验工作；③产品交接试验时，建议开展工频电压下局部放电量的试验。

⚙ 电弧放电故障案例 34

1. 设备情况简介

某供电公司 111 B 相电流互感器，型号为 LB6-126W1，厂家为江苏如皋高压电器有限公司，出厂日期为 2002 年 5 月，投运日期为 2003 年 5 月。

2. 故障分析

2015 年 9 月 6 日，运行人员在对双塔山站 111 B 相电流互感器红外测温时，发现双塔山变电站宝双线 111 电流互感器 B 相的瓷套温升增大，且瓷套上部整体温度偏高，相间温差为 4.7K（A：29.4℃，B：34.1℃，C：29.4℃），根据 DL/T 664《带电设备红外诊断应用规范》判定为 B 相存在内部故障，如图 4-66 所示。

9 月 7 日，对此台电流互感器进行油色谱试验分析，发现 B 相的乙炔、总烃及氢气含量超标，见表 4-53；三比值法编码为"110"，故障性质：高能量密度的局部放电故障。

表 4-53 色谱试验数据（μL/L）

相别	H_2	CH_4	C_2H_6	C_2H_4	C_2H_2	总烃	CO	CO_2
111 B	12138.9	923.8	759.9	2	1.5	1687.1	72.7	933.7

(a)　　　　　　　　　　(b)

图 4-66　红外图像和可见光图像

(a) 红外图像；(b) 可见光图像

9月6日，对此台电流互感器进行了电气试验：介质损耗为 4.02%，电容量为 629.20pF，介质损耗值超出 DL/T 596《电力设备预防性试验规程》规定的 0.80% 的注意值；一次侧绕组直流电阻为 295μΩ，远超出 DL/T 596《电力设备预防性试验规程》规定的 50μΩ 数值。

图 4-67　解体检查

3. 故障确认及处理

12月 28 日对该产品进行解体检查（如图 4-67 所示）：进行局部放电试验时，电压 73kV，局部放电量为 550pC，远远超出 DL/T 596《电力设备预防性试验规程》规定的 50pC 数值；一次接线端子连接紧固，无明显松动现象，接线端子表面无放电灼烧痕迹；器身上绑扎无松动现象，内壁漆完好牢固无污染；末屏引线搭接良好，无异常现象，零屏引线搭接良好、可靠；主绝缘解剖过程未发现放电痕迹；产品主绝缘局部有压痕，导致设备在运行过程中产生放电。

处理情况：①2015 年 9 月 7 日，对此台电流互感器进行了更换处理；②针对同类设备下发了技术监督预警单，要求开展一次油中溶解气体分析试验工作，并加强红外成像测温工作；③产品交接试验时，建议开展工频电压下局部放电量的试验。

⚙ 电弧放电故障案例 35

1. 设备情况简介

某供电公司 2013 年 4 月 24 日对 2212 电流互感器例行试验，发现该电流互感器 B、

C 相的油色谱分析结果异常（见表 4-54），甲烷、氢气严重超标，乙炔超出注意值，三比值法编码为"110"，判断设备内部存在局部电弧放电，且 B 相电容量增大了 6%（交接值为 753.6pF，2013 年测试值为 801.4pF），无法投入运行，4 月 25 日转为冷备用。该互感器型号为 LB9-220W，由湖南醴陵火炬电瓷电器公司 2005 年 7 月出厂，2005 年 9 月投运。此设备已于 4 月 28 日进行了更换。

表 4-54 油色谱分析数据

序号	设备名称	试验日期	试验数据（$\mu L/L$）							
			H_2	CH_4	C_2H_6	C_2H_4	C_2H_2	总烃	CO	CO_2
1	康仙 2212B 相	2013 年 4 月 24 日	28902.3	1389.36	123.27	0.7	1.15	1514.48	168.51	803.6
2	康仙 2212C 相	2013 年 4 月 24 日	18848	1374.44	937.12	3.34	5.04	2319.94	38.68	725.73

2. 故障分析

对该设备进行额定电压下的介质损耗试验和局部放电试验，试验数据见表 4-55。其中，额定电压下的介质损耗试验测量电压从 10kV 升高到 $U_m/\sqrt{3}$（145kV）时，介质损耗增量达到 90.9%（DL/T 596《电力设备预防性试验规程》要求不大于 0.2%），且在 $U_m/\sqrt{3}$ 电压下 $\tan\delta$ 达到 1.718%，远远超标；在 $1.2U_m/\sqrt{3}$（174kV）电压下局部放电量达到 177pC（DL/T 596《电力设备预防性试验规程》要求不大于 20pC）。

表 4-55 局部放电量数值

电压（kV）	放电量（pC）
71.5	34
90.8	52
110.7	70
131	80
151	131
174	177

通过对油色谱特征气体、额定电压下介质损耗试验数据和局部放电试验数据进行综合分析，初步判断设备内部存在有放电故障和过热性故障。

3. 故障确认及处理

将故障设备进行解体检查后，发现电容屏有褶皱，包扎工艺不良，靠近 U 形弯处的电容屏锡箔纸有规则的孔洞，如图 4-68 所示；与电容屏紧贴的末屏连接板上出现放电痕迹，且与孔洞位置相对应，如图 4-69 所示；与电容屏距离较近的绝缘纸层间的绝缘油已分接，产生蜡状物质，并造成锡箔纸与绝缘纸和绝缘纸之间黏连，绝缘纸已无法正常分离，如图 4-70 所示。

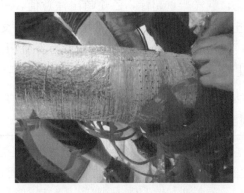

图 4-68 靠近 U 形弯处的电容屏锡箔纸有规则的孔洞

图 4-69 电容屏紧贴的末屏连接板上出现放电痕迹

根据解体检查情况分析，造成该缺陷的原因主要是产品在制造过程中，真空处理和电容屏绕包环节没有处理好，导致电容屏锡箔纸有褶皱现象，且锡箔纸有孔洞；在运行电压下，末屏连接片与电容屏锡箔纸的孔洞连接处由于电场畸变，出现一定能量密度的局部放电，特征气体为氢气和甲烷，这些气体被层间油完全溶解；随着绝缘层间局部放电导致氢气产出量超出相对封闭区域油的溶解能力，气泡放电出现；随着超出油的溶解

图 4-70 锡箔纸与绝缘纸和绝缘纸之间粘连

能力的游离气体的增加，局部放电区域温度升高，受绝缘层散热条件的影响，油被裂解聚合成 X 蜡，局部放电次要气体组分乙烷出现；随着故障区域附近气体增多，出现持续的大范围气泡放电，绝缘油裂变成烃类气体，组分中出现乙烯和乙炔，故障区域压力持续增大，放电产生的特征气体在压力的作用下快速向外扩散，最终造成本体油中氢气和烃类气体等特征气体迅速增长。

⚙ 电弧放电故障案例 36

1. 设备情况简介

某供电公司 145 C 相电流互感器，型号为 LCB6-110W2，厂家为保定某互感器公司，出厂日期为 2008 年 4 月。

2. 故障分析

2016 年 6 月 21 日，对某变电站 145 C 相电流互感器进行油中溶解气体分析时发现，乙炔、氢气、总烃含量均超出 DL/T 722《变压器油中溶解气体分析和判断导则》规定的注意值（见表 4-56）。三比值法编码为"110"，属于电弧放电故障。

表 4-56   色谱试验数据

试验时间	H_2	CH_4	C_2H_6	C_2H_4	C_2H_2	总烃	CO	CO_2	三比值
2016 年 6 月 21 日		468.8	55.3	1.4	2.3	527.8	117.8	434.3	110

为进一步分析缺陷原因，对 145 C 相电流互感器进行诊断性试验，发现 145 C 相电流互感器 $\tan\delta$ 为 1.34%，超出 DL/T 596《电力设备预防性试验规程》规定的 1% 的注意值，见表 4-57。

表 4-57   电流互感器进行诊断性试验数据

相别	A	B	C
$\tan\delta$%	0.229	0.227	1.34
C_x(pF)	787.8	755.2	754.7
铭牌电容（pF）	788.9	755.9	754.5
偏差 ΔC%	−0.14	−09	03
一次侧绝缘（MΩ）	10000	10000	10000
末屏绝缘（MΩ）	30000	30000	40000

由于电流互感器的介质损耗因数偏大，根据 DL/T 596《电力设备预防性试验规程》要求进行了高电压介质损耗试验，试验结果见表 4-58。

表 4-58   介质损耗试验报告

试品编号	HV9003	仪器编号		937013
试验方法	正接线 自动多点升压			
试验频率	自动调谐 介质损耗已换算到 50Hz			
电容变化量	0.138%	介质损耗增量		+0.394%
升压数据				
序号	电压（kV）	频率（Hz）	电容（pF）	介质损耗（%）
1	10.38	56.1	756.5	+1.188
2	20.37	56.1	757.1	+1.373
3	25.05	56.1	756.9	+1.430
4	30.19	56.1	757.0	+1.493
5	402	56.1	757.1	+1.554
6	50.13	56.1	757.3	+1.562
7	60.10	56.1	757.6	+1.572
8	64.41	56.1	757.5	+1.582

测量从 10kV 到 $U_m/\sqrt{3}$，介质损耗因数 $\tan\delta$ 增量为 +0.394%，超出 DL/T 596《电力设备预防性试验规程》规定的 +0.3% 的注意值。

3. 故障确认及处理

11 月 24 日将该支电流互感器返到厂家进行解体分析：产品外观无放电痕迹，储油柜内一次配线绝缘紧实，零屏和末屏引出线连接良好；器身洁净，所有电容屏尺寸符合设计要求，未见开裂，主绝缘包扎紧实，没有击穿痕迹，油箱和储油柜内清洁，无金属和非金属异物，且内壁漆膜干燥无脱落。

主3屏铝箔端部有淡黄褐色凝固物（如图4-71所示），表面附有X蜡，其他未见异常。

图 4-71　铝箔端部有淡黄褐色凝固物

根据结果分析，认为产品变压器油中混入了添加剂，这是一种为了降低变压器凝点和黏度的有机物。同时，在变压器的制造过程中，黏合剂使用不当。该公司在2008年，一次绝缘包扎时，允许少量使用黏合剂固定电容屏，尤其是电容屏端头，操作者使用黏合剂量大或掺杂了异物。无论添加剂还是一定量的黏合剂，长期在电场作用下，发生了亲电吸附作用，产生局部放电，导致绝缘油中烃类分子链断裂分解，产生烃类、CO、CO_2和大量氢气，继而产生乙炔。

🔆 电弧放电故障案例 37

1. 设备情况简介

某主变压器型号为SFSZ8-31500/110，1999年投运。2006年4月13日该主变压器差动保护和本体重气体保护动作，主变压器三侧开关跳闸。主变压器故障跳闸前的有功负荷为 12000kW。故障前几天多为阴雨天，故障发生时没有出现雷电，也没有受到短路电流的冲击。开关跳闸后约 2h 取油样（未取瓦斯气体），故障前后油中溶解气体含量的分析结果见表 4-59。

表 4-59　　　　　　　某 110kV 主变压器故障前后油色谱分析结果（μL/L）

分析日期	H_2	CH_4	C_2H_4	C_2H_6	C_2H_2	总烃	CO	CO_2
2006 年 3 月 9 日	35.6	7.2	6.4	2.7	0.9	16.5	441	2461
2006 年 4 月 13 日	192	28.1	38.4	2.7	62.5	132	542	2937

2. 故障分析

由于是重气体保护动作，而且油中 H_2、C_2H_2 含量比一个月前大幅增长并超过注意值，这表明变压器内部发生了突发性故障。故障气体主要由 H_2 和 C_2H_2 组成，三比值法编码为"102"，故障类型应为电弧放电故障。但油中故障气体含量并不特别高，这可能与取样时距离跳闸的时间较短，故障气体来不及完全扩散到底部取样阀有关。

该变压器跳闸后，进行了各项电气试验。结果表明，各电压等级绕组绝缘电阻、铁芯对地绝缘电阻、中、低压侧绕组的直流电阻、有载分接开关的切换波形、过渡电阻等试验数据正常。但发现高压绕组三相直流电阻不平衡，A 相低挡位和高挡位直流电阻比 B、C 两相要大。由此初步判断故障发生在 A 相的高压侧导电回路中。根据 A 相高压侧绕组接线，对各挡直流电阻的测定数据进行分析后，进一步判断故障部位在 A 相调压绕组回路中。决定对该变压器作吊罩检查。

3. 故障确认及处理

在吊罩检查中，发现以下问题：①三相 110kV 套管的将军帽密封处有少量水珠，密封垫已失去弹性；套管与升高座连接法兰的密封垫出现不同程度的龟裂；在变压器内部 A 相高压套管壁及其下方底部发现水珠。②A 相调压绕组分接头的引出线出现变形与位移，相邻引出线间的支撑垫块错位，其中有 2 块已经脱落。③A 相高压侧绕组底部发现少量碳化物和铜屑。④解体 A 相调压绕组时，发现在 1～2 分接、5～6 分接和 6～7 分接的三个分接绕组中存在着不同股导线的断股现象。

根据检查结果，经分析后认为，调压绕组放电并烧断部分与并联导线的原因是高压侧 A 相套管将军帽的密封垫和套管与升高座连接法兰的密封垫密封不良，加上故障前多日阴雨，使水分进入到变压器内部 A 相套管下方；而调压绕组处于变压器绕组的最外层，进入的水首先使调压绕组的绝缘受潮，在调压绕组不同部分的匝间、层间或饼间电压作用下，造成电弧放电，烧断这几个部位的并联导线；在故障时的短路电动力作用下，致使调压绕组分接头的引出线位置发生变化。

⚙ 电弧放电故障案例 38

1. 设备情况简介

某水泥厂主变压器（型号 SZ9-31500/110）于 2005 年 5 月投运，投运后一直未进行过油色谱分析。2007 年 11 月 28 日发生主变压器本体重气体保护动作，主变压器开关跳闸。气体继电器中聚集气体并能点燃，但未取气样进行油色谱分析；约 8h 后取油样送电力部门分析，分析结果见表 4-60。

表 4-60　　　　　　某 110kV 主变压器油中溶解气体含量（μL/L）

分析日期	H_2	CH_4	C_2H_4	C_2H_6	C_2H_2	总烃	CO	CO_2
2007 年 11 月 28 日	558	300	751	45.1	1522	2618	773	14277

2. 故障分析

该变压器发生重瓦斯动作，油中 H_2、C_2H_2 和总烃含量严重超标，特别是乙炔含量巨大，三比值法编码为"102"，判断该设备内部发生电弧放电故障。

3. 故障确认及处理

根据油色谱分析结果，现场进行了电气试验，该主变压器随即更换后做返厂处理。

第五章

局部放电故障

局部放电故障案例 1

1. 设备情况简介

2010 年 8 月 30 日，某风电 1 号主变压器油色谱氢气组分超标。跟踪分析油色谱数据见表 5-1。

表 5-1　　　　　　　　某风电 1 号主变压器油色谱数据（μL/L）

时间	H_2	CH_4	C_2H_6	C_2H_4	C_2H_2	总烃	CO	CO_2
2010 年 8 月 7 日	148.0	8.9	1.8	1.9	0.0	12.6	191.0	1062.0
2010 年 8 月 30 日	151.0	13.7	1.6	1.7	0.0	17.0	287.0	1117.0
2011 年 3 月 28 日	218.0	20.7	2.3	2.6	0.0	25.6	281.0	811.0
2011 年 7 月 14 日	339.0	22.6	4.2	3.8	0.0	30.6	172.0	844.0

2. 故障分析

三比值法编码为"010"，且油中氢气含量超注意值，可能存在低能量密度局部放电故障。

从表 5-1 分析，乙炔含量为 0，排除变压器内高能放电的可能性；总烃含量未超过注意值，排除局部过热的可能性，氢气含量超过注意值，可能是由于油中含有空气隙，微水偏高，导致低能局部放电和水分分解，引起氢气含量上升。

3. 故障确认及处理

对变压器油进行跟踪取样分析，结果见表 5-2。从表 5-2 可知，氢气组分在 7 月 28 日后达到最高值，之后整体呈下降趋势，结合主变压器投运前后的油色谱数据，氢气组分含量在一年中有升有降，存在夏天高冬天低的特点，结合 1 号主变压器自投运以来的运行情况，分析油中氢气组分含量超注意值的原因如下：

（1）安装过程中，真空注油的真空度未达到要求；安装后，进行过一次抽油，以调整高压套管的安装角度，导致油中含有部分空气；另外，2011 年 3 月，1 号主变压器 2 组冷却器连接法兰渗油，可能导致少量空气进入油中。

（2）该风场地处江苏沿海，变压器安装为户外，全年空气中湿度基本超过 80%，空气中水分含量较多，进入空气的同时，水分含量也会增加。

（3）1号主变压器采用金属波纹储油柜，材质为不锈钢，不锈钢材料在油中可能催化变压器油，产生氢气，一般新投运的变压器会出现这种情况。而某风电1号主变压器是新投运变压器，且投运后一直未进行过检修，很有可能会出现这种情况。

表 5-2 　　　　　　　某风电 1 号主变压器油质变化记录表 （μL/L）

取样时间	H_2	CH_4	C_2H_6	C_2H_4	C_2H_2	总烃	CO	CO_2
2011 年 7 月 14 日	339.0	22.6	4.2	3.8	0.0	30.6	172.0	844.0
2011 年 7 月 28 日	358.0	26.3	5.1	4.1	0.0	26.3	149.0	737.0
2011 年 8 月 15 日	349.0	23.7	5.5	4.0	0.0	33.2	184.0	751.0
2011 年 8 月 30 日	295.0	23.3	4.8	4.1	0.0	28.1	168.0	1024.0
2011 年 10 月 9 日	210.0	22.5	4.4	3.9	0.0	30.8	156.0	996.0
2011 年 11 月 11 日	274.0	26.0	5.8	5.0	0.0	36.8	106.0	780.0

2012 年 1 月初对 1 号主变压器本体进行 48h 真空滤油脱气后投入运行，油色谱分析见表 5-3，脱气后氢气组分含量明显下降，趋于稳定。

表 5-3 　　　　东凌风电 1 号主变压器滤油投运后油色谱分析报告 （μL/L）

气体	H_2	CH_4	C_2H_6	C_2H_4	C_2H_2	总烃	CO	CO_2
2012 年 1 月 11 日	10.0	1.0	0.0	0.0	0.0	1.0	8.0	107.0
2012 年 2 月 16 日	19.0	2.4	0.6	0.5	0.0	3.5	10.0	332.0
2012 年 3 月 27 日	23.0	3.7	1.3	0.8	0.0	5.8	49.0	584.0

🔧 局部放电故障案例 2

1. 设备情况简介

2018 年 8 月 24 日，某变电站 220kV 变压器在油化试验中检测到绝缘油内 H_2 含量超标。该变压器曾于 2018 年 7 月 19 日进行了高压 A 相套管更换，而投运前的相关电气试验及油化试验结果合格。在发现 H_2 含量异常后，一直对该主变压器绝缘油进行油色谱跟踪，数据显示 H_2 和部分烃类气体持续增长，具体油色谱试验数据见表 5-4。由此可知，对于异常数据，含量最多的特征气体为 H_2，占氢烃气体的 87％以上；其次是 CH_4、CO、CO_2，其中 CH_4 占总烃气体的 85％以上；最后是 C_2H_6、C_2H_4，且 C_2H_6 含量远大于 C_2H_4 含量；无 C_2H_2。

表 5-4 　　　　　　　　　故障变压器油色谱试验数据 （μL/L）

时间	H_2	CH_4	C_2H_6	C_2H_4	C_2H_2	总烃	CO	CO_2
2018 年 7 月 19 日	5.2	0.1	0.0	0.0	0.0	0.1	3.5	66.7
2018 年 8 月 24 日	231.4	27.5	3.5	0.1	0.0	31.0	15.4	89.4
2018 年 8 月 31 日	861.2	51.2	5.2	0.2	0.0	56.6	28.3	105.5
2018 年 9 月 8 日	1022.7	83.6	8.7	0.2	0.0	92.5	33.8	115.8
2018 年 9 月 17 日	1486.7	135.1	14.1	0.3	0.0	149.5	48.8	129.6
2018 年 9 月 27 日	1843.2	171.2	16.7	0.3	0.0	188.2	58.8	139.6

2. 故障分析

由于变压器绝缘油受潮也会产生大量 H_2，因此对该变压器绝缘油的微水含量也进行了持续跟踪，试验数据见表 5-5。由此可知，变压器的微水含量最高为 10.1mg/L，远低于 GB/T 7595—2017《运行中变压器油质量》规定的 25mg/L 注意值。现场多次观察也未发现变压器有渗漏油现象，不存在密封不良导致的绝缘油受潮的可能。同时，本体绝缘油受潮，一般 H_2 含量变化较明显，但烃类气体含量基本不变，与该变压器的特征气体变化趋势不一致，因此也可排除变压器绝缘油受潮。

根据三比值法编码为"010"，故障类型为局部放电故障，而变压器内部局部放电的主要类型有气泡放电、悬浮杂质放电和油纸绝缘受潮放电。

表 5-5 故障变压器油中微水含量试验数据

日期	2018 年 7 月 19 日	2018 年 8 月 24 日	2018 年 9 月 8 日	2018 年 9 月 27 日
微水含量（mg/L）	8.7	9.2	9.5	10.1

检修人员在对该变压器进行外观检查中未发现渗油点，储油柜胶囊也未发生破裂，不存在密封不良导致本体进气的情况，历次的绝缘油含气量试验结果也证明了这一点（见表 5-6）。虽然目前相关规程 GB/T 7595—2017《运行中变压器油质量标准》等对 220kV 变压器绝缘油含气量无明确规定，但该变压器油中含气量满足 500kV 变压器的相关要求（运行中 500kV 变压器油中含气量的注意值为 3%）。同时，在更换变压器套管时本体是部分排油，不存在内部积存大量气体的情况，更换后也进行了充分的静置并多次放气，气体继电器中未发现不明气体，因此可排除该变压器存在气泡放电。

表 5-6 故障变压器油中含气量试验数据

日期	2018 年 7 月 19 日	2018 年 8 月 24 日	2018 年 9 月 8 日	2018 年 9 月 27 日
含气量	—	1.8%	1.9%	1.9%

悬浮杂质放电一般应满足以下两个条件：一是油中颗粒度较大或较多；二是油中金属成分含量高。由于油中金属成分（主要包括铜离子和铁离子）对绝缘油的介质损耗因数影响较大，相关规定中 220kV 变压器绝缘油介质损耗因数的注意值为 1.0%（90℃），而绝缘油的历次介质损耗因数的测量数据未发现异常（见表 5-7），因此该变压器油中的金属成分较低。

表 5-7 故障变压器绝缘油介质损耗因数试验数据

日期	2018 年 7 月 19 日	2018 年 8 月 24 日	2018 年 9 月 8 日	2018 年 9 月 27 日
介质损耗因数	0.275%	0.277%	0.312%	0.298%

同时，该变压器在检修前未发生局部放电，检修中曾使用高真空滤油机对排出的绝缘油进行了处理，而高真空滤油机对油中颗粒具有很好的过滤作用，在油处理完成后油中颗粒度含量很低，因此也可排除该变压器存在悬浮颗粒放电的可能。

综上所述，初步判断该变压器的油色谱数据超标是因为变压器内部的油纸绝缘受潮导致局部放电，同时三比值法中 $CO_2/CO<3$ 也支持这一观点。鉴于该变压器在故障前曾进行高压 A 相套管更换，因此套管附件的绝缘纸受潮导致局部放电的可能性最大。

3. 故障确认及处理

2018 年 10 月 3 日，对该变压器进行了局部放电试验，结果显示高、中压侧局部放电量分别为 738pC 和 978pC，高于 DL/T 596《电力设备预防性试验规程》要求的 100pC。该试验验证了故障分析结果，确定了该变压器内部存在局部放电现象。

消除安全隐患，检修人员进入变压器内部进行了检查。检查中发现高压 A 相套管升高座绝缘纸筒上存在放电痕迹，变压器内部其他部位未发现异常。随后，检修人员对存在问题的绝缘纸筒进行了更换，并在检修完成后再次进行局部放电试验，试验结果合格。2018 年 10 月 10 日，该变压器再次投入运行，在之后的油色谱跟踪试验中，各相试验数据满足要求，标志着变压器故障得到彻底解决。

⚙ 局部放电故障案例 3

1. 设备情况简介

2014 年 3 月 31 日，在对 110kV 变电站的 110kV 194 A 相电流互感器（该 TA 为油浸式户外型，型号为 LCWB9-110W3，变比为 600/5，由某互感器公司制造，2010 年 7 月 27 日投产使用）进行春检作业时发现该相电流互感器的金属膨胀器上盖被顶起，产生严重变形，试验专业对其进行了绝缘电阻和介质损耗测试，合格；进一步进行油样化验，油色谱分析异常，其中总烃含量为 $563.4\mu L/L$、H_2 含量为 $18554.5\mu L/L$，远超过注意值 $150\mu L/L$，见表 5-8。

表 5-8 　　　　　　　　　　色谱数据（$\mu L/L$）

时间	H_2	CH_4	C_2H_6	C_2H_4	C_2H_2	总烃	CO	CO_2
2014 年 3 月 31 日	18554.5	419.5	142.4	0.9	0.6	563.4	27.8	315.6

2. 故障分析

在这台 TA 中，含水量分析为 14.2mg/kg（运行油的标准是小于或等于 35mg/kg），因此可以认为该相互感器油中氢气含量偏高，不可能是由于进水受潮而引起。从故障特征气体看出以 H_2 为主，CH_4 次之，是局部放电的产气特征，通过图形法诊断，以 H_2、CH_4、C_2H_6、C_2H_4、C_2H_2 等 5 个组分依次排列作为横轴，以各组分之浓度（以浓度最高者为 1）为纵轴，绘出气体图形，呈 L 形，也是局部放电类型。因此，可以断定该故障类型为局部放电故障。

3. 故障确认及处理

为了消除设备重大隐患，避免事故的发生，于 2014 年 4 月 2 日对 110kV 的 194 A 相电流互感器进行了更换；更换后，对该相电流互感器进行了直流电阻测试，数据合格，故排除了设备内部与导电杆连接不牢固或螺母松动的现象。对设备解体后重点检查了：器身零屏引线与储油柜连接是否可靠；绝缘纸包扎情况、有无击穿点。发现了 2 个问题，说明如下：

（1）解体过程中最外面一层的高压侧电缆纸破损。经过逐层仔细剥离后发现里边没有高压侧电缆纸破损这种情况，所以判定该现象可能是由于在安装或拆下二次绕组时不慎划伤造成的。

（2）在剥离高压电缆纸和铝箔纸时发现端屏铝箔小面积发污现象，如图 5-1 所示，所以怀疑一次绕组内部有受潮的可能。

图 5-1 屏铝箔小面积发污现象

因此本次故障原因分析为在设备安装时，由于高压侧电缆纸和铝箔之间的干燥不到位，在电场中首先极化，形成"小桥"，于是放电先从这部分开始发生和发展；油在高场强下游离而分解出气体，由于气体的介电常数小，比油隙更易击穿，产生放电，使油隙继续产生气泡，从而形成恶性循环，使得运行中的设备不断产生气体，进而将顶部的膨胀器顶起，导致变形。

⚙ 局部放电故障案例 4

1. 设备情况简介

某发电厂 2 号高压脱硫变压器（以下简称脱硫变）型号为 SF10-20000/22，分别于 2008 年 6 月和 2008 年 12 月投运。变压器投运后的正常负荷在其额定容量的 50%～60% 间波动，电压稳定，变压器其他运行状况及指标均无异常。

2. 故障分析

2010 年 12 月，在例行油色谱分析中发现 2 号脱硫变油中 H_2 含量异常升高，超过了注意值 150μL/L。鉴于除特征气体 H_2 含量超标外，其他烃类气体成分含量变化不大，初步判断设备受潮或进水；检查变压器各连接管道外观，并未发现渗漏点。油色谱跟踪分析报告显示，随着时间的推移，H_2 含量呈持续增长趋势，与其他特征气体相比，有明显的单值升高特征，见表 5-9。与此同时，1 号脱硫变压器也存在相似异常现象。

表 5-9　　　　　　　**2 号脱硫变压器油色谱跟踪分析数据（µL/L）**

试验日期	H_2	CH_4	C_2H_6	C_2H_4	C_2H_2	总烃	CO	CO_2
2010 年 12 月 23 日	380.9	10.16	2.87	6.22	0	19.25	811.07	3967.44
2011 年 1 月 9 日	486.25	13.21	2.84	5.82	0	21.87	965.82	3453.56
2011 年 2 月 21 日	474.31	14.52	5.10	8.51	0	28.13	1056.6	5218.85
2011 年 3 月 16 日	380.63	13.31	3.83	7.48	0	24.62	837.49	4419.78
2011 年 3 月 28 日	286.48	9.22	6.35	4.12	0	19.69	637.26	2770.74

由表 5-9 可知，特征气体 H_2 含量超过了 DL/T 722《变压器油中溶解气体分析和判断导则》规定，总烃气体含量在规定范围内。在制造厂的配合下，发电厂对 2 号脱硫变压器进行了滤油处理并开展了油色谱跟踪分析，油色谱跟踪分析数据表明，H_2 含量在短期内仍呈明显上升趋势。适逢发电机组大修，与制造厂协商，2 号脱硫变压器于 2011年 4 月底返厂检修。

3. 故障确认及处理

为了彻查故障原因，进行吊罩检查，发现 2 处疑似问题点：在高压侧 A 相引线焊接部位的外包绝缘上有一处碳化点；在低压侧引出线焊接部位表面有铜绿〔即碱式碳酸铜 $Cu_2(OH)_2CO_3$ 附着〕。

在制造厂，采取改高、低压侧引线磷铜焊接为冷压焊接，器身经煤油气相干燥处理，箱内变压器油进行真空滤油等措施后，复原变压器进行第二次 48h 温升试验。第二次 48h 温升试验后，油色谱试验结果显示 H_2、CO、CO_2 含量仍明显上升，但上升速率比第一次温升试验时已有较大幅度下降。

出于谨慎，制造厂决定再次吊罩进行器身解体检查，重点检查高/低压绕组、铁芯、绝缘件及开关等部位，但未发现其他明显的发热点和放电痕迹。第三次 48h 温升试验后，油色谱试验结果显示 H_2、CO、CO_2 含量已无上升现象。返厂检修至此结束。

2011 年 5 月 12 日，2 号脱硫变压器运回电厂安装就位，在交接试验合格后恢复运行。此后的油色谱跟踪分析数据显示，变压器油中 H_2 含量稳定在一个较低水平，其他特征气体含量也在标准范围内。在 2 号脱硫变压器返厂检修成功，正常运行两年多后，1 号脱硫变压器于 2013 年 9 月进行返厂检修，并于 2013 年 11 月重新投运并正常运行至今。

⚙ 局部放电故障案例 5

1. 设备情况简介

某供电公司 1 号主变压器型号为 SSZ-180000/220，生产厂家为保定某电气股份有限公司，2012 年 7 月生产，2013 年 4 月投运，投运后通过油色谱分析发现 1 号主变压器氢气含量逐步增长，并超出注意值，见表 5-10。该变压器安装了油色谱在线监测装置，油色谱在线监测显示氢气、甲烷逐步增长，已报警，三比值法编码为"011"，判断为低能局部放电故障兼低温过热故障。

表 5-10 1 号主变压器油色谱数据（μL/L）

取样日期	H_2	CH_4	C_2H_6	C_2H_4	C_2H_2	总烃	CO	CO_2
2014 年 12 月 30 日	271.96	11.83	1.47	1.35	0	14.65	110.66	501.73
2014 年 11 月 27 日	294.4	12.6	1.7	1.6	0	15.9	112	387.1
2014 年 8 月 25 日	221.9	9.28	1.06	1.47	0	11.81	99.22	451.78
2014 年 8 月 25 日	216.86	9.13	1.21	1.4	0	11.74	98.25	453.56
2014 年 3 月 31 日	104.78	4.97	1.33	1.22	0	7.52	70.43	335.65
2014 年 3 月 11 日	91.88	4.25	0.66	1.16	0	6.07	61.15	313
2014 年 1 月 14 日	70.1	3.42	0.56	0.66	0	4.64	62.11	343.73
2014 年 1 月 8 日	71.8	2.93	0	0.33	0	3.26	602	300.73
2013 年 5 月 29 日	7.94	0.6	0	0	0	0.6	17.49	256.8
2013 年 5 月 2 日	2.3	0.52	0.43	0.19	0	1.14	9.61	193.81
2013 年 4 月 26 日	0.63	0.38	0.23	0	0	0.61	7.49	191.58
2013 年 4 月 23 日	0.87	1.04	1.03	0	0	2.07	7.48	227.36
2013 年 4 月 16 日	0.54	0.45	0.52	0	0	0.97	6.97	170.47
2013 年 3 月 27 日	0.45	0.37	0	0	0	0.37	6.29	151.35
2013 年 1 月 10 日	0	0.26	1.69	0.6	0	2.55	3.12	245.33

2. 故障分析

2014 年 3 月 26 日，联系厂家、基建、施工单位对 1 号、2 号变压器氢气增长问题进行综合分析，厂家经过分析认为氢气单项增长属于正常，认为变压器不存在问题，并承诺质保，不予处理。供电公司安排监督人员每月进行测试，逐月进行分析，发现甲烷含量也持续增长，经三比值等方法反复分析认为该变压器内部存在异常。

2015 年 1 月 6 日再次联合物资、厂家、基建、施工单位召开 220kV 变电站 1 号、2号主变压器的油色谱异常问题分析会。认为变压器油色谱异常非单纯单氢高问题，认为变压器本体或电缆仓内部有存在低能量局部放电故障可能，并建议扣留变压器厂家质保金，督促基建施工单位进行处理。

2015 年 3 月 22 日进行 1 号变开仓检查，检查发现：①该变压器高压侧 C 相电缆仓的引线制作工艺不良，引线绝缘纸脱落，造成引线周边电场不均，存在局部放电可能。②中压侧 B 相套管末屏的接地引线端断裂，中压侧 B 相套管末屏失地运行，存在局部放电可能，存在套管爆炸危险。（2008 年某公司曾发生一起因 330kV 变压器套管末屏失地运行发生套管爆炸，造成变压器严重损坏事故）。③经过对变压器中压侧 B 相套管末屏接地引线柱的检查，发现接地引线柱在变压器投运前就已发生断裂，并由厂家人员进行了焊接处理，因焊接不良并于投运后发生了脱落，如图 5-2～图 5-6 所示。

3. 故障确认及处理

对于脱落的接地柱因无法更换，检修人员重新制作了接地引线桶，通过螺钉将其套在原有的断裂柱根部。如图 5-7～图 5-9 所示。

图 5-2　正常的接地引线　　　　　　图 5-3　断落的接地引线

图 5-4　脱落的电缆引线绝缘纸

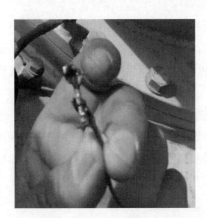 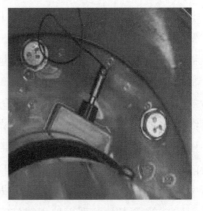

图 5-5　焊接的接地引线柱　　　　　　图 5-6　正常的接地引线柱

暴露问题：

（1）电缆仓与变压器本体连通运行，电缆仓的呼吸油管上没有设置分支阀门，安装施工、试验、检修时不能与变压器本体有效隔离，当出现异常情况时，对变压器本体故障还是电缆仓故障无法有效区分，且检修时相互影响，带来诸多不便。

图 5-7 断落的接地引线

图 5-8 制作的接地套筒

（2）基建现场施工把关不严，施工单位、变压器厂家的现场施工人员未严格按照基建施工要求开展施工。

（3）施工单位、变压器厂家或监理单位存在欺瞒行为，对于隐蔽工程及产品质量问题进行欺瞒，给运维单位的设备运维分析带来极大困难，造成极大人力、物力、财力消耗。

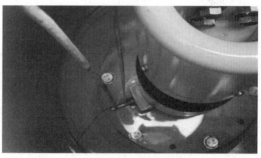

图 5-9 安装接地套筒

防范措施：

（1）通过正式文件否定该类型变压器设计及安装，为变压器运维、检修、试验工作提供便利。

（2）加强全过程技术监督管理，防止隐患设备入网运行。

（3）加强入网设备检测与分析，防止事故发生。

⚙ 局部放电故障案例 6

1. 设备情况简介

某供电公司 220kV 变电站的 101、145 电流互感器型号为 LB7-110W，生产厂家：江苏某电气股份有限公司，2006 年 4 月产品，2007 年 6 月投运。101 电流互感器 B 相出厂编号："K06040761"、145 电流互感器甲 A 相出厂编号："K06040817"。

2. 故障分析

2012 年 4 月 11 日进行的例行试验中发现 145 电流互感器甲 A 相和 101 电流互感器 B 相的电流互感器油色谱数据异常，见表 5-11。

表 5-11   **2012 年 4 月 11 日色谱数据（μL/L）**

项目	H_2	CH_4	C_2H_6	C_2H_4	C_2H_2	总烃	CO	CO_2
101 电流互感器 B 相	12988	532.3	54.8	1.14	0.4	588.6	521.7	848.9
145 电流互感器甲 A 相	1088	62.6	11.8	0.3	0	74.7	389.5	709.5

　　从表 5-11 中可以看出，两只电流互感器的氢气严重超标，而且 101 电流互感器 B 相总烃超标较为严重。该 220kV 变电站的 101 电流互感器 B 相、145 电流互感器甲 A 相历次绝缘油色谱试验结果见表 5-12 和表 5-13。

表 5-12   **某 220kV 变电站 101 电流互感器 B 相绝缘油历次油色谱试验结果**

试验日期	试验数据（μL/L）							
	H_2	CH_4	C_2H_6	C_2H_4	C_2H_2	总烃	CO	CO_2
交接日（厂家安装验收时的数据，相当于起始点）	1.6	3.1	0	0	0	3.1	8.4	127.9
2008 年 5 月 13 日	106.8	3.1	0.3	0.3	0	3.8	219.3	421.9
2012 年 4 月 11 日	12988	532.3	54.8	1.1	0.4	588.6	521.7	848.9

表 5-13   **某 220kV 变电站 145 电流互感器甲 A 相绝缘油历次油色谱试验结果**

试验日期	试验数据（μL/L）							
	H_2	CH_4	C_2H_6	C_2H_4	C_2H_2	总烃	CO	CO_2
交接	29.6	2.7	0	0	0	2.7	25.1	152.6
2008 年 5 月 13 日	132.1	0.5	0.9	0.2	0	1.6	33.9	406.2
2012 年 4 月 11 日	1088.7	62.6	11.8	0.3	0	74.7	389.5	709.5

　　2008 年的绝缘油色谱数据氢气虽然增长较多，总烃无明显变化，在 DL/T 722《变压器油中溶解气体分析和判断导则》规定范围之内，视为正常。通过对比历次试验数据，一次侧绕组的绝缘电阻、末屏绝缘电阻、介质损耗因数及电容量均在 DL/T 596《电力设备预防性试验规程》的规定范围之内，无异常。

　　3. 故障确认及处理

　　101 电流互感器 B 相已于 2012 年 4 月 26 日进行更换，145 电流互感器甲 A 相于 2012 年 5 月进行了更换。为了及时分析设备故障原因，预防类似事件发生，保障电网安全稳定运行，2012 年 5 月 31 日，在江苏精科智能电气股份有限公司生产车间内对缺陷 TA 进行了解体分析。此型式电流互感器绝缘电容屏共分 0～6 屏，共计 7 个屏，6 号屏为末屏，在拆除各屏间绝缘纸时发现，6 屏至 5 屏间、5 屏至 4 屏间、4 屏至 3 屏间，在一次侧绕组 U 型弯底部一侧，存在绝缘纸褶皱现象，为绕制绝缘纸时工艺不良所致；三个屏间的绝缘纸褶皱都是在接近同一位置，6 屏至 5 屏间有十几处，5 屏至 4 屏间有十处左右，4 屏至 3 屏间有六处，而对侧的绝缘纸包扎非常光滑，没有褶皱现象。缺陷

TA 解体分析如图 5-10 所示。

从解体过程中可以看到，主绝缘的 3 主屏至 6 主屏间的高压电缆纸存在绝缘起皱现象，即表面存在凹凸性，那么在凹槽中就可能存有空气；而制作过程中的工艺分散性加剧了其表面电场分布的不均匀程度，成为设备长期运行过程中产生低能放电的隐患。从解体过程中可以看到相邻的绝缘纸上肯定也出现对应的褶皱现象，在理论上形成了放电通道。

图 5-10　缺陷 TA 解体分析

从放电理论上分析，油纸复合绝缘材料在长期电场作用下，电击穿场强远远低于瞬时击穿场强。在交流电压下油纸复合绝缘材料中的油与气隙均为薄弱环节，容易被击穿。根据电场理论，电场强度的分布和其介电常数成反比，因此在由油纸绝缘纸褶皱而形成的放电电极场强很高；而被油纸绝缘材料褶皱包裹的绝缘油及气隙的击穿场强又比油纸复合绝缘材料低得多，在由于褶皱而产生的电场集中部位的气隙就会出现放电现象，产生部分气泡，导致该处的耐电强度进一步下降，游离放电加剧。再加上其绝缘采用多极电容屏，层间绝缘包扎紧密，因而相对封闭，绝缘层间油同油箱内油交换困难，在故障初期很难发现，隐蔽性较强。因而绝缘包扎中绝缘纸褶皱是本次故障的根本原因。

🔧 局部放电故障案例 7

1. 设备情况简介

某供电公司运行值班人员于 2011 年 3 月 5 日发现某站 2217 电流互感器 C 相的顶部膨胀器盖顶开变形，该设备型号为 LB10－220W3，于 2009 年 7 月出厂，同年 12 月 18 日投入运行。发现缺陷后，对该设备采油进行油油色谱试验，色谱分析数据见表 5-14。

表 5-14　　某站 2217 电流互感器的 B、C 相油中溶解气体含量（μL/L）

分析日期	H_2	CH_4	C_2H_6	C_2H_4	C_2H_2	总烃	CO	CO_2	备注
2011 年 3 月 6 日	9502.5	513.6	14.2	1.1	0	528.9	36.1	172.0	B 相别
2011 年 3 月 6 日	36330.3	3060.2	185.8	0.9	1.1	3248	18.8	128.3	C 相别

2. 故障分析

试验结果 2217 电流互感器 B 相和 C 相的主要特征气体表现为 H_2、CH_4 高，C_2H_6 有一定的增长，三比值法编码为"110"，根据 DL/T 722《变压器油中溶解气体分析和判断导则》判断，内部存在低能放电故障。

3. 故障确认及处理

故障发生后公司立即对故障和存在隐患的电流互感器进行了更换处理。

局部放电故障案例 8

1. 设备情况简介

某 110kV 电流互感器（型号 LB-110）在运行一年后，设备的介质损耗从 0.24% 剧增至 1.89%；在 1.1 倍额定电压下的局部放电达 1619pC。油中溶解气体含量测定结果见表 5-15。

表 5-15   某 110kV 变压器油中溶解气体含量（μL/L）

气体组分	H_2	CH_4	C_2H_6	C_2H_4	C_2H_2	总烃	CO	CO_2
组分含量	24101	5813	15	311	0	6139	212	1210

2. 故障分析

从油中溶解气体含量测定结果分析，H_2 和总烃含量远远超过了注意值，设备内部存在故障是可以确定的，电气试验（介质损耗和局部放电）结果也证实了这一点。油中的故障气体主要是 H_2 和 CH_4，根据特征气体法判断，故障类型应为局部放电故障；三比值法编码为"002"，属高温过热故障，与特征气体法的判断结果不符。但高温过热故障的特征气体主要表现为 C_2H_4 和 CH_4 上，而不是 H_2 和 CH_4，故两者比较，该设备的故障性质为局部放电的可能性更大，这也从该设备解体检查的结果中得到证实。

3. 故障确认及处理

该互感器解体后发现内部纤维绝缘局部发黑，周围有大量的 X 蜡。故障原因是制造工艺不严，绝缘脏污，包绕不紧，有明显沟槽的气隙，电屏放置不符合设计要求及未进行真空注油等，致使设备在运行中发生了局部放电。

局部放电故障案例 9

1. 设备情况简介

某 220kV 电流互感器（型号 LCBW-220）1988 年投运，运行后油中 H_2 含量较高。1991 年 4 月 11 日的试验发现 CH_4 含量从前一年的 6.2μL/L 增至 69.7μL/L。到 1993 年，H_2、CH_4 含量剧增，该设备即退出运行。油分析结果见表 5-16。

表 5-16   某 220kV 变压器油中溶解气体含量历史监测（μL/L）

分析日期	H_2	CH_4	C_2H_6	C_2H_4	C_2H_2	总烃	CO	CO_2
1990 年 6 月 5 日	289	6.2	1.4	痕	0	7.6	75.9	205
1991 年 4 月 11 日	396	69.7	29.1	痕	0	98.8	274	241
1992 年 3 月 28 日	257	72.7	26.0	痕	0	98.7	232	382
1993 年 4 月 15 日	15962	240	27.1	128	0	395	234	618

2. 故障分析

在 1993 年的测定数据中，H_2 和总烃含量大幅超标；与前一年相比，H_2、CH_4 和总烃的增长速度都很快，预示着设备内部已发生故障。故障气体主要由 H_2、CH_4 组成，次要气体是 C_2H_4 和 C_2H_6，具有局部放电特征；三比值法编码为"012"，属高温过热故障，与特征气体法得到的结论不相符。

3. 故障确认及处理

该电流互感器解体后，发现部分主绝缘略有松软，缠绕电容屏的铝箔有几处起皱褶，且多层间析出蜡状物质。从以上现象分析，该电流互感器发生故障的主要原因是铝箔的皱褶引起局部放电。因为铝箔每出现一个皱褶，就增加了一个夹层空间，致使主电容屏结构发生变化，高压电场的分布随之也发生改变，在皱褶处容易引起放电。

本案例三比值法的判断结果与实际故障不相符。在局部放电故障中，C_2H_4 含量通常都小于 C_2H_6；但在这两个例子中，C_2H_4 含量都高于 C_2H_6，从而使三比值法得出高温过热故障的错误结论。其原因可能有以下几方面：①故障所涉及的绝缘材料比较特殊，使少数局部放电故障产生的 C_2H_4 含量确实大于 C_2H_6；②在试验结果中，发生了 C_2H_4 与 C_2H_6 测定值互换的差错；③发生局部放电故障的同时又出现过热，产生了较多的 CH_4 和 C_2H_4。

第六章

气体组分异常设备无故障

🔧 气体组分异常设备无故障案例 1

1. 设备情况简介

某变电站 1 号主变压器型号 SFPZ7-120000/220，1992 年出厂，1993 年 4 月 16 日投入运行，油质量 40.8t，充装 25 号变压器油，负载率约 50%；潜油泵型号：YB40—16/30T，制造年份 1989 年 8 月，额定转数 2900r/min，最高油温 80℃，额定功率 3.0kW，额定流量 40m³/h。城南一次变电站 1 号主变压器自 1993 年投入运行以来运行正常，主变压器油色谱跟踪试验中没有发现异常情况，油简化分析各项指标均合格。

2003 年 4 月 14 日对该主变压器进行定期试验中，发现乙炔气体、总烃气体含量超过注意值，油的简化分析数据均合格。

2. 故障分析

为查明产气原因，对主变压器不同部位的多点采样进行油中气体组分检测，发现 1 号散热器的乙炔含量、总烃气体含量最高，而其他部位的乙炔、总烃含量相差无几（见表 6-1）。初步怀疑为 1 号散热器内部机械过热。

表 6-1　　　　　　　城南一次变电站主变压器油色谱数据（μL/L）

日期	H_2	CH_4	C_2H_6	C_2H_4	C_2H_2	总烃	CO	CO_2	设备名称
2003 年 1 月 7 日	0.0	19.8	6.9	12.1	0.0	38.8	375.0	8434.0	主变压器
2003 年 4 月 14 日	11.0	35.1	13.2	100.9	6.0	155.2	377.0	2393.0	主变压器
2003 年 4 月 14 日	20.0	46.8	15.3	121.3	13.6	197.0	563.0	2752.0	1 号散热器
2003 年 4 月 14 日	18.0	40.7	17.1	127.2	13.5	198.5	271.0	2419.0	1 号散热器
2003 年 4 月 14 日	20.0	32.6	12.5	93.9	6.4	145.4	347.0	2061.0	4 号散热器
2003 年 4 月 14 日	17.0	41.0	14.1	99.1	5.6	159.8	468.0	2233.0	5 号散热器
2003 年 4 月 14 日	17.0	43.6	12.7	107.6	5.6	169.5	511.0	253.0	7 号散热器
2003 年 4 月 15 日	13.0	39.8	14.2	108.1	5.6	167.7	451.0	2511.0	主变压器
2003 年 4 月 16 日	20.0	55.0	17.8	128.8	8.2	209.8	568.0	2422.0	主变压器
2003 年 4 月 17 日	14.0	38.0	12.4	95.6	7.7	153.7	44.0	2469.0	主变压器
2003 年 4 月 17 日	20.0	52.7	15.1	114.2	7.5	189.5	657.0	2127.0	4 号散热器
2003 年 4 月 18 日	14.0	45.7	17.4	118.3	8.0	189.4	723.0	3961.0	主变压器

2003年3月17日运行人员发现运行中有异音，电机热继电器动作跳闸，通知检修人员检查。现场检查1号散热器潜油泵运行时确有异音，将1号散热器潜油泵退出。经连续5日的主变压器本体油色谱跟踪，主变压器本体油色谱总烃气体组分稳定，说明缺陷没有发展。综合分析判断，故障位置可能在1号散热器的潜油泵。

3. 故障确认及处理

2003年4月14日，对1号散热器的潜油泵解体检查，发现潜油泵上轴承支架破碎，个别支架碎片一端出现了金属高温淬火烧蓝；滚珠表面磨出麻面，轴承套磨出沟痕，转子有摩擦痕迹。由此断定是潜油泵烧毁导致主变压器油色谱异常。

对表6-1的数据分析，1月份处于正常运行状态，4月份烃类气体突然增加并产生乙炔气体，而且体积比大于$5\mu L/L$。如果是放电故障，在产生乙炔的同时还会产生大量的氢气，而该主变压器的油色谱分析中虽然乙炔含量较多但氢气含量却不高，所以不是放电故障而是单纯的高温过热故障。解体检查结果表明由于设备中的潜油泵高速旋转，轴承支架金属疲劳，轴承支架破碎，碎片使珠子和轴套磨损，阻力随之增大，轴承过热。断裂、破碎的轴承支架碎片下落至潜油泵的转子和定子间摩擦产生高温使铁屑赤红，变压器油淬火碎片出现烧蓝，油发生热解而产生乙烯，高速转动摩擦产生的热量又使烯键断裂而产生乙炔气体，从而造成乙炔、总烃含量的升高。经过变压器油扩散与对流将热解气体分子传递至变压器的各部分。由于故障潜油泵停运，1号冷却器内烃类组分体积比高于变压器其他部位。5月23日，对该主变压器吊芯检查未发现异常，完成油脱气工作，油色谱分析各项指标合格。经测试，各项电气参数合格。5月25日投入系统运行，对主变压器油色谱跟踪检测，油中气体组分稳定，变压器运行正常。

⚙ 气体组分异常设备无故障案例2

1. 设备情况简介

35kV 1号主变压器，设备型号SZ7-10000，自2007年8月投运以来油色谱一直正常，在2010年3月30日定期检测时发现油中溶解气体C_2H_2含量为$2.9\mu L/L$，在接下来的跟踪中C_2H_2含量缓慢增长，试验数据见表6-2。

表6-2　　　　　　　　35kV台门1号主变压器油色谱试验数据（$\mu L/L$）

时间	H_2	CH_4	C_2H_6	C_2H_4	C_2H_2	总烃	CO	CO_2	备注
2010年3月30日	36.4	15.9	4.8	3.3	2.9	26.9	872.3	3530.9	预试发现
2010年5月12日	30.4	12.6	1.5	2.7	2.6	19.5	811.3	3462.3	跟踪
2010年7月21日	38.2	14.0	1.6	2.8	2.9	21.3	919.6	3879.2	跟踪
2010年8月18日	31.6	14.2	1.6	2.9	3.2	21.9	1102.7	4889.3	跟踪
2010年9月10日	33.6	13.8	1.5	2.8	4.7	22.8	848.7	3677.6	跟踪
2010年9月19日	36.1	14.8	2.0	3.5	5.5	25.8	909.0	6010.2	跟踪
2010年10月16日	0.0	0.4	1.2	0.6	5.5	7.6	6.7	136.8	处理后
2010年10月20日	0.4	35.0	0.4	0.2	5.5	41.0	11.1	152.5	复测

2．故障分析

分析表 6-2 的数据可知，气体组分中除 C_2H_2 含量缓慢增长外，其他组分变化不大。检查这台主变压器的检修记录，从未进行过带油补焊以及可能引起的外部油污染，且电气试验一直来均正常，所以基本可以排除变压器内部的过热性故障和放电性故障，认为最大可能是有载分接开关渗漏导致异常。

3．故障确认及处理

这台主变压器停电进行有载分接开关检查，发现有载分接开关筒体端部密封圈渗漏，使有载分接开关的油漏向主变压器本体，致主变压器油色谱中出现 C_2H_2，经处理后主变压器油色谱恢复正常。

⚙ 气体组分异常设备无故障案例 3

1．设备情况简介

某变电站 220kV 主变压器周期性大修投运后，油色谱试验发现 C_2H_2 超注意值，数据见表 6-3。由于该变压器大修后预防性试验合格，因此先进行半月一次的油色谱跟踪，变压器继续运行。

2．故障分析

根据表 6-3 中数据并利用特征气体分析：CH_4 和 C_2H_4 含量小且不增长，排除过热故障；C_2H_2 超标但逐步下降，H_2 含量少且不增长，排除放电故障；故障原因可能为大修工艺不好，产生 C_2H_2，随着运行时间的增加，C_2H_2 溶入油中。

C_2H_2 产气速率在最初增加后逐步平稳，并有下降趋势。由于故障气体不增长，三比值法失去分析意义。

结合检修工作分析认为，大修时在油箱或辅助设备上进行电焊时，设备内壁上的油分解产生 C_2H_2，溶解在油内导致。

3．故障确认及处理

确定变压器内部无故障，将该变压器纳入正常监督范围。

变压器大修时应把好电焊工作关。有条件时最好做一下滤油机注入的新油的油色谱试验，排除由于滤油机本身有漏电等一些因素造成的不合格油的注入。

表 6-3　　　　　　　　某变电站 220kV 主变压器油色谱数据（μL/L）

时间	H_2	CH_4	C_2H_6	C_2H_4	C_2H_2	总烃	CO	CO_2
2004 年 3 月 26 日	43.1	4.8	1.6	11.9	10.8	29.1	274.3	2286
2004 年 4 月 17 日	31.7	5.4	1.3	10.5	9.9	27.1	280.7	2251
2004 年 5 月 16 日	18.2	4.3	0.9	9.0	8.9	23.1	257.7	2582
2004 年 6 月 29 日	37.0	6.0	1.5	12.5	8.9	28.9	485.3	3742
2004 年 7 月 12 日	42.2	6.5	1.6	11.3	7.9	27.2	576.7	4161
2004 年 8 月 31 日	42.0	9.1	2.3	12.7	7.2	31.3	746.0	5228
2004 年 10 月 5 日	39.6	12.5	3.9	16.3	7.2	39.9	868.3	5567
2004 年 11 月 17 日	32.8	8.0	3.1	14.8	7.2	33.1	678.4	4309

气体组分异常设备无故障案例 4

1. 设备情况简介

某主变压器（型号 S7-6300/35）进行吊芯检查期间，油样分析结果显示，变压器吊芯前的油样中乙炔含量为零，吊芯后的油样中乙炔含量为 2.1μL/L，吊芯前、后油中溶解气体含量测定值见表 6-4。

表 6-4　　变吊芯前、后油中溶解气体含量测定值（μL/L）

油样	H_2	CH_4	C_2H_6	C_2H_4	C_2H_2	总烃	CO	CO_2
吊芯前	12.1	1.4	0.3	7.9	0.0	9.6	182.0	4926.0
吊芯后	8.2	3.7	0.4	10.2	2.1	16.4	75.6	2732.0

2. 故障分析

本例中的变压器无有载调压开关，也未补充过油或进行过焊接作业，且取油样是在电气试验之前，故可将电气试验的因素排除；所使用的压力式滤油机经检查未见异常，而且该滤油机在后来的使用中也证明并无故障；此外，油处理设备（油罐及滤油机等）使用前，也未接触过含有乙炔的油，所以也可排除现场油处理设备的因素。经过排查，最后认为这台变压器油产生乙炔的原因比较少见，应是注油过程中发生油流静电放电引起。

3. 故障确认及处理

该次作业中所用的滤油机流速为 200L/min，相当于 10t/h，而该变压器油量很小（2.7t），底部进油口的口径较小，这就出现了滤油机出油管口径大于变压器的进油口口径，油在变压器入口处的流速比正常情况下更高的现象，而心式变压器容易出现静电放电的部位也是这一区域。为进一步了解该变压器油的带电倾向性能，对该变压器油与油库中经过滤合格的 25 号新油进行了油流带电度对比试验，结果显示该变压器油的油流带电度（134.2pC/mL）明显高于新油（16.8pC/mL），因此这台变压器在注油中具备了发生油流放电的条件。

据实例分析，得出变压器注油过程中产生乙炔的原因。因此，变压器注油要严格遵守 DL/T 5161《电气装置安装工程质量检验及评定规程》等相关工艺标准要求，对注油速度要予以重视，尤其是变压器进油口阀门的口径较小而滤油机的流量又较大时，要控制注油时的油流速度不能过大，最好能使用流量适当的滤油机，以防发生油流静电放电。

气体组分异常设备无故障案例 5

1. 设备情况简介

某发电厂 3 号发电机组，系国产 125MW 超高压凝汽式机组，于 1979 年建成投产。

所配 3 号主变压器为西安变压器厂生产的 SFPS-150000/330 强迫油循环风冷变压器。3 号主变压器曾于 1985 年 2 月发生过一次高压侧绕组匝间短路故障,经修复处理后。正常运行至 2004 年 7 月 6 日之前。

2004 年 7 月 6 日,3 号主变压器首次出现乙炔,总烃虽未超注意值,但也有所上升,见表 6-5。

表 6-5　　　　　　　　　3 号主变压器油色谱分析结果 (μL/L)

时间	H_2	CH_4	C_2H_6	C_2H_4	C_2H_2	总烃	CO	CO_2
2004 年 1 月 12 日	13.0	16.0	3.6	30.0	0.0	49.6	810.0	5252.0
2004 年 3 月 15 日	13.0	16.0	8.0	30.0	0.0	54.0	864.0	5100.0
2004 年 7 月 6 日	9.4	35.1	7.6	50.2	0.9	93.8	789.7	5548.9

2. 故障分析

缩短检测周期取样进行复查,一周后发现测试数据无明显增长趋势,见表 6-6。

表 6-6　　　　　　　　　3 号主变压器油色谱复查结果 (μL/L)

时间	H_2	CH_4	C_2H_6	C_2H_4	C_2H_2	总烃	CO	CO_2
2004 年 7 月 11 日	9.9	42.7	8.0	53.4	0.9	104.1	872.2	5786.1
2004 年 7 月 15 日	9.9	39.6	9.1	51.4	0.9	101.0	873.1	5478.5
2004 年 7 月 21 日	9.0	39.4	8.6	51.1	0.9	100.0	862.2	5532.5
2004 年 7 月 28 日	9.4	18.4	4.9	37.8	0.9	62.0	812.3	5540.7
2004 年 8 月 4 日	9.2	17.5	4.8	38.6	0.9	61.8	829.5	5748.9

对比 2004 年 7 月 6 日前后 3 号主变压器油色谱分析数据发现:

(1) 3 号主变油中出现了 C_2H_2 成分。

(2) 总烃从 54.0μL/L 增长到 100μL/L 左右,其中主要增长组分是 CH_4 和 C_2H_4。

(3) C_2H_2 趋于稳定;总烃回落至 60μL/L 左右后也趋于稳定。

(4) 异常情况出现前后,H_2、CO、CO_2 等组分没有显著变化。

根据分析可知,3 号主变压器可能在 2004 年 7 月 6 日之前的一个月内,有过短暂的局部高温故障,但此故障持续时间不长,没有继续发展和扩大,因而故障结束后油的各气体组分含量趋于稳定状态。

3. 故障确认及处理

经全面了解 3 号主变压器近期的运行情况,排除了异常负荷或者受到电网冲击的可能,也没有外部短路情况发生,各潜油泵运行正常,各项电气试验也正常。但在 2004 年 7 月 2 日,也就是异常情况发生的前 4 天,3 号主变压器的接地网改造时,曾经在变压器油箱底部用电焊焊接了 3 个地线固定桩;3 号主变压器油中突然出现 C_2H_2 及总烃大幅度增长的异常情况,是焊接地线固定桩时产生的局部高温导致绝缘油受热分解所造成的;变压器内部不存在继发性故障,可以正常运行。

此后至 2006 年 9 月 3 号主变压器大修之前,一直运行正常,且油中气体组分稳定。

符合 DL/T 722《变压器油中溶解气体分析和判断导则》的要求。油色谱分析数据见表6-7。

表 6-7 3号主变监督运行期间油色谱分析结果 (μL/L)

时间	H₂	CH₄	C₂H₆	C₂H₄	C₂H₂	总烃	CO	CO₂
2004 年 10 月 12 日	6.4	20.3	4.9	36.5	0.8	62.5	823.2	5629.3
2004 年 12 月 23 日	7.6	23.4	4.7	33.2	0.8	62.0	771.6	4874.7
2005 年 4 月 25 日	6.8	19.5	3.9	32.8	0.9	57.0	756.6	5101.7
2005 年 12 月 9 日	7.7	28.3	4.8	42.3	1.0	76.4	1057.0	6739.0
2006 年 9 月 14 日	9.6	29.7	7.1	43.0	1.0	80.9	955.0	6855.0

2006 年 9 月 18 日开始。对 3 号主变压器进行了为期 5 天的大修,在大修中对其进行了全面的检查和测试,3 号主变压器各主、辅部件均正常,说明当时对 3 号主变压器油中气体组分数据异常情况的分析判断是正确的;对 3 号主变压器的绝缘油进行脱气处理后,变压器正常运行。大修后 3 号主变压器的油色谱分析结果见表 6-8。

表 6-8 3号主变压器转入正常运行后油色谱分析结果 (μL/L)

时间	H₂	CH₄	C₂H₆	C₂H₄	C₂H₂	总烃	CO	CO₂
2006 年 9 月 26 日	0.0	0.4	0.2	0.4	0.0	1.0	17.4	145.2
2006 年 10 月 10 日	1.8	2.3	0.0	1.3	0.0	3.6	28.3	183.5
2006 年 11 月 6 日	4.7	1.8	0.0	2.5	0.0	4.3	65.3	485.3
2006 年 12 月 11 日	6.2	2.3	0.9	3.5	0.0	6.8	96.5	751.9

🔧 气体组分异常设备无故障案例 6

1. 设备情况简介

某电厂 3 号主变压器型号为 SFP9-360000/220TH,系某变压器厂 1997 年产品,于 1999 年在电厂投运,历史运行情况良好。2014 年 1 月 22 日,该主变压器的定期油油色谱分析数据出现异常,数据变化情况见表 6-9,总烃超注意值。

表 6-9 3号主变压器油色谱数据异常变化情况 (μL/L)

时间	H₂	CH₄	C₂H₆	C₂H₄	C₂H₂	总烃	CO	CO₂
2013 年 10 月 8 日	9.0	3.8	0.7	1.2	0.0	5.8	147.3	2100.7
2014 年 1 月 22 日 9:00	132.0	334.0	111.0	592.0	0.5	1037.5	153.0	2133.0
2014 年 1 月 22 日 14:30	146.0	347.0	124.0	679.0	0.5	1150.5	194.0	2340.0

2. 故障分析

三比值法编码为"022",即 700℃以上高温过热故障。由于二氧化碳与一氧化碳的比值（CO_2/CO）大于7，且与以前相比没有明显涨幅，所以初步分析认为该过热性故障未涉及固体绝缘。

核查3号机组在2013年10月至2014年1月间的相关运行参数为：机组负荷160～310MW，主变压器电流400～750A，油温40～56℃，均正常。在之前的巡检记录中未发现异常，铁芯接地电流正常，冷却器和其潜油泵运行中的温度、振动均正常。

3. 故障确认及处理

对该设备作了常规实验、内检和吊检，具体有以下几方面：①进行了主变压器绝缘、直流电阻、介质损耗和泄漏电流的试验，结果无异常；②进入主变压器身进行内检，除油箱磁屏蔽有一块绝缘为零外，没有发现可疑点，经查证是由于磁屏蔽接地处的绝缘垫脱落，分析认为不会因此形成环流，与总烃超标无关；③进行吊罩检查，可见部位没有发现任何过热痕迹，目测绝缘状态良好，局部放电、空载损耗、负载损耗测试结果均无异常。

在主变压器空载运行下进行油色谱变化的跟踪分析，相关数据见表6-10。根据表6-10中数据变化可得出以下结论：①3号主变压器油中特征气体含量的增加与4号冷却器的投运有较明显关系；②人工取样与在线监测数据有的时段一致，有的时段不一致，且总是东侧的人工取样先达到一个新的增长值，之后西侧的在线监测才达到相应值，这说明了增长气体的扩散方向，即产气源就在人工取样的东侧，而4号冷却器也在东侧，结合①中所指出的因果关系，可以判断3号主变压器油色谱异常现象是由4号冷却器导致的。

表6-10　　　　3号主变压器油空载运行的油色谱数据变化跟踪（μL/L）

时间	H_2	CH_4	C_2H_6	C_2H_4	C_2H_2	总烃	CO	CO_2
2014年2月12日（滤油后．试验前）	0.0	1.1	0.0	1.6	0.0	2.7	3.8	133.6
2014年2月15日（试验后）	1.1	2.0	0.4	3.6	0.0	5.9	5.0	147.7
2014年2月18日9:00（冷却器全投4h）	4.1	11.5	3.2	21.5	0.0	36.2	6.2	148.3
2014年2月18日14:40（反送电开始，2号、5号冷却器运行）	4.0	10.5	2.9	19.2	0.0	32.5	5.1	179.8
2014年2月18日22:30（2号和5号冷却器运行）	4.0	11.4	3.2	20.8	0.0	35.3	6.1	155.2
2014年2月19日10:00（2号和5号冷却器运行）	4.6	11.1	3.2	20.6	0.0	34.8	5.6	267.1
2014年2月19日13:42（在线监测，2号和5号冷却器运行）	4.1	9.1	4.2	20.7	0.0	34.0	5.0	164.0
2014年2月19日15:00（1号和4号冷却器运行）	6.4	15.9	4.6	29.6	0.0	50.1	6.7	163.6

时间	H_2	CH_4	C_2H_6	C_2H_4	C_2H_2	总烃	CO	CO_2
2014 年 2 月 19 日 21：00 （1 号和 4 号冷却器运行）	7.5	19.7	6.3	39.6	0.0	65.6	5.0	153.3
2014 年 2 月 20 日 03：40 （在线监测，2 号和 5 号冷却器运行）	5.6	22.5	5.9	44.0	0.0	72.4	5.3	157.0
2014 年 2 月 20 日 15：40 （在线监测，4 号冷却器运行）	7.6	25.7	7.9	47.6	0.0	81.2	5.2	162.0
2014 年 2 月 20 日 21：40 （在线监测，4 号冷却器运行）	8.1	30.4	10.0	61.8	0.0	102.2	5.1	162.0
2014 年 2 月 20 日 23：43 （在线监测，4 号冷却器运行）	8.9	36.7	15.9	59.5	0.0	112.1	4.8	153.0
2014 年 2 月 21 日 9：00 （变压器及冷却器停运）	13.5	42.3	13.3	84.2	0.0	139.8	7.4	182.5
2014 年 2 月 21 日 9：40 （在线监测，变压器及冷却器停运）	12.1	40.5	19.4	92.1	0.0	152.0	4.9	160.0
2014 年 2 月 22 日 9：51 （带 180MW 负荷 12h 后， 已换 4 号潜油泵）	12.2	44.6	18.0	81.8	0.0	144.4	4.7	165.0
2014 年 2 月 22 日 9：51 （在线监测，180MW 负荷）	13.6	43.9	19.2	85.7	0.0	148.8	4.9	153.0
2014 年 2 月 23 日 11：49 （在线监测，285MW 负荷）	12.1	42.7	20.9	90.0	0.0	153.6	4.9	164.0
2014 年 2 月 24 日 17：49 （在线监测，305MW 负荷运行 2h 后， 再隔 3h 采样）	13.6	41.9	18.9	92.0	0.0	152.8	4.8	155.0

　　检测冷却器运行电流，发现 4 号冷却器 A 相电流为 16A，较其他各组要大 1A 左右；分部件检测结果为与 4 号冷却器潜油泵 A 相电流比，B，C 相和其他冷却器潜油泵的各相电流偏大 1A；进一步检测其电机定子线间直流电阻，发现 A-B，C-B 线间直流电阻为 6.2Ω（正常值为 4.5Ω）。分析认为，4 号潜油泵电机定子绕组的 A 相绕组存在匝间短路并烧断部分线股的缺陷，运行中被烧损的线股在启动电流冲击下形成局部短路，造成运行电流偏大、局部异常温升，导致绝缘油过热分解，这就是本次 3 号主变压器油色谱数据异常的真正原因；4 号冷却器潜油泵为泵机合一结构的盘式电机潜油泵（RK38-150-b 型），经解体检查发现，定子绕组 A 相在一槽端口处有烧损。更换 4 号冷却器潜油泵后，3 号主变压器油色谱数据趋于稳定；之后机组在 60%～100% 负荷率下运行，主变压器运行工况正常，油色谱数据的人工取样分析结果与在线监测结果基本一致，除 CO、CO_2 有正常增长外，其他组分没有明显变化。

⚙ 气体组分异常设备无故障案例 7

1. 设备情况简介

某变电站 1 号主变压器油乙炔的逐年增加，而其他气体的增加不是十分明显，见表 6-11。

表 6-11　　　　　某变电站 1 号主变压器油色谱分析表（μL/L）

时间	H_2	CH_4	C_2H_6	C_2H_4	C_2H_2	总烃
2003 年 3 月 5 日	20.0	11.0	4.0	7.0	6.0	28.0
2004 年 4 月 6 日	30.0	19.0	8.0	15.0	5.0	47.0
2005 年 8 月 20 日	25.0	22.0	10.0	16.0	5.0	53.0
2006 年 8 月 5 日	30.0	18.0	8.0	11.0	8.0	45.0
2007 年 8 月 21 日	40.0	21.0	11.0	15.0	13.0	60.0
2008 年 8 月 8 日	28.0	18.0	8.0	14.0	10.0	50.0
2009 年 8 月 8 日	30.0	18.0	12.0	19.0	10.0	59.0

2. 故障分析

三比值法编码为"101"，故障类型为电弧放电故障。

3. 故障确认及处理

该主变压器在油中出现乙炔后，进行了有载开关的吊芯检查，发现开关筒有比较明显的渗漏现象，同时停电进行了试验工作，排除了本体存在放电缺陷的因素。后将取油样的周期调整为 3 个月，跟踪一直正常，表现形式见表 6-11，至今运行良好。

⚙ 气体组分异常设备无故障案例 8

1. 设备情况简介

某 750kV 电抗器油色谱在线监测装置自 2010 年 11 月中旬起数据异常，油色谱在线监测装置屏上的油色谱出峰十分明显。

2. 故障分析

工作人员进行常规离线油色谱分析，并与在线数据进行比较，结果见表 6-12。

表 6-12　　　　750 kV 电抗器在线油色谱数据与离线测试数据对比（μL/L）

项目	日期	H_2	CH_4	C_2H_6	C_2H_4	C_2H_2	总烃	CO
油色谱在线数据	2010 年	171.9	16.3	2.3	1.6	0.4	20.6	89.7
离线测试数据	9 月 21 日	212.3	46.1	3.1	5.7	0.7	55.5	241.9
油色谱在线数据	2010 年	184.0	24.3	3.3	2.1	0.5	30.1	96.6
离线测试数据	10 月 22 日	188.7	45.0	3.2	5.6	0.6	54.4	217.3

项目	日期	H_2	CH_4	C_2H_6	C_2H_4	C_2H_2	总烃	CO
油色谱在线数据	2010 年	314.1	34.8	0.3	0.4	0.0	35.5	85.5
离线测试数据	11 月 22 日	174.1	43.2	3.4	5.9	0.6	53.0	166.5
油色谱在线数据	2010 年	574.2	61.4	0.8	0.6	0.6	63.4	111.7
离线测试数据	12 月 19 日	252.9	60.6	4.1	7.5	0.6	72.8	175.9

离线数据在 9、10、11、12 四个月内没有明显增长趋势,但是相对应的在线油色谱数据明显增长,数据异常。

厂家工作人员到现场进行检查,对设备故障原因作出以下几点分析:

(1) 设备长时间运行,装置内部的脱气单元老化,不能正常进行脱气测试,导致数据异常。

(2) 油色谱在线装置的数据处理软件损坏,导致数据处理出现异常。

(3) 装置内部传感器损坏。

(4) 油循环系统管路异常,导致油循环异常,进而影响数据。

现场色谱在线装置和工作流程如图 6-1 和图 6-2 所示。远程监控与维护系统由前端脱气装置(TAM-sp)、数据处理器(TAM-sm)和系统分析管理软件(TAM-st)构成。

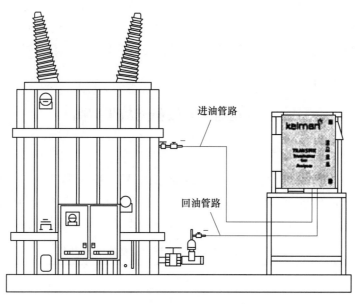

图 6-1　现场油色谱在线装置示意图

3. 故障确认及处理

更换装置的脱气单元,进行调试,调试结果表明传感器工作正常。对工作站软件重新进行调试,但数据依然存在异常。因此怀疑故障点在油循环系统上。

对油循环系统进行检查,经测量后发现:

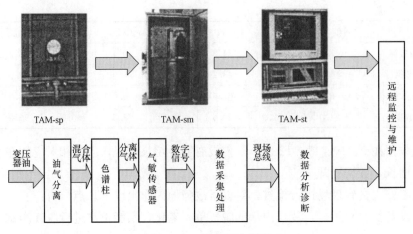

图 6-2　工作流程示意图

（1）现场采样装置与主变压器距离过远，导致取油样管长度过长（标准为 15m 以内，现场长度为 23m）。

（2）进出油管直径过小为 6mm。

（3）采样装置油循环管路内的伴热带损坏无法正常工作，冬季气温低，管路内油黏度高，导致油路循环过慢，影响装置采样及测试数据。

工作人员将原进油管、出油管拆掉，更换直径为 8mm 的铜管，更换管路内的伴热带，更换保温棉，改善管路整体保温措施。经过现场改造，改善了油循环系统的保温措施，加快油路循环速度，进一步调试后，油色谱在线装置正常运行，在线检测数据恢复正常。

气体组分异常设备无故障案例 9

1. 设备情况简介

2007 年 10 月 13 日，在年检时发现某 110kV Ⅰ 段母线的 B 相 CVT（型号：TIYD110-0.02H，2003 年 7 月出厂，2004 年 1 月 16 日投产）油中溶解气体组分含量很高，C_2H_2 含量达 $1.3 \times 10^4 \mu L/L$，CO 达 $1.6 \times 10^4 \mu L/L$，具体数据见表 6-13。

表 6-13　Ⅰ 段母线 B 相 CVT 的油色谱分析数据（μL/L）

时间	H_2	CH_4	C_2H_6	C_2H_4	C_2H_2	总烃	CO	CO_2
2007 年 10 月 13 日	1.9×10^4	5.9×10^3	1.4×10^3	3.3×10^3	1.3×10^4	0.0	1.6×10^4	4.1×10^3

2. 故障分析

三比值法编码为"121"，故障类型为电弧放电兼过热故障。

3. 故障确认及处理

10 月 31 日对该 CVT 进行解体检查。解体前的现场外观检查正常，但从电磁单元的底部油位观察孔发现内部充满油；放出部分油后，吊离该 CVT 上部电容瓷套部分，发现内部连接电容器与中间变压器的高压接线柱环氧树脂开裂并有缺口。裂口四周柱面有黑色烧焦物残渣。电容器内的油已流入底部中间变压器室，油色焦黑并伴有烧焦味。同时发现大量的黑色烧焦物残渣。分析推断，认为该 CVT 故障原因系内部环氧树脂高压接线柱在出厂时可能就已存在裂缝，因缝隙较密，当时电容器内油未渗漏。运行一段时间后，裂缝增大并出现缺口。导致电容器内的油大量流入下部中间变压器室，电容器因部分缺油而产生内部放电。变压器内的黑色烧焦物残渣是电容器内部严重放电后的产物随上部油流下的结果。由于及时发现设备内部的严重放电性故障。从而避免了一起恶性爆炸事故的发生。

🔧 气体组分异常设备无故障案例 10

1. 设备情况简介

2001 年，5 台在投运 4 年的 LB6-110 型电流互感器因变压器油色谱异常退出运行，返厂大修。故障设备油色谱分析数据见表 6-14，返厂后互感器油及整体电气试验数据见表 6-15。

表 6-14　　　　　　　　　　故障设备油色谱分析数据

产品编号	试验日期	油色谱分析结果（μL/L）							
	时间	H_2	CH_4	C_2H_6	C_2H_4	C_2H_2	总烃	CO	CO_2
176	1998 年 9 月 18 日	65.2	2.8	0.0	0.0	0.0	2.8	53.5	245.5
	2000 年 5 月 13 日	59.1	5.8	0.0	0.0	0.0	5.8	62.7	413.2
	2001 年 5 月 14 日	13103.1	1089.1	75.7	0.0	0.0	1164.8	109.7	284.6
	2001 年 6 月 27 日	12274.9	1021.2	68.6	0.0	0.0	1089.8	98.7	271.3
174	1998 年 9 月 18 日	91.0	3.4	0.0	0.0	0.0	3.4	58.4	246.1
	2000 年 5 月 13 日	101.2	7.2	0.0	0.0	0.0	7.2	89.3	201.6
	2001 年 5 月 14 日	14301.3	1220.1	91.3	0.0	0.0	1311.4	112.5	207.4
	2001 年 6 月 27 日	13018.8	1152.0	83.3	0.0	0.0	1235.2	109.2	198.5
175	1998 年 9 月 18 日	86.8	4.8	0.0	0.0	0.0	4.8	4.8	61.3
	2000.5.13	89.5	11.3	0.0	0.0	0.0	11.3	80.1	413.4
	2001 年 5 月 20 日	10425.9	303.6	22.6	0.0	0.0	326.2	90.3	456.3
	2001 年 6 月 27 日	9299.2	228.6	19.6	0.0	0.0	248.2	82.5	436.2
191	1998 年 9.17 日	96.6	2.9	0.0	0.0	0.0	2.9	55.7	214.8
	2000 年 5 月 13 日	87.6	6.6	0.0	0.0	0.0	6.6	74.1	295.1
	2001 年 5 月 20 日	1907.1	30.8	0.0	0.0	0.0	30.8	103.6	382.6
	2001 年 6 月 27 日	1673.9	26.6	0.0	0.0	0.0	26.6	95.8	380.5

产品编号	试验日期 时间	油色谱分析结果（μL/L）							
		H_2	CH_4	C_2H_6	C_2H_4	C_2H_2	总烃	CO	CO_2
178	1998 年 9 月 18 日	74.7	2.8	0.0	0.0	0.0	2.8	52.1	292.4
	2000 年 5 月 14 日	104.5	7.5	0.0	0.0	0.0	7.5	94.2	168.9
	2001 年 5 月 21 日	9162.0	288.9	9.2	0.0	0.0	298.1	110.0	829.8
	2001 年 6 月 27 日	11159.0	326.8	19.6	0.0	0.0	346.4	99.7	613.5

表 6-15 返厂后互感器油及整体电气试验

产品编号	试验日期	产品介质损耗（%）		产品局部放电 (87kV)（pC）	变压器油（从产品底部取油样）		
		10kV	73kV		耐压（kV）	微水	介质损耗（%）
176	2001 年 6 月 27 日	1.52	2.68	500	54	8.3	0.17
174	2001 年 6 月 27 日	2.09	3.85	400	53	9.41	0.21
175	2001 年 6 月 27 日	0.49	0.8	200	54.3	8.1	0.17
191	2001 年 6 月 27 日	0.687	0.92	200	54	7.05	0.12
178	2001 年 6 月 27 日	0.577	0.81	250	52.8	8.23	0.18

2. 故障分析

三比值法编码为"010"，表明设备内部存在由高含气量引起油中低能量密度的局部放电。检测产品局部放电均严重超标（出厂时均小于 10pC），产品介质损耗也很高（出厂时均小于 0.5%），但产品中变压器油的耐压、微水含量、介质损耗都在合格范围内，这表明产品中变压器油的电气性能仍良好。

3. 故障确认及处理

对 4 台设备（176、174、175、191 号）进行吊芯检查，油箱内均清洁，未发现金属异物及非金属异物等；一、二次接线和末屏接线均接触良好，器身洁净，绝缘包扎紧实，油箱、储油柜内壁所喷的醇酸清漆干燥良好、漆膜牢固，这些均不会产生局部放电；且油中微水含量均小于 10μL/L，也排除了设备进水受潮所致的局部放电的可能。

对 4 台产品器身的主绝缘进行解剖检查。该产品一次导体由两个半圆形截面的 U 形铝管构成，主绝缘为油纸绝缘包在一次导体的外面，绝缘（由 0.12mm 厚电缆纸构成）共分 5 层，层间设有电屏（由 0.1mm 厚铝箔构成），内屏（0 屏）接高电位，外屏（末屏）接地，从而构成一个串联的电容器。在解剖过程中我们注意测量屏的尺寸、位置、绝缘厚度，检查包扎质量等，结果均符合要求，排除了由此导致产品内产生严重局部放电的可能性，但是在解剖过程中却发现在构成主绝缘层的电缆纸上有褐色的胶脂状异物。

从主绝缘层上的褐色胶脂状物的形态看，不是"X蜡"（X蜡为一种不溶于油的树脂状物质，分子式为C_2H_{4n+2}，为不饱和烃聚合后形成的不溶于油的产物），将褐色胶脂状物从绝缘纸上刮下来可以溶在变压器油中（油时室温33℃），这与变压器油分供方所使用的一种添加剂（一种降低凝点及黏度的物质）相似。这批产品所使用的变压器油不是从炼油厂购买的，而是从变压器油的分供方购买的。变压器油的分供方从炼油厂购买变压器油作为基础油，再加入某些添加剂，如抗氧化剂、降凝剂、黏度指数改进剂等精制而成。据变压器油分供方介绍，他们在油中加入这种添加剂是为了调整变压器基础油的黏度和凝点。

取绝缘纸，连同析出的胶脂状物，从变压器油分供方拿到的添加剂样品和故障产品油等进行红外光谱检测。结果显示绝缘纸上析出的胶脂状物谱图与乙丙共聚物（一种用于降低变压器油凝点改善油的黏度的有机物）样品谱图一致，同时检测出故障油内也含有乙丙共聚物。为了便于比较还检测了45号新油（直接从炼油厂购买的油），新油谱图表明内不含乙丙共聚物。如图6-3所示为乙丙共聚物谱图，如图6-4所示为绝缘纸上物质谱图，如图6-5为所示故障产品油谱图，如图6-6所示为45号新油谱图。如图6-7所示提供的乙丙共聚物谱库查找所提供的乙丙共聚物样品，由图谱可知是乙丙共聚物；如图6-8绝缘纸上析出物与所提供的乙丙共聚物样品图谱对比，由图谱可知两者是一种物质。

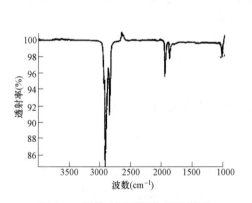

图 6-3　所供乙丙共聚物样品谱图

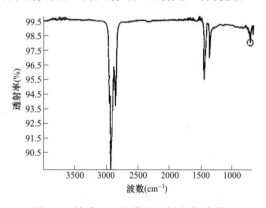

图 6-4　故障 TA 绝缘纸上析出物质谱图

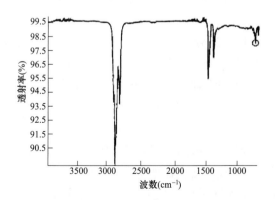

图 6-5　故障电流互感器中变压器油的谱图

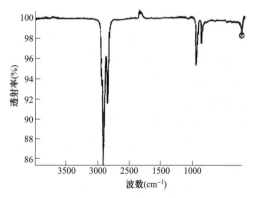

图 6-6　45 号变压器油的谱图

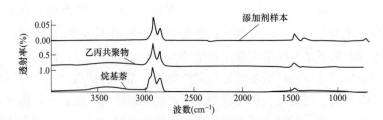

图 6-7　乙丙共聚物样品与谱库中标样查找对比

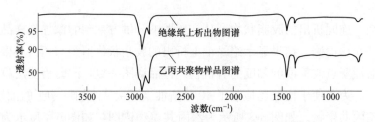

图 6-8　绝缘纸上析出物与所提供的乙丙共聚物样品图谱对比

变压器油分供方在油中加入的乙丙共聚物在电场的作用下从油中析出沉积到电流互感器的电容型主绝缘层上。该物质在电场作用下发生了亲电吸附作用，附着于油纸绝缘表面，增加了油纸绝缘的导电性，导致产品介质损耗率增高，产品局部放电量增高；导致绝缘油中烃类分子链断裂分解产生低分子烃类、CO、CO_2 和大量 H_2，使绝缘油的油色谱出现异常。

🔅 气体组分异常设备无故障案例 11

1. 设备情况简介

某公司 220kV 铁钢变电站共有三台 SFSZ-240000/220 型变压器，属于自然油循环风冷户内式有载调压三相三绕组油浸降压变压器，由保定天威保变电气股份有限公司制造，于 2008 年 7 月投入运行，三台变压器投运后运行正常。

2. 故障分析

1 号和 3 号变压器投运后，按要求定期取油样色谱分析试验。1 号变压器在 2009 年 9 月 13 日的油色谱试验数据显示，特征气体 H_2 含量为 113.28μL/L，未超过 DL/T 722《变压器油中溶解气体分析和判断导则》规定；3 号变压器在 2009 年 9 月 24 日的油色谱试验数据显示，特征气体 H_2 含量为 14.45μL/L，也未超过 DL/T 722《变压器油中溶解气体分析和判断导则》规定。

2010 年 3 月 15 日的油样色谱分析试验中发现 1 号 H_2 含量为 179.16μL/L，3 号主变压器 H_2 含量为 539.78μL/L，均超过了 DL/T 722《变压器油中溶解气体分析和判断导则》中规定的不大于 150μL/L 的要求，但 CH_4 和 C_2H_4 等烃类气体含量在 DL/T 722《变压器油中溶解气体分析和判断导则》规定范围内，且变压器油微水含量分析试验数据正常。随后进行的油色谱跟踪试验显示，随着时间推移，H_2 含量持续升高，与其他特征气体相比,有明显的单值升高特征。

2009 年 9 月 13 日和 9 月 24 日的试验数据显示,两台变压器总烃含量不大于 150μL/L,CO 和 CO_2 气体含量没有显著变化,说明了变压器内部绝缘材料不存在老化或故障现象;变压器正常运行油温一般在 45~60℃ 之间,所以变压器无整体过热现象;加之烃类气体含量变化不大,特别是 C_2H_2 含量是零而且稳定无变化,可以排除电弧和火花放电的可能。

综上所述,两台变压器油中溶解气体单纯 H_2 含量超标的原因是设备受潮、进水,或变压器内部的不合格材料在焊接时吸附氢,运行后又缓慢释放于油中,以及电化学腐蚀造成水的电解所致,不是由于变压器设备故障产生的,对变压器的安全运行不构成直接的威胁。但是,变压器单纯 H_2 含量超标也要尽快处理解决,以避免故障扩大。

3. 故障确认及处理

经与厂家沟通联系,于 2011 年 3 月 20 日将故障变压器停运检修,进行缺陷处理。针对变压器 H_2 含量超标这一现象,采取了热油循环处理措施:①首先对变压器本体进行过滤,控制变压器油温在 50℃±5℃,8h 后,取油样化验,合格后停止滤油,否则继续过滤,每 8h 取油样化验,直到变压器油合格为止,每台变压器滤油时间约 5d。②同时在电缆盒中取变压器油样,主体变压器油合格时,若电缆盒内变压器油变化明显,则对变压器继续滤油,直到电缆盒中变压器油合格为止;如果电缆盒内变压器油变化不明显,则对电缆盒中变压器油单独过滤。两台变压器通过过滤后,主变压器油色谱分析试验数据全部合格。

在相关的电气试验合格后,主变压器静置 48h。主变压器投入运行后的油色谱跟踪分析试验数据显示,油中 H_2 含量趋于稳定,而且稳定在 100μL/L 左右,其他特征气体含量稳定正常,符合 DL/T 722《变压器油中溶解气体分析和判断导则》要求。1 号和 3 号主变压器能够可靠运行。

⚙ 气体组分异常设备无故障案例 12

1. 设备情况简介

35kV 变电站 1 号主变压器,设备型号 SZ10-20000。

2. 故障分析

2009 年 10 月投运来油色谱一直正常,在 2011 年 6 月 30 日定期检测中发现油中溶解气体 C_2H_2 含量为 5.6μL/L,在接下来的跟踪中 C_2H_2 含量变化不大,试验数据见表 6-16。

表 6-16　　　　35kV 桃花变电站 1 号主变压器油色谱试验数据 (μL/L)

时间	H_2	CH_4	C_2H_6	C_2H_4	C_2H_2	总烃	CO	CO_2
2009 年 9 月 28 日	0.6	0.1	0.0	0.0	0.0	0.1	20.1	145.2
2010 年 6 月 2 日	22.4	0.0	0.2	0.1	0.2	0.5	112.8	318.3

续表

时间	H_2	CH_4	C_2H_6	C_2H_4	C_2H_2	总烃	CO	CO_2
2011年6月30日	65.5	5.9	0.6	1.0	5.6	13.1	258.0	566.6
2011年7月12日	65.7	6.0	0.5	0.9	5.4	12.7	247.5	571.6
2011年9月21日	72.0	6.5	0.6	1.0	5.0	13.1	280.2	678.4
2011年9月22日	1.5	0.5	2.0	0.9	0.4	3.8	5.2	107.9
2011年9月29日	3.9	0.5	0.1	0.2	0.4	1.3	13.5	121.0

3. 故障确认及处理

停电进行有载分接开关检查，发现有载分接开关筒体端部密封圈渗漏，有载分接开关的油漏向主变压器本体，致主变压器油色谱中出现C_2H_2，经处理后主变压器油色谱恢复正常。

电力变压器内部发生过热性故障、放电性故障或内部绝缘受潮时，油中溶解气体H_2、CH_4、C_2H_6、C_2H_4、C_2H_2、CO、CO_2的含量会迅速增加，而C_2H_2的产生多与变压器内部的放电性故障有关。但是油色谱中仅出现C_2H_2含量，而其他组分含量无变化时，需综合分析变压器的历史运行检修情况，如有载调压变压器中切换开关油室的油是否向变压器主油箱渗漏；变压器曾经有过故障，而故障排除后绝缘油未经彻底脱气，部分残余气体仍留在油中；变压器是否油箱进行过带油补焊，原注入的油是否就含有C_2H_2等，在排除历史情况后多数是由有载分接开关油室的油向变压器主油箱渗漏引起。

气体组分异常设备无故障案例 13

1. 设备情况简介

2009年11月2日某电厂2号厂用变压器大修后，热油循环过程中的油色谱分析试验发现乙炔含量为$1.1\mu L/L$。

2. 故障分析

乙炔是在检修中产生的，原因为：检修中对变压器进行了焊接，焊接时温度非常高，虽然对变压器进行了排油，但是还会有很多油附着在内壁上，而且较低处的油未必能够排干净；焊接时的高温，使附着在内壁上的油裂解产生乙炔，虽然一直在抽真空，但由于乙炔溶于油中，抽真空是不能排除的，当对变压器充油时，溶于油中的乙炔进行了扩散，从而被检测出来；再就是滤油机打火导致。油泵的齿轮由于咬合不好，出现打火现象，打火时产生的高温使乙炔产生。

3. 故障确认及处理

更换了滤油机后，色谱分析试验合格。

⚙ 气体组分异常设备无故障案例 14

1. 设备情况简介

北京某燃气发电有限责任公司 2012 年 4 月 13 日经测量发现 1 号主变压器铁芯接地绝缘不合格，色谱试验氢气含量达到 72.7μL/L，比 2 月 21 日的氢气含量高约 10 倍。

2. 故障分析

化学专业及时将油色谱分析的结果通知了发电部和维护部，最后经放油检查，确认是设备厂家丢落在变压器里的一把扳手影响了绝缘。

3. 故障确认及处理

经过滤油后，氢气含量下降，至今无异常变化。1 号主变压器油色谱分析具体数据见表 6-17。

表 6-17 1 号主变压器油色谱分析数据

日期	项目（μL/L）								
	H_2	CH_4	C_2H_6	C_2H_4	C_2H_2	总烃	CO	CO_2	备注
2 月 21 日	7.2	14.8	4	1.3	0	20.1	935.1	4912.8	
4 月 13 日	72.7	12.3	5.7	0.9	0	18.9	810.8	4148.7	
4 月 16 日	4	10.2	4.9	1.2	0	24.6	619.1	3685.7	滤油后
5 月 22 日	1.1	1.9	0.3	0	0	1.2	105.3	1417.3	
6 月 13 日	1.8	2.6	1	0.6	0	4.2	152.9	1955.1	
11 月 26 日	4	3.7	0.8	0.3	0	4.8	253.9	2611.8	

⚙ 气体组分异常设备无故障案例 15

1. 设备情况简介

某互感器生产厂家为保定某互感器有限公司，型号 LCWB6-110W2。

2. 故障分析

2012 年 8 月 20 日，某供电公司在对该 115、120 电流互感器进行投运前的油色谱分析试验时发现 115、120 共 6 台电流互感器油中总烃含量均超标，最大值为 22.4μL/L，主要特征气体为 CH_4，超出 DL/T 596《电力设备预防性试验规程》规定的数值（总烃小于 10μl/L），缺陷性质为严重缺陷。油色谱试验情况见表 6-18。

表 6-18 处理前油色谱试验数据（μL/L）

相别	H_2	CH_4	C_2H_6	C_2H_4	C_2H_2	总烃	CO	CO_2
115A	6.2	15.6	0.6	0.5	0	16.7	71.7	446.6
115B	8.7	17.4	0.5	0.5	0	18.4	60.8	428.7

相别	H_2	CH_4	C_2H_6	C_2H_4	C_2H_2	总烃	CO	CO_2
115C	5.8	11.7	0	0.4	0	12.1	73.6	474
120A	6.5	18.7	0.3	0.4	0	19.4	68	434.5
120B	6	16.2	0	0.3	0	16.5	53.9	426.2
120C	7.3	21.5	0.3	0.6	0	22.4	78.1	482.9

3. 故障确认及处理

2012 年 9 月 6 日，现场采用了充氮脱气法进行了处理，数据见表 6-19。

原因分析：由于电流互感器使用的密封胶垫表面含有脱模剂，在变压器油长期浸泡情况下，与油发生化学反应产生甲烷。

表 6-19　　　　　　　　　处理后油色谱试验数据（μL/L）

相别	H_2	CH_4	C_2H_6	C_2H_4	C_2H_2	总烃	CO	CO_2
115A	1.1	2.4	0	0	0	2.4	5.7	174.7
115B	0.8	2.1	0	0.1	0	2.2	3.8	178.3
115C	1.4	3.2	0	0.3	0	3.4	8.5	206.4
120A	0	2.1	0	0.2	0	2.2	21.6	170.6
120B	0	5.1	0	0.2	0	5.3	11.9	229.8
120C	0	2.8	0	0	0	2.8	5.4	182

气体组分异常设备无故障案例 16

1. 设备情况简介

某 220kV 变压器（型号 SFPSZ9-150000/220）于 2001 年 9 月投运，运行后历年的电气试验和油色谱分析结果均无异常。

2. 故障分析

2004 年 7 月 15 日，油色谱分析发现一些气体组分含量增长加快，随后进行了多次跟踪试验，很快就出现 H_2 和总烃含量超标，其中部分试验数据见表 6-20。经计算，在 2004 年 7 月 5 日至 8 月 19 日期间，总烃的相对产气速率为 940%/月，大大超过 10%/月的注意值，初步判断变压器内部存在故障。油中总烃主要由 C_2H_4 和 CH_4 构成；H_2 含量原先就较高，但在 2004 年增长加快；这些现象与高温过热故障特征相似。三比值法编码为"002"，对应于 700℃以上的高温过热故障。

表 6-20　　　　　某 220kV 变压器油中溶解气体含量历史监测（μL/L）

分析日期	H_2	CH_4	C_2H_4	C_2H_6	C_2H_2	总烃	CO	CO_2
2003 年 12 月 15 日	95.8	5.41	2.53	2.94	0.41	11.3	192	281
2004 年 7 月 15 日	110	16.1	21.2	14.9	0.42	52.6	247	248

分析日期	H_2	CH_4	C_2H_4	C_2H_6	C_2H_2	总烃	CO	CO_2
2004 年 8 月 15 日	207	168	208	61.8	0.46	438	325	284
2004 年 8 月 17 日	244	239	270	74.4	0.51	584	313	288
2004 年 8 月 19 日	289	278	268	69.8	0.68	616	299	306

3. 故障确认及处理

考虑到该变压器采用强迫油循环冷却方式,也不能排除油中气体组分含量异常是由潜油泵故障引起。该变压器有 6 台油泵,其中 6 号油泵处于备用状态,其余 5 台运行。当对运行中的油泵进行电流测量时,发现 5 号油泵的三相运行电流的不平衡度达到 17.3%,其他电阻不平衡度达 21.26%,其他油泵则在 0.3% 以内,这说明 5 号油泵的定子绕组存在问题;将 5 号油泵停运,6 号油泵投入,经较长时间的油色谱跟踪试验,结果油中故障气体含量不再增长,数月后,H_2 和总烃含量有明显下降;将 5 号油泵换下并进行解体检查,发现油泵绕组间有明显的短路放电痕迹。

🔧 气体组分异常设备无故障案例 17

1. 设备情况简介

某 220kV 主变压器(型号 SFSZ9-90000/220)于 1999 年 2 月 1 日投运,2000 年 9 月 20 日发现 C_2H_2 含量达 8.56μL/L,超过了运行中 220kV 变压器的注意值,总烃含量也已接近注意值(见表 6-21)。

2. 故障分析

2000 年 9 月 23 日主变压器停运进行电气试验,结果未发现异常。根据 2000 年 9 月 20 日的油分析数据,用三比值法编码为"102",对应的故障类型是电弧放电故障。

3. 故障确认及处理

该主变压器投运前曾在现场更换过高压侧调压绕组,因此厂家根据油色谱分析结果异常的情况,建议对主变压器进行吊罩检查。在吊罩前检查主变压器的运行记录时,发现自投运以来发生过三起潜油泵故障,其中在 2000 年 3 月 6 日,6 号潜油泵曾发生电动机绕组内部严重烧坏的故障(油泵内壁粘有烧熔的铜粒)。由此认为,6 号潜油泵故障可能是引起油中气体组分含量异常的原因,从 2000 年 3 月 10 日的有分析结果中也看出可能与 6 号潜油泵故障有关。于是决定暂不吊罩,2000 年 10 月 25 日主变压器恢复运行,在恢复运行后的 4 个多月里,进行了 4 次油色谱跟踪试验(见表 6-21),各气体组分含量稳定,从而确定该主变压器油中的故障气体是由 6 号潜油泵故障引起,主变压器本体内部不存在故障。

表 6-21　　　　　　某 220kV 变压器油中溶解气体含量历史监测（μL/L）

分析日期	H_2	CH_4	C_2H_4	C_2H_6	C_2H_2	总烃	CO	CO_2
投运前	0	0.43	1.48	0.21	0.10	2.22	10	120
1999 年 9 月 2 日	0	3.50	6.58	0.83	0.43	11.3	160	600
2000 年 3 月 10 日	68.7	15.9	18.4	2.06	0.52	36.9	460	1780
2000 年 9 月 20 日	59.6	43.1	61.8	8.92	8.59	122	570	2080
2000 年 10 月 26 日	56.5	42.2	63.8	9.40	8.74	124	570	2300
2000 年 11 月 2 日	60	48.9	63.1	9.78	9.34	131	545	2500
2000 年 12 月 25 日	57.6	46.9	63.0	9.32	9.17	128	530	2500
2001 年 3 月 7 日	55.7	43.3	65.3	9.79	8.14	126	570	2490

⚙ 气体组分异常设备无故障案例 18

1. 设备情况简介

某电力机车主变压器（型号 TBQ3-7000/25）于 1992 年投运。

2. 故障分析

在 2004 年 4 月 1 日的油分析中出现 C_2H_2 含量超标，至 2004 年 6 月 17 日，油中 C_2H_2、H_2 和总烃含量均严重超标、产气速率明显过快（见表 6-22）；三比值法编码为"102"，对应的故障类型为电弧放电故障。

3. 故障确认及处理

6 月 17 日发现潜油泵存在接地故障并进行更换（换下的潜油泵未解体）；更换潜油泵后的初期，油中故障气体含量有一定程度的下降（该变压器为开放式），然而在 6 月 25 日和 7 月 8 日的试验中，故障气体含量又出现快速增长（见表 6-22）；7 月 8 日再次出现潜油泵接地故障，更换潜油泵后对其进行解体检查，发现该潜油泵的轴承转动不灵活，三相绕组中有一组已严重烧损变黑；新换潜油泵后，对主变压器油进行多次脱气处理，油中溶解气体含量已转为正常，证明了该变压器油中的高含量故障气体是由潜油泵故障引起。

表 6-22　　　　　某电力机车主变压器油中溶解气体含量历史监测（μL/L）

分析日期	H_2	CH_4	C_2H_4	C_2H_6	C_2H_2	总烃	CO	CO_2
2004 年 2 月 15 日	4.3	1.2	7.3	0	0	8.5	56.3	782
2004 年 4 月 1 日	4.4	6.5	45.8	3.3	36.4	95.6	55.2	656
2004 年 6 月 10 日	710	238	389	38.4	299	965	303	989
2004 年 6 月 17 日	735	242	453	36.5	319	1050	334	1078
2004 年 6 月 25 日	393	278	515	40	330	1164	145	870
2004 年 7 月 8 日	642	349	681	49.5	423	1503	454	2343

气体组分异常设备无故障案例 19

1. 设备情况简介

型号为 SFSZL7-2000/110 的某主变压器，1986 年投运，2000 年油中出现 C_2H_2 并超过 $5\mu L/L$ 的注意值（此前 C_2H_2 含量为零），随后进行了两次油色谱跟踪试验，试验结果见表 6-23；同时对设备进行各项电气试验，结果均无异常，红外测温结果也表明该主变压器的温度在正常范围内。

2. 故障分析

从油中故障气体特征来看，三比值法的编码为"102"，属电弧放电故障，但在 2000 年 3 月 13 日至 6 月 26 日这 3 个多月期间，油中的故障气体并无明显增长，与设备内部存在故障时的高产气速率明显不同。通过观察发现，原本变压器本体储油柜油位高于有载开关储油柜油位，但此时两个储油柜的油位已处于同一高度。为验证这一点，特意放掉了有载开关储油柜中的部分油，使两个储油柜的油位有了高度差，一个月后发现两个储油柜的油位又处于同一高度，这说明有载开关油室和本体主油箱相通。

3. 故障确认及处理

2000 年 11 月对该变压器进行吊罩检查，在变压器内部未发现任何放电痕迹，发现有载开关油室与本体有几处相通：①切换开关油室底部与快速机构相连的主轴处渗漏严重；②绝缘筒壁上，用于安装固定法兰的 6 个螺栓连接处渗漏；③切换油室底部 6 条引线密封处渗漏严重。

表 6-23　　　　　某 110kV 变压器油中溶解气体含量历史监测（$\mu L/L$）

分析日期	H_2	CH_4	C_2H_4	C_2H_6	C_2H_2	总烃	CO	CO_2
2000 年 3 月 13 日	12.5	8.5	18.1	2.6	5.1	34.3	985	7427
2000 年 5 月 22 日	12.9	10.6	18.2	3.0	5.6	37.4	1244	7758
2000 年 6 月 26 日	13.7	11.2	18.4	3.2	5.7	38.5	1167	7034

气体组分异常设备无故障案例 20

1. 设备情况简介

某 110kV 主变压器（型号 SFSZ7-40000/110）于 1995 年 5 月 18 日投运。

2. 故障分析

设备投运两天后发现油中出现 C_2H_2 并超过注意值，其他组分含量也有明显增长；其后的跟踪试验显示，主要的气体组分仍在持续增长（见表 6-24）。三比值法编码为"100"，属电弧放电故障。

表 6-24　　　　　　某 110kV 变压器油中溶解气体含量历史监测 (μL/L)

分析日期	H_2	CH_4	C_2H_4	C_2H_6	C_2H_2	总烃	CO	CO_2
1995 年 5 月 18 日	12	0.67	1.08	0	0	1.75	365	3756
1995 年 5 月 20 日	67	8.76	5.79	6.27	6.87	27.7	587	4388
1995 年 5 月 23 日	76	12.6	6.10	6.34	8.93	32.6	635	4276

3. 故障确认及处理

停电后对主变压器进行全面电气试验检查，结果所有检查项目均无异常；然后对有载调压开关进行密封性检查，发现油箱绝缘筒上法兰与主变压器本体连接处周围渗油，更换该处密封圈后并对主变压器本体油进行了脱气处理，此后油色谱跟踪分析结果正常，这表明此前主变压器本体油中出现 C_2H_2 和其他一些特种气体是有载调压开关油渗入引起。

⚙ 气体组分异常设备无故障案例 21

1. 设备情况简介

某 220kV 主变压器于 2007 年 4 月初投产，运行后不久，油色谱试验结果发现 H_2 含量快速增长（其他特征气体无异常），最大值达到 205.5μL/L，之后又突然下降到 20μL/L 左右。该主变压器的部分试验数据见表 6-25。

表 6-25　　　　　　220kV 主变压器油中氢含量试验结果 (μL/L)

取样日期	2007 年 4 月 7 日	2007 年 4 月 11 日	2007 年 5 月 22 日	2007 年 7 月 20 日	2007 年 8 月 2 日
油中 H_2 含量	1.8	12.3	83.7	120	205
取样日期	2007 年 8 月 6 日	2007 年 8 月 8 日	2007 年 8 月 13 日	2007 年 8 月 16 日	2007 年 8 月 16 日
油中 H_2 含量	16.1	20.8	21.3	78.9	17.7

2. 故障分析

经了解，5 月 22 日、7 月 20 日和 8 月 2 日这 3 次 H_2 含量测定值较大的油样在取样时，未按规定放掉取样阀内的死油就直接取样。

3. 故障确认及处理

为验证这一情况是否由取样不当引起，在 8 月 16 日对该变压器同时取两个油样，取样前先不放掉取样阀内的死油，取完第一只油样后，继续放掉部分油后再取第二只油样。试验结果表明，先取的油样 H_2 含量为 78.9μL/L，后取的油样 H_2 含量为 17.7μL/L。从而证明了油样中出现高含量 H_2 是由于取样前未放掉取样阀中含有高浓度的死油引起。

⚙ 气体组分异常设备无故障案例 22

1. 设备情况简介

型号为 SFZ-40000/110 的某变压器自 2005 年 7 月投运以来，油中溶解气体含量一直正常。

2. 故障分析

2008 年 1 月 23 日，油分析结果出现异常，H_2 含量由前次试验时的 12.0μL/L 增至 285μL/L。在分析出现这一异常现象的原因时，了解到在现场取油样中，因工作人员带去的扳手太小，无法打开变压器下部取样阀（以往都从该处取样），故改为从变压器底部排油管道口取样。由于该管道口径大，取样前无法将管道中的大量死油排掉，从而使得由该处采集到的油样不能反映变压器本体油中气体组分的实际情况。

3. 故障确认及处理

为确认这一点，特于 2008 年 1 月 28 日在变压器下部取样阀和底部排油管各取一个油样，分析结果见表 6-26，从而证实了前次试验油中 H_2 含量异常确由取样位置不当引起。

表 6-26 **某 110kV 变压器油中溶解气体含量测定值 （μL/L）**

分析日期	H_2	CH_4	C_2H_4	C_2H_6	C_2H_2	总烃	CO	CO_2	备注
2007 年 5 月 18 日	12.0	11.7	1.91	2.20	0	15.8	737	2882	下部取样阀
2008 年 1 月 23 日	285	11.5	3.37	3.70	0	18.5	515	2724	底部排油管
2008 年 1 月 28 日	179	8.67	1.87	2.12	0	12.7	487	2470	底部排油管
2008 年 1 月 28 日	13.2	11.2	2.41	2.53	0	16.2	841	2998	下部取样阀

⚙ 气体组分异常设备无故障案例 23

1. 设备情况简介

某变压器于 2002 年 11 月投运，型号为 SZ9-40000/110，油重 17.2t。

2. 故障分析

运行后油中很快就出现较高含量的 H_2，1 年后 H_2 含量达到 200μL/L 以上，超过了运行变压器的注意值；之后，H_2 含量有所下降，并于 2005 年 3 月 20 日停电对该主变压器的油进行脱气处理，脱气后油中 H_2 含量降至 3.7μL/L；主变压器恢复运行后，H_2 含量又开始出现新一轮的增长，最大值到 200μL/L 以上，之后又有所下降。

该主变压器自投运后，进行了长期的油色谱跟踪试验，表 6-27 给出了其中的部分测定数据。从油色谱试验数据分析，该变压器虽然投运后不久就出现 H_2 含量超标，但其他特征气体含量均正常。总烃虽有增长趋势，若以 2005 年 12 月 2 日至 2008 年 1 月 23 日这一时间段计算总烃的绝对产期速率，其值为 1.15mL/d，远低于隔膜式变压器

12mL/d 的注意值，可见这属于正常运行情况下产气。

3. 故障确认及处理

该主变压器运行 5 年多来，历年的电气试验结果也均未发现异常。经综合分析，认为该变压器油中 H_2 含量超标属于非故障引起。

表 6-27　　　　　某 110kV 变压器油中溶解气体含量测定值（μL/L）

分析日期	H_2	CH_4	C_2H_4	C_2H_6	C_2H_2	总烃	CO	CO_2
2002 年 10 月 16 日	5.0	0.8	0.4	1.7	0	2.9	186	421
2003 年 1 月 17 日	95.6	2.4	2.7	3.1	0	8.2	280	373
2003 年 12 月 18 日	261.5	4.3	5.6	5.4	0	15.3	342	517
2004 年 6 月 16 日	243.3	5.7	6.7	7.6	0	20	358	848
2004 年 11 月 5 日	178.5	7.3	7.9	9.4	0	24.6	359	933
2005 年 3 月 19 日	174.6	7.8	8.8	10.8	0	27.4	348	786
脱气后	3.7	0.3	0.5	2.2	0	3.0	40	246
2005 年 7 月 7 日	53.0	1.6	3.2	3.3	0	8.1	80	818
2005 年 12 月 2 日	91.3	7.7	6.3	6.1	0	20.1	152	781
2006 年 3 月 10 日	182.2	7.3	5.3	6.7	0	19.3	128	
2006 年 11 月 16 日	214.7	17.7	9.4	11.6	0	38.7	154	
2007 年 5 月 18 日	257.0	22.5	9.8	14.1	0	46.4	157	
2007 年 10 月 31 日	184.0	27.9	15.8	17.2	0	60.9	195	1935
2008 年 1 月 23 日	151.6	30.2	15.7	20.2	0	66.1	177	

第七章

套管色谱异常故障

1. 设备情况简介

某变电站检修班在对某 220kV 变压器中压侧 Bm 相套管末屏的渗漏油缺陷进行消缺时，当旋开末屏防雨罩发现有绝缘油喷出，并发现末屏头部有发黑放电痕迹；随即对高压侧其他套管进行检查，发现高压侧 3 支套管均存在不同程度渗漏油情况。这 4 支套管均为抚顺传奇套管有限公司于 2006 年生产，型号分别为：BRDLW1-252/630-3(220kV)、BRLW-126/1600-3(110kV)。

2. 故障分析

对这 4 支套管进行主屏电容量及介质损耗试验，试验结果未见异常，说明套管内无贯穿性的放电或屏间击穿现象；取高压侧套管内部油样进行油色谱分析，结果见表 7-1。三比值法编码为"102"，可能存在放电性缺陷故障。

表 7-1 高压侧套管油色谱分析结果（μL/L）

相别	H_2	CH_4	C_2H_6	C_2H_4	C_2H_2	总烃
A 相	2654.1	1925.5	333.1	2322.9	2512.4	7093.8
B 相	2005.1	1543.0	205.6	1476.9	3425.3	6650.9
C 相	2732.1	1579.4	176.1	1539.0	2821.8	6116.3

3. 故障确认及处理

拆除高压侧及中压侧 Bm 相套管末屏，均发现末屏引线杆沿着绝缘密封件对地放电，密封件表面烧穿，末屏渗漏油；其中，中压侧 Bm 相套管故障最为严重，拆除该故障末屏时，大量的绝缘油从套管内喷出，可见内部故障气体压力很大。套管末屏放电痕迹如图 7-1 所示。

检查现场更换下来的末屏复位位置，通过与正常的末屏对比，发现故障末屏的接地套未完全复位，如图 7-2 所示。末屏不可靠接地将产生较强的悬浮电场对绝缘密封套放电，破坏了套管密封性，同时套管油在放电中裂解产生故障气体，从而导致套管油色谱异常。本次套管油色谱异常主要是由于末屏引线柱和弹簧之间卡阻，接地套未正常复位，导致末屏接地不良，造成末屏对地放电。

由于高压侧 3 支套管油中乙炔含量较高，且检查发现套管底部排出的油中含有大量

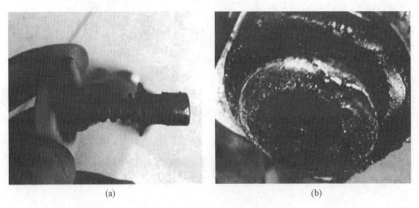

图 7-1 套管末屏放电痕迹

(a) 套管末屏引线杆；(b) 套管末屏外部

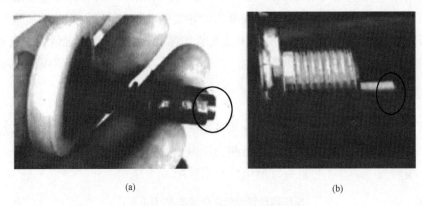

图 7-2 故障末屏和正常末屏复位位置对比

(a) 故障末屏；(b) 正常末屏

的黑色放电粉末，判断套管内部已受污染，而中压侧 Bm 相套管内部故障气体含量较高，无油状态下放置了数天，有受潮的可能，因此更换这 4 支套管。

参 考 文 献

[1] 蒋燕，石红．一起主变压器色谱异常故障的原因分析及处理．高压电器，2006，42（6）．

[2] 王楠．等．110kV 变压器油色谱异常故障的分析．电力安全技术，2014，16（5）．

[3] 李逊．等．一起变压器油色谱异常的分析及处理．浙江电力，2010，5：28-30.

[4] 康之瑞．等．景县站 1 号主变压器色谱超标分析．河北电力技术，2004，23（1）．

[5] 孙宏中．主变压器油色谱异常分析及处理．安徽电气工程职业技术学院学报，2006，1（3）．

[6] 吴锦华．一台 500kV 变压器色谱异常的分析．变压器，2004，41（11）．

[7] 尤红丽．城南一次变电所主变压器油色谱异常分析．吉林电力，2004，1：43-44.

[8] 胡发明．几起变压器油色谱异常的分析．电气技术，2012（5）：74-76.

[9] 贺树棣，等．变压器油色谱数据异常的分析与处理．河北电力技术，2004，23（2）．

[10] 黎大健，等．变压器套管油色谱异常原因分析及处理．广西电力，2016，1（39）．

[11] 刘栋梁，变压器油色谱数据异常的分析与处理．变压器，2008，45（3）．

[12] 徐康健，等．变压器注油工艺对油色谱影响实例分析．浙江电力，2010（2）：23-25.

[13] 赵京武，等．500kV 并联电抗器色谱监测与故障诊断．变压器，2002，39（1）．

[14] 张志强，等．一起 500kV 主变压器油色谱异常故障的判断与处理．科技与常新，2014（15）
74-75.

[15] 张江，等．电厂变压器油色谱异常的分析与处理．新型工业化，2018，8（11）．

[16] 梁捷生．一台 110kV 变压器色谱异常的分析与处理．变压器，2004，41（12）．

[17] 冒士平，等．一起主变压器油中气体色谱异常检查与处理．江苏电机工程，2002，25（5）：
36-38.

[18] 林同光，等．核电站高压厂用变压器油色谱数据异常的分析与处理．电工技术，2014（8）：1-3.

[19] 韩抚顺，等．韩城发电厂 2 号主变压器油色谱异常原因分析及处理．西北电力技术，2000（4）：
54-56.

[20] 童子晋，等．东凌风电 1 号主变压器油色谱异常分析及处理．全国风力发电技术协作第六届年会
论文集，2012：164-170.

[21] 方义，等．一起 330kV 变压器油色谱异常的分析处理．陕西电力．2008（10）：53-55.

[22] 柳艳红．某电厂 500kV 变压器油色谱异常分析及处理．润滑与密封．2016，41（4）．

[23] 邱少远，等．强迫油循环变压器油色谱异常原因分析及处理．科技与创新．2014（6）：32-33.

[24] 王兴武．变压器绝缘油色谱异常的原因分析及处理．电力系统装备．2018（10）：154-155.

[25] 毛永铭，等．一起 110kV 变压器色谱乙炔异常的分析和处理．中国电机工程学会 2008 年学术年
会论文集．

[26] 刘锦新．一台 500kV 变压器油色谱异常的分析处理．电力安全技术，2010，12（8）．

[27] 应高亮．一起 500kV 变压器油色谱数据异常的分析．浙江电力，2010（8）：15-17.

[28] 何文林，等．220kV 变压器油色谱异常原因分析及处理．电力设备，2006，7（7）：38-41.

[29] 刘浏，等．一起 35kV 变压器油色谱异常的检查与处理．重庆市电机工程学会 2010 年学术会
议．2010：615-617.

[30] 吴长基．一台 220kV 变压器油色谱异常的分析和处理．全国电网变压器油技术研讨会论文

集．2004：203-207.

[31] 李文志，等．变压器油色谱数据异常的原因分析及处理．电工技术，2020（1）：115-117.

[32] 刘鸿芳．色谱检测中总烃超标的典型故障分析．天津市电力学会 2006 年学术年会．

[33] 成维斌．一起主变油色谱异常的原因分析与故障处理．电力安全技术，2018，9（20）：24-27.

[34] 周素生．一起主变油色谱超标故障的分析及处理．华北电力技术，2006（12）：39-40.

[35] 林永平．一台主变发生放电性故障的色谱监测分析与启示．2010 年全国输变电设备状态检修技术交流研讨会论文集，2010：461-466.

[36] 陶剑峰．有载开关筒渗漏与变压器本体缺陷引起的油色谱异常区分浅析．中国电机工程学会第十一届青年学术会议，2010.

[37] 刘扬，等．一起 750kV 电抗器油色谱在线监测装置故障的原因分析与处理．2012 年全国电网企业设备状态检修技术交流研讨会论文集．

[38] 高宝峰．某 110kV 变电站 1 号 110kV 主变油色谱异常原因分析及故障处理．2016（4）：98.

[39] 连鸿松，等．两起电容式电压互感器油色谱异常分析．电力与电工，2010，30（2）：38-39.

[40] 姚化亭，等．由几起设备色谱异常看色谱试验的重要性．东北电力技术，2004（12）：43-48.

[41] 龚辉．110kV 电流互感器油色谱异常分析．价值工程，2014（25）：48-49.

[42] 郑立群，等．互感器油中添加剂引起的油色谱异常的分析．变压器，2004，41（6）：41-44.

[43] 李守学．66kV 及以上电流互感器油色谱异常情况及监督措施．吉林电力，2010，38（5）：40-42.

[44] 石炎．夹河变样 1 主变油色谱异常的分析与处理．江苏省电机工程学会第三届电力安全论坛，2008：37-41.

[45] 董磊，等．220kV 安兜变原 2 号主变油色谱异常分析及处理，华中电力，2010，23（4）：68-71.

[46] 张巧菊，陈慧光．八号联变电弧放电故障的分析判断及处理．第四届火电行业化学（环保）专业技术交流会论文集，2013：704-709.

[47] 杨永红，魏洪，等．35kV 终端变压器油色谱超标分析及处理．电工技术，2017，11：78-79.

[48] 魏晓明，宫文涛，等．66kV 变电站变压器油色谱异常缺陷诊断．吉林电力，2013，41（2）：44-46.

[49] 张卫东，李卫东．110kV 变压器进水受潮跳闸故障分析．河北电力技术，2015，34（1）：32-35.

[50] 蔡柏林．110kV 变压器内部故障分析及处理．质量与安全，2017，586（32）：209-210.

[51] 魏敏．220kV 变压器内部故障的色谱分析与诊断．江西电力，2009，33（3）：39-41.

[52] 张利燕，张树亮，陈志勇，等．220kV 变压器瞬间短路故障原因分析及处理措施．河北电力技术，2013，32（1）：1-3.

[53] 孙蓟光，孙江波．220kV 变压器油色谱超标原因分析及处理措施．河北电力技术，2019，38（4）：47-50.

[54] 程绍伟，金大鑫，等．220kV 变压器油色谱异常分析．变压器，2013，50（7）：21-22.

[55] 王英，王尚家，等．220kV 铺上变电站 1 号主变压器油色谱异常分析．山西电力，2009，151（1）：22-24.

[56] 崔国忠．220kV 主变压器单纯 H_2 含量超标故障的分析和处理．山西电力，2013，8：402-403.

[57] 刘超辉．360MVA 主变总烃超标原因分析与处理．湖北电力，2019，43（3）：64-68.

[58] 李建勋，石延辉，等．500kV 变压器油色谱异常的诊断及分析．电工技术，2013，12：49-51.

[59] 刘世欣，韩玮琦，等．500kV 电力变压器内部过热故障分析及处理．内蒙古电力技术，2017，35（3）：90-92.

[60] 何立柱，席湘林，等．变压器油色谱发现设备缺陷的典型故障事例分析．电力工业，2017，35（8）：52-54.

[61] 蒋红军．变压器油色谱异常及处理．四川电力技术，1999，2：40-41.

[62] 郑亚君．变压器油中溶解气体在线监测技术在 110kV 福民变电站 3 号主变故障监测中的应用．陕西电力，2009，4：60-62.

[63] 周多军．大型变压器油色谱异常原因分析及处理．电力科学与工程，2015，31（1）：31-37.

[64] 陈庆祺．基于变压器油中溶解气体在线监测技术的 220kV 主变故障分析及处理．变压器，2011，48（12）：74-75.

[65] 周海，赵立进，等．基于色谱分析法的 110kV 主变过热故障判断．贵州电力技术，2013，16（10）：3-5.

[66] 程文旭，阎国民，等．军粮城发电厂 6 号主变油气相色谱不合格的分析和处理．华北电力技术，1999，12：23-26.

[67] 李文征，李 彬，等．利用油色谱分析判断变压器故障及处理．变压器，2009，46（1）：74-75.

[68] 陈伟锋．流溪河水电厂 1 号主变压器油色谱异常浅析．华中电力，2007，20（2）：69-74.

[69] 郭光武，卢大伟．洛阳热电厂 2 号高压厂用变压器故障分析与处理．河南电力，2005，1：31-32.

[70] 郭拳．某 110kV 主变压器油色谱数据超标分析及处理．广西电力，2015，38（6）：80-82.

[71] 刘生春，林建禄，等．某变电站 750kV 主变压器油中乙炔超标原因分析及处理．青海电力，2013，32（4）：62-64.

[72] 陈瑞，李德志，等．某电厂主变压器油色谱数据超标的分析与处理．青海电力，2015，1（3）：78-82.

[73] 杨伟星，李强，等．秦山第二核电厂主变压器油色谱异常分析与处理．电气制造，2013，8：33-35.

[74] 吴英俊，毛永铭．一起 110kV 变压器色谱分析异常的分析和处理．广西电力，2009，3：52-54.

[75] 刘韧强，马兆杰．一起 110kV 主变压器油色谱异常的分析及处理．安徽电力，2011，28（4）：6-9.

[76] 余国刚，丁国成，等．一起 500kV 主变压器油色谱异常原因分析与处理．变压器，2011，48（1）：63-66.

[77] 梁流铭，马丽军，等．一起变压器内部过热故障的分析和处理．浙江电力，2013，7：32-34.

[78] 黄学增，刘增文，等．一起变压器内部过热故障的分析和处理．山东电力技术，2015，42（9）：76-78.

[79] 刘洪鑫，劳利春．一起变压器油色谱异常故障的分析处理．高电压技术，2001，27（6）：68-69.

[80] 郭惠敏，袁斌，等．一起变压器油色谱异常故障的判断及处理．变压器，2011，48（10）：72-74.

[81] 梁流铭，马丽君．一起变压器油中乙炔含量超标的故障分析处理．中国电机工程学会年会，2013.

[82] 王伟，吴误．一起变压器油中乙炔含量超标的故障分析处理．东北电力技术，2007，9：37-38.

[83] 刘平．一起潜油泵故障引起的变压器油色谱异常分析．电工电气，2015，12：62-64.

[84] 吴英豪．一起因漏磁引起主变油总烃超标故障原因分析与处理．贵州电力技术，2015，18（11）：69-71.

[85] 曹小虎，曹小龙，等．一台 110kV 变压器故障诊断．华中电力，2009，22（4）：65-67.

[86] 林永平，刘湘平．油色谱监测发现变压器高能量放电性故障．变压器，1999，36（2）：28-30.

［87］李予全，寇晓适，等．有载分接开关油箱渗漏导致变压器油色谱数据异常诊断．中国电力，2017，50（3）：133-136.

［88］冯占芳．增子坊变电站1号主变油色谱不合格的原因分析和处理．科学之友，2009，23（8）：10-11.

［89］赵科隆，闫树玖．主变导电回路过热性故障的诊断．变压器，2001，38（9）：1-3.

［90］张茜．主变压器油色谱异常的分析．科技研发，2013，20：41-42.

［91］田成凤．一台220kV变压器油色谱异常的分析及处理．天津电力技术，2009，2：27-31.

［92］徐康健．变压器瓦斯保护动作案例的分析．变压器，2009，46（4）：75-76.

［93］于文涛，朱丽华，等．脱硫变压器中H_2含量超标原因分析与处理．电工技术，2015，10：34-35.